JJF 1033—2016《计量标准考核规范》实施与应用

温度计量器具建标指南

金志军　付志勇　主　编
张　克　主　审

中国质检出版社
中国标准出版社
北　京

图书在版编目（CIP）数据

温度计量器具建标指南：JJF 1033—2016《计量标准
考核规范》实施与应用/金志军，付志勇主编 .—北京：
中国质检出版社，2019.1
ISBN 978 – 7 –5026 – 4625 – 7

Ⅰ.①温…　Ⅱ.①金… ②付…　Ⅲ.①温度测量仪表
—标准—中国—指南　Ⅳ.①TH811 – 65

中国版本图书馆 CIP 数据核字（2018）第 164913 号

中国质检出版社
中国标准出版社　出版发行
北京市朝阳区和平里西街甲 2 号（100029）
北京市西城区三里河北街 16 号（100045）
网址：www. spc. net. cn
总编室：(010)68533533　发行中心：(010)51780238
读者服务部：(010)68523946
中国标准出版社秦皇岛印刷厂印刷
各地新华书店经销

*

开本 787 × 1092　1/16　印张 26.75　字数 631 千字
2019 年 1 月第一版　2019 年 1 月第一次印刷

*

定价 80.00 元

编审委员会

李　颖（大连市计量检测研究院）

张善庆（中国航发北京航空材料研究院）

石爱军（晋中市质量技术监督检验测试所）

王　凌（洛阳市质量技术监督检验测试中心）

郭学军（张家口市计量测试所）

蒋春艳（北京市平谷区计量检测所）

孟庆生（哈尔滨市计量检定测试院）

曹善林（河北省计量监督检测研究院廊坊分院）

沈　健（无锡市计量测试院）

罗　旭（淮南市计量测试检定所）

许开设（佛山市顺德区质量技术监督检测所）

黄　伟（北京林电伟业电子技术有限公司）

前　言

JJF 1033—2016《计量标准考核规范》于 2016 年 11 月 30 日发布，2017 年 5 月 30 日实施。近年来，温度计量领域的有关检定规程、校准规范进行了大幅度的修订和制定，一方面很多规程的适用范围、测量方法和技术要求有了比较明显的变化，另一方面新制定的规程和规范在实际工作中的重要作用和地位日益显现。法定计量技术机构的社会公用计量标准，部门计量标准，企、事业单位内部的最高计量标准需要及时申请进行复查考核和新建。随着社会不断发展进步，市场经济条件下计量校准市场化的趋势不可避免，数量众多的校准或检测公司大量涌现，根据我国有关计量法规和政策要求，这些校准机构在申请校准资质前也要依据计量标准考核规范的内容，建立与其开展校准服务相适应的计量标准，以保证国家计量单位制的统一以及量值传递和溯源的一致性、准确性。

本书按照 JJF 1033—2016 和相关温度计量技术法规的要求，结合基层计量检测单位实际工作情况以及目前计量技术、计量设备的发展状况，对常用温度计量器具检定或标准装置建标文件的编写、设备的配置进行规范及详细的指导，并配有 16 个《计量标准考核（复查）申请书》和《计量标准技术报告》编写示例。示例量大面广，内容丰富，既包含了传统的计量标准，如标准铂电阻温度计标准装置、标准热电偶标准装置、辐射温度计检定装置等，又针对近年来温度计量发展的特点和热点，将环境试验设备校准装置、箱式电阻炉校准装置、灭菌设备校准装置、温度变送器校准装置等快速发展、大量应用并需求迫切的计量标准纳入到本书中，供有关从事温度计量、校准工作的技术和管理人员参考。

本书由中国计量测试学会温度计量专业委员会组织有关专家和委员共同编写。全书共 3 章，分为基础知识、计量标准建标指导、温度计量器具建标申请书和技术报告编写示例。其中：第一章由中国计量科学研究院金志军编写；第二章由中国测试技术研究院付志勇编写；示例 3.1 由中国测试技术研究院赵晶编写；示例 3.2 由中国测试技术研究院廖艳编写；示例 3.3 由中国测试技术研究院韩志鑫编写；示例 3.4 由北京市计量检测科学研究院吴健编写；示例 3.5 由浙江省计量科学研究院崔超编写；示例3.6由湖北省计量科学研究院傅承玉编写；示例3.7由中国测试技术研究院朱育红编写；示例3.8由上海市计量测试技术研究院张丽萍编写；示例3.9由江西省计量科学研究院李丹丹编写；示例3.10由吉林省计量科学研究院孙俊峰编写；示例3.11由河北省计量监督检测院刘红彦编写；示例3.12由辽宁省计量科学研究院董亮编写；示例3.13由天津市计量监督检测科学研究院孙浩编写；示例3.14由苏州市计量测试研究所徐含青编写；示例3.15由成都市计量检定测试院郑子伟编写；示例3.16由中国测试技术研究院杨锐编写。

本书在策划和编辑过程中得到了国际计量委员会委员、国际计量委员会测温学咨询委员会主席、中国合格评定国家认可委员会副主任委员、全国温度计量技术委员会主任委员、中国计量测试学会温度专业委员会主任委员、中国计量科学研究院副院长段宇宁，中国计量科学研究院热工所副所长王铁军，全国温度计量技术委员会秘书长陈伟昕等领导的指导和帮助。

本书由中国计量科学研究院副研究员金志军和中国测试技术研究院高级工程师付志勇主编，由北京市计量检测科学研究院副院长、教授级高级工程师张克主审。中国计量科学研究院研究员热工所郑伟、向明东、邱萍、柏成玉等专家对本书中的部分建标示例进行了的审核和校对。

本书编辑出版过程中，得到了北京林电伟业电子技术有限公司、北京约克仪器技术开发有限责任公司、大连博控科技股份有限公司、福禄克测试仪器（上海）有限公司、广州市日奇电子有限公司、湖州唯立仪表厂、昆明大方自动控制科技有限公司、泰安德图自动化仪器有限公司、泰安哈特仪器仪表有限公司、泰安磐然测控技术有限公司、深圳市艾依康仪器仪表科技有限公司的大力支持！

在此向所有关心、支持本书编辑、出版的领导、专家和朋友们表示衷心的感谢！编者水平所限，希望行业专家、温度计量的广大同行不吝赐教、批评指正。

编　者
2018 年 8 月

目　　录

第一章 基础知识

第一节 温 标

一、概述

温度是表征物质冷热程度的物理量，是国际单位制（SI）中七个基本物理量之一，也是工业生产中主要的物理参数。但它与其他基本量相比要复杂，温度是一个内涵量（强度量），是一个与广延量无任何关系的强度量。

为了保证温度量值的统一和准确，应当建立一个用来衡量温度的标准尺度，简称为温标。温度虽可以由感觉器官直接觉察，但是更难以捉摸。人们对温度的主观判断，使我们得出"此物体比那物体更热些或更冷些"。尽管可以用这种表观的、简单的说法，毕竟是不可靠的。

温度的高低必须用数字来说明，温标就是温度的数值表示方法。各种温度计的数值都是由温标决定的，温标的三要素：固定点、内插仪器和内插公式。

1. 经验温标

经验温标是利用某种物质的物理特性和温度变化的关系，用实验的方法或经验公式来确定的温标。

经验温标主要包括摄氏温标、华氏温标和列式温标等几种。

摄氏温标：1742 年，瑞典天文学家安德斯·摄尔修斯（Anders Celsius，1701—1744）将 1 个标准大气压下的水的沸点规定为 0℃，冰点定为 100℃，两者间均分成 100 个刻度，和现行的摄氏温标刚好相反。直到 1744 年才被卡尔·林奈修成现行的摄氏温标：冰点定为 0℃，沸点定为 100℃。1954 年的第十届国际度量衡大会特别将此温标命名为"摄氏温标"，以表彰摄氏的贡献。目前，摄氏度为世界上大多数国家采用的温度单位。

华氏温标：1714 年，德国物理学家丹尼尔·家百列·华伦海特（Daniel Gabriel Fahrenheit，1686—1736），使用三个参考温度来标示刻度：第一是将温度计放入由冰、水以及氯化铵构成的混合物中，量得的刻度即为 0℉；第二是将温度计放入冰水混合物中所量得的刻度标记为 32℉；第三个刻度为 96℉，为将温度计含入口中，或夹在腋下时所量得的刻度。华氏是已知第一位制造可靠水银温度计的科学家。之后，其他科学家决定重新修订华氏温标，使得沸点刚好高于冰点 180℉。这样，人体的正常体温也修正成了 98.6℉。目前，只有英美等国家还在使用华氏温标。

列氏温标：代表符号为°R，是法国科学家列奥米尔于 1731 年提出的。他将水的冰点定为列氏 0°R，而沸点则为列氏 80°R。列氏温标曾经在欧洲特别是法国和德国相当流行，但随后均由摄氏温标所取代。

由此可见，经验温标的显著缺点在于它的局限性和随意性。

摄氏温标和华氏温标的换算关系：$t/{}^\circ\text{C} = (t/{}^\circ\text{F} - 32) \times \dfrac{5}{9}$

摄氏温标和列式温标的换算关系：$t/{}^\circ\text{C} = \dfrac{5}{4} \times t/{}^\circ\text{R}$

列式温标和华氏温标的换算关系：$t/{}^\circ\text{R} = \dfrac{4}{9} \times (t/{}^\circ\text{F} - 32)$

2. 热力学温标

　　经验温标由于需要借助于测温物质的物理特性，因此有很大的局限性，不能适用于任意地区或任意场合，因而也是不科学的。热力学温标是开尔文（Kelvin）在 1848 年提出的。热力学温标是利用卡诺定理建立起来的，以热力学第一、第二定律为基础，与测温物质本身的性质无关。在 1967 年的第十三届国际计量大会上，将热力学温度的单位开尔文（K）列为国际单位制（SI）7 个基本单位之一。

　　热力学第一定律是由迈尔（Mayer）和焦耳（Joule）在 1842 年和 1843 年先后独立提出的。可以表述为：一切物质的能量能够从一种形式转化为另一种形式，从一个物体传给另一个物体，在转化和传递中能量的数量不变。

　　热力学第二定律是由克劳修斯和开尔文在 1850 年和 1856 年先后提出的。克氏表述为：不可能把热从低温物体传到高温物体而不产生其他影响；开氏表述为：不可能从单一热源取热使之完全变为有用的功而不产生其他影响。

　　上述两个定律的明确，使卡诺定理的严格证明有了依据。卡诺定理可以简述为：所用工作于两个一定温度之间的热机，以可逆热机的效率为最大。其推论为：所有工作于两个一定的温度之间的可逆热机，其效率相等。卡诺循环是由两个定温过程和两个绝热过程交错组成的。遵守卡诺定理的可逆热机热效率 η 为

$$\eta = \frac{W}{Q_1} = \frac{Q_1 - Q_2}{Q_1} = \frac{T_1 - T_2}{T_1} \tag{1-1}$$

式中：Q_1——卡诺热机从高温热源吸收的热量；

　　　　Q_2——卡诺热机向低温热源发出的热量；

　　　　W——卡诺热机所做的功（由热力学第一定律可得知 W，Q_1，Q_2）；

　　　　T_1——高温热源的温度；

　　　　T_2——低温热源的温度。

　　式（1-1）简化后可得

$$\frac{Q_1}{Q_2} = \frac{T_1}{T_2} \tag{1-2}$$

　　式（1-2）说明，工作于两个热源之间交换热量之比等于两热源温度之比。这样引入的温标称为热力学温标或开尔文温标。显然，热力学温标与测温物质的性质无关，因此又称为绝对温标，符号用 K 来表示。1954 年国际计量大会决定把水三相点温度 273.16K 定义为热力学温标的基本固定温度，而热力学温度的单位开尔文（K）就是水三相点的热力学温度的 1/273.16。

　　为了统一摄氏温标和热力学温标，1960 年的第 11 届国际计量大会对摄氏温标做了新的定义，规定它由热力学温标导出，摄氏温度 t 的定义为

$$t = T - 273.15$$

它的单位是摄氏度，符号为℃。

3. 理想气体温标

理论证明，利用定容或定压理想气体温度计测出的温度就是热力学温标中的温度。因此，人们通常是利用理想气体温度计来实现热力学温标。

理想气体是实际气体在压强趋于零时的极限，它具有两个基本性质。

（1）$pV = nRT'$

其中，p 是压强；V 是体积；n 是物质的量；R 是摩尔气体常数；T' 是理想气体温标所确定的温度。

（2）内能仅仅是温度的函数，即

$$U = U(T')$$

利用上述性质可以证明，理想气体可逆卡诺定理的效率为

$$\eta = 1 - \frac{T'_2}{T'_1} \qquad (1-3)$$

式（1-3）分别与式（1-1）、式（1-2）进行比较后可得

$$\frac{T'_2}{T'_1} = \frac{T_2}{T_1}$$

同时，理想气体温标也把水三相点温度值规定为 273.16K。因此，理想气体温标所确定的温度 T' 等于热力学温度 T。

理想气体温标可以用气体温度计来实现，但是由于实际气体并不是理想气体，所以在利用气体温度计测温时，必须对测量值进行修正，才能得到热力学温度值。

4. ITS—90 国际温标

国际温标定义：由国际协议而采用的易于高精度复现，并在当时知识和技术水平范围内尽可能接近热力学温度的经验温标。

前文中已提到热力学温标是最基本的温标，但热力学温标装置太复杂，实现非常困难，因此为了实用上的准确和方便，1927 年第七届国际计量大会上决定采用国际温标，这是第一个国际协议性温标（ITS—27）。

现行国际温标是 ITS—90，ITS—90 国际温标替代了 1968 年国际实用温标（1975 年修订本）和 1976 年 0.5K 到 30K 暂行温标（EPT—1976）。

热力学温度（符号为 T）是 7 个基本物理量之一。其单位为开尔文（符号位 K），定义为水三相点热力学温度的 1/273.16。

由于在以前的温标定义中使用了与 273.15K（冰点）的差值来表示温度，因此现在仍保留这一方法。用这种方法表示的热力学温度为摄氏温度（符号为 t），其定义为

$$t/℃ = T/K - 273.15$$

摄氏温度的单位为摄氏度（符号℃），根据定义，它的大小等于开尔文（K），温差可以用开尔文或摄氏度来表示。

1990 年的国际温标同时定义了国际开尔文温度（符号为 T_{90}）和国际摄氏温度 t_{90}，T_{90} 与 t_{90} 之间的关系为

$$t_{90}/℃ = T_{90}/K - 273.15$$

物理量 T_{90} 的单位为开尔文（符号为 K），t_{90} 的单位为摄氏度（单位为℃），与热力学

温度 T 和摄氏温度 t 一样。

ITS—90 由 0.65K 向上到用普朗克定律和单色辐射实际可测量的最高温度。ITS—90 通过各温区和各分温区来定义 T_{90}。某些温区或分温区是重叠的，重叠区的 T_{90} 定义有差异，然而这些定义应属等效。在相同温度下使用此有异议的定义时，只有高精度的不同测量之间的数值才能探测出来。在相同温度下，即使使用一个定义，对于两支可接受的内插仪器（例如电阻温度计），亦可得出 T_{90} 的细微差值。实际上这些差值可以忽略不计。

1990 国际温标的定义：0.65K 到 5.0K 之间，T_{90} 由 ^{3}He 和 ^{4}He 的蒸气压与温度的关系式来定义。由 3.0K 到氖三相点（24.5561K）之间，T_{90} 是用氦气体温度计来定义的。它使用了 3 个定义固定点及利用规定的内插方法来分度。这 3 个定义固定点是可以实验复现的，并具有给定值。

由平衡氢三相点（13.8033K）到银凝固点（961.78℃）之间，T_{90} 是用铂电阻温度计来定义的，在一组规定的定义固定点上及利用所规定的内插方法来分度。

银固定点（961.78℃）以上，T_{90} 借助于一个定义固定点和普朗克辐射定律来定义。

（1）由 0.65K 到 5.0K：用氦蒸气压 – 温度方程

在此温区内，T_{90} 按式（1 – 4）用 ^{3}He 和 ^{4}He 蒸气压 p 来定义：

$$T_{90}/\mathrm{K} = A_0 + \sum_{i=1}^{9} A_i \{ [\ln(p/\mathrm{Pa}) - B]/C \}^i \qquad (1-4)$$

式中，A_0、A_i、B 和 C 的值为常数。

（2）由 3.0K 到氖三相点（24.5561K）：用 ^{3}He 和 ^{4}He 作为测温气体的气体温度计

对于 ^{3}He 气体温度计，以及用于低于 4.2K 的 ^{4}He 气体温度计，必须明确考虑到气体的非理想性，应使用有关的第二维里系数 $B_3(T_{90})$ 或 $B_4(T_{90})$。在此温区内，T_{90} 由式（1 – 5）来定义：

$$T_{90} = \frac{a + bp + cp^2}{1 + B_x(T_{90})N/V} \qquad (1-5)$$

式中，p 为气体温度计的压强，a、b 和 c 为系数，其数值由三个定义固定点（氖三相点：24.5561K，平衡氢三相点：13.8033K，以及 3.0K 到 5.0K 之间的一个温度点）上测量所得；N/V 为气体温度计温泡中的气体密度；N 为气体量；V 为温泡的容积；x 根据不同的同位素取 3 或 4。第二维里系数由下式给出：

对于 ^{3}He

$$B_3(T_{90})/\mathrm{m}^3 \cdot \mathrm{mol}^{-1} = [16.69 - 336.98(T_{90}/\mathrm{K})^{-1} + 91.04(T_{90}/\mathrm{K})^{-2} -$$
$$13.82(T_{90}/\mathrm{K})^{-3}] \times 10^{-6} \qquad (1-6\mathrm{a})$$

对于 ^{4}He

$$B_4(T_{90})/\mathrm{m}^3 \cdot \mathrm{mol}^{-1} = [16.708 - 374.05(T_{90}/\mathrm{K})^{-1} - 383.53(T_{90}/\mathrm{K})^{-2} + 1799.2(T_{90}/\mathrm{K})^{-3} -$$
$$4033.2(T_{90}/\mathrm{K})^{-4} + 3252.8(T_{90}/\mathrm{K})^{-5} \times 10^{-6} \qquad (1-6\mathrm{b})$$

利用式（1 – 5）复现了 T_{90} 的准确度取决于气体温度计的设计，以及所用气体的密度。

（3）由平衡氢三相点（13.8033K）到银凝固点（961.78℃）：用铂电阻温度计

在此温区内，T_{90} 用铂电阻温度计来定义，在一组规定的定义固定点上和规定的参考函数以及内插温度的偏差函数来分度。

温度值 T_{90} 是由该温度时的电阻 $R(T_{90})$ 与水三相点时的电阻 $R(273.16K)$ 之比来求得的。此比值 $W(T_{90})$ 为

$$W(T_{90}) = \frac{R(T_{90})}{R(273.16K)} \qquad (1-7)$$

适用的铂电阻温度计必须是无应力的纯铂丝做成的，并且至少应满足下列两个关系式之一：

$$W(29.7646℃) \geqslant 1.11807 \qquad (1-8a)$$
$$W(-38.8344℃) \leqslant 0.844235 \qquad (1-8b)$$

用于银凝固点的铂电阻温度计，还必须满足以下要求：

$$W(961.78℃) \geqslant 4.2844 \qquad (1-8c)$$

在电阻温度计的每个温区内，T_{90} 可由相应的参考函数给出的 $W_r(T_{90})$，以及偏差值 $W(T_{90}) - W_r(T_{90})$ 经计算得到。

下面给出各温区所用的定义固定点和各温区的偏差函数。

① 由平衡氢三相点（13.8033K）到水三相点（273.16K）

温度计在下列固定点分度：平衡氢三相点（13.8033K）、氖三相点（24.5561K）、氧三相点（54.3584K）、氩三相点（83.8058K）、汞三相点（234.3156K）和水三相点（273.16K），以及接近于17.0K和20.3K的两个附加温度点。

偏差函数为

$$W(T_{90}) - W_r(T_{90}) = a[W(T_{90})-1] + b[W(T_{90})-1]^2 + \sum_{i=1}^{5} c_i[\ln W(T_{90})]^{i+n} \quad (1-9)$$

式中，$n=2$，系数 a，b，c_i 由定义固定点上测定得到。

② 由0℃到银凝固点（961.78℃）

温度计在下列固定点分度：水三相点（0.01℃），以及锡凝固点（231.928℃）、锌凝固点（419.527℃）、铝凝固点（660.323℃）和银凝固点（961.78℃）。

偏差函数为

$$W(T_{90}) - W_r(T_{90}) = a[W(T_{90})-1] + b[W(T_{90})-1]^2 + c[W(T_{90})-1]^3 + d[W(T_{90}) - W(660.323)]^2 \qquad (1-10)$$

式中，各系数 a、b 和 c 由锡、锌和铝凝固点上的测量值与 $W_r(T_{90})$ 的偏差求得。对于低于铝点的被测温度，$d=0$；由铝凝固点到银凝固点，上述系数 a、b 和 c 保持不变，而 d 由银凝固点上的测得值与它的 $W_r(T_{90})$ 的偏差求得。

③ 由汞三相点（-38.8344℃）到镓熔点（29.7646℃）

温度计在下列固定点分度：汞三相点（-38.8344℃）、水三相点（0.01℃）和镓熔点（29.7646℃）。

偏差函数为

$$W(T_{90}) - W_r(T_{90}) = a[W(T_{90})-1] + b[W(T_{90})-1]^2 + c[W(T_{90})-1]^3 + d[W(T_{90}) - W(660.323)]^2$$

$$(1-11)$$

式中，$c=d=0$，系数 a 和 b 在定义固定点上的测量值求得。

（4）银凝固定点，（961.78℃）以上温区：用普朗克辐射定律

银凝固点以上，T_{90} 由式（1－12）定义：

$$\frac{L_\lambda(T_{90})}{L_\lambda[T_{90}(x)]}=\frac{\exp\{c_2[\lambda T_{90}(x)]^{-1}\}-1}{\exp[c_2(\lambda T_{90})^{-1}]-1} \qquad (1-12)$$

式中，$T_{90}(x)$ 是指下列三个固定点中任一个：银凝固点 $[T_{90}(Ag)=1234.93K]$、金凝固点 $[T_{90}(Au)=1337.33K]$ 和铜凝固点 $[T_{90}(Cu)=1357.77K]$；$L_\lambda(T_{90})$ 和 $L_\lambda[T_{90}(x)]$ 是在波长(真空中)λ 及温度分别为 T_{90}、$T_{90}(x)$ 时黑体辐射的光谱辐射亮度，以及 $c_2=0.014388m\cdot K$。

有关光学高温计的实际应用细节和经验见"ITS—90 补充材料"（中国计量出版社，1992 年）。

ITS—90 定义固定点见表 1－1。

表 1－1　ITS—90 定义固定点

序号	物质平衡状态	温　度　值		参考函数
		T_{90}/K	$T_{90}/℃$	
1	氦蒸气压点	3～5	−270.15～−268.15	
2	平衡氢三相点	13.8033	−259.3467	0.00119007
3	平衡氢蒸气压点（或氦气体温度计点）	≈17	≈−256.15	
4	平衡氢蒸气压点（或氦气体温度计点）	≈20.3	≈−252.85	
5	氖三相点	24.5561	−248.5939	0.00844974
6	氧三相点	54.3584	−218.7916	0.09171804
7	氩三相点	83.8058	−189.3442	0.21585975
8	汞三相点	234.3156	−38.8344	0.84414211
9	水三相点	273.16	0.01	1.00000000
10	镓熔点（M）	302.9146	29.7646	1.11813889
11	铟凝固点（F）	429.7485	156.5985	1.60980185
12	锡凝固点（F）	505.078	231.928	1.89279768
13	锌凝固点（F）	692.677	419.527	2.56891730
14	铝凝固点（F）	933.473	660.323	3.37600860
15	银凝固点（F）	1234.93	961.78	4.28642053
16	金凝固点（F）	1337.33	1064.18	
17	铜凝固点（F）	1357.77	1084.62	

二、ITS—90 温标定义的固定点

1. 物质的相变

在 ITS—90 国际温标中所选用的固定点（纯物质的三相点、沸点和凝固点）都是根据物质的相变过程来实现的。所选用的固定点绝大部分都是纯物质的相变点。

所谓相，是指系统中物理性质均匀的部分，它和其他部分之间有一定分界面隔离开来，相是物质以固态、液态、气态存在的具体形式。自然界中的许多物质都是以固态、液态、气态三种状态存在着的，它们在一定条件下可以平衡存在，也可以相互转变。实验证明，在压强恒定的条件下，由同一物质的固态和液态所组成的系统，只能在一定温度下保持相平衡，此时固态和液态同时存在。同样，在压强一定时，液体和它的蒸汽也只能在一定温度下同时存在，保持相平衡。

如水为固体时以冰的状态存在，作为液体时以水的状态存在，作为气体时以水蒸气的状态存在。在某种条件下，水的两种或三种状态可以同时共存，处于平衡状态。在1个标准大气压下，温度为0℃时，冰和水可以同时共存，并处于平衡状态，其中冰和水各称为固相和液相，即两相共存，固液相平衡。通过加热，则可使冰全部变成水；反之，通过冷却，水也可以全部变成冰。两相可以相互转化。

所有的纯物质在一定温度和压强下以三相中任一相的形式存在。当温度和压强变化时物质能从一相向另一相变化，如水结冰、水汽化、冰化为水等。物质从一相变为另一相称为相变。纯物质在相变过程中保持其温度恒定不变，这是由于从外界吸收的热量在相变中用来增加分子的内能，而不是升高纯物质的温度；反之，内能减少伴有热量的放出，因此在纯物质从一相过渡到另一相时会有热量的吸收或释放，而保持在相变过程中温度恒定不变。吸收或释放的热量叫做相变潜热。对于熔解所吸收的潜热称熔解热、对于汽化所吸收的潜热称汽化热；反之，所释放的潜热叫做凝固热或冷凝热。由液态转变为气态时，气态时的体积总比液态时大，但是由固态变为液态时，大多数物质熔解时体积要增大；但也有少数物质如冰、铋等体积反而缩小。物质熔解时的温度叫做熔解温度也称之为熔点，凝固时的温度叫做凝固温度也称之为凝固点，对同一物质其凝固点就是它的熔点，凝固时它的固态和液态是可以共存的，即固态和液态共存时的温度叫做溶解温度，熔解时，输入的热量用于使固体物质熔解；在凝固时，液态转变为固态，同时放出热量，因而当物质的温度高于熔点时处于液态；低于熔点时则处于固态。液态及其蒸汽共存的相平衡温度叫做沸点；固态及其蒸汽之间的相平衡有时是存在的，这时的温度叫做升华点。另外，固态，液态和气态三相共存的平衡态也是可能的，但它只能在一个确定的压强和温度下才能实现，此即通常所说的三相点。在1个标准大气压下，以水升温过程曲线为例，如图1-1所示。其中 AB 段处于固体冰状态，温度逐渐上升；BC 段对应于熔解过程处于固、液平衡状态，其温度保持恒定；CD 段处于液体状态，温度逐渐上升；而 DE 段对应于汽化过程处于液体和蒸汽平衡状态，其温度保持恒定。

物质在不同压强下升华，温度不同，就可以画出一条曲线——升华线。同样可以根据不同压力下熔解，温度不同，画出熔解线以及汽化线。

2. 三相点

固相、液相、气相三相同时存在称为三相共存。图1-2为水三相图，其中 OL 为熔解曲线，表示固、液两相的分界线；OK 为汽化曲线，表示气，液两相的分界线；OS 为升华曲线，表示固、气两相的分界线。所以，在 OL 与 OS 之间是固相存在的区域，OK 与 OS 下方是气相存在的区域，OL 与 OK 之间是液相存在的区域。三条曲线（熔解线、汽化线、升华线）的相交点称为该物质的三相点。只有在这一点上纯物质三相共存，所以它的温度和压强值也是唯一的。

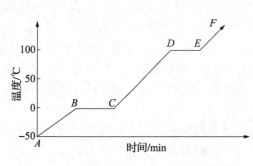

图 1 - 1　1 个标准大气压下，水的升温曲线

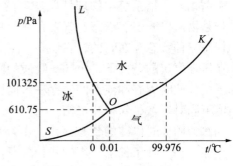

图 1 - 2　水三相图

水三相点是 ITS—90 国际温标中的一个最重要的基本固定点。选水三相点作为温标中的固定点要比选水沸点和金属的熔点更优越，主要是它不依赖于压强的准确测量。

热力学温度开尔文的定义是水三相点热力学温度的 1/273.16。可见准确测量水三相点温度对复现、传递温标及实际测量温度都是非常重要的。水三相点是纯水（严格要求是同位素组分基本上应与海水一样，即每摩尔 ^1H 中约有 0.16mmol 的 ^2H，每摩尔 ^{16}O 中约有 0.4mmol 的 ^{18}O），固相、液相和气相三相共存的唯一点。水三相点存在时，容器压强为 610.75Pa、温度为 273.16K。

而冰水混合物（冰点）是固、液二相共存温度点，在压强为 1 个标准大气压（p = 101325Pa）时其值为 0℃。虽然压强变化对它影响不大，但随压强的变化它会有一定的改变。而且冰点影响因素多，复现精度差。采用水三相点比冰点具有更多优势。

水三相点比冰点高 0.01℃。其原因有两个方面，第一是压强影响，冰点是在 1 个标准大气压下冰与空气饱和水的平衡温度，而水三相点压强是 610.75Pa。压强从 610.75Pa 增加到 101325Pa，其温度的变化值可由克拉贝龙公式算出：

$$\frac{\mathrm{d}p}{\mathrm{d}T} = \frac{\lambda}{t(\gamma^\alpha - \gamma^\beta)} \qquad (1-13)$$

式中：λ——相变潜热，水的熔解热为 79.72cal/g；

　　γ^α——273.15K 时水的比体积，γ^α = 1.00021cm³/g；

　　γ^β——273.15K 时冰的比体积，γ^β = 1.0908cm³/g；

　　t = 273.15K。

λ 的单位为（cm³·atm）/g，1cal = 41.308cm³·atm（1cal = 4.1868J，1atm = 101.325kPa），所以

$$\lambda = 79.72 \times 41.31 (\mathrm{cm^3 \cdot atm})/g$$

通过式（1 - 13）可得

$$\Delta t_1 = -0.00747K$$

第二是在 0℃时水中空气的溶解量而引起的温度变化，冰点是冰及含有饱和空气的水之间的平衡温度，在冰点温度下水中每增加 1mol 分子浓度的空气，冰点的温度值就下降 1.858K，即（dT/dm）= -1.858K/mol。在 0℃时 1 个标准大气压下单位质量水中溶解 0.001313mol 的空气，水就达到饱和状态。所以，在冰点因溶有空气在水中而引起温度下降值为

$$\Delta t_2 = -1.858 \times 0.001313 = -0.00242K$$

由于上述两个原因，引起的温度变化为

$$\Delta t = \Delta t_1 + \Delta t_2 = -0.00747 + (-0.00242) = -0.00989K$$

所以，水三相点温度比 1 个标准大气压下冰点的温度高 0.00989K ≈ 0.01K。

水三相点的复现是用水三相点容器实现的。目前，常用的是石英玻璃水三相点容器，通常叫做水三相点瓶，如图 1-3 所示。

图 1-3 水三相点瓶

3. 水三相点的复现

水三相点的复现是通过水三相点瓶的冻制和保存来实现的。

（1）水三相点瓶的冻制方法

水三相点瓶的冻制方法主要有液氮冻制法、低温酒精冻制法、冰盐混合物冻制法、干冰冻制法、以及自动冻制法等五种方式。

① 液氮冻制法

首先将水三相点瓶放入装有碎冰的杜瓦瓶或恒定在(0~5)℃的低温槽中进行预冷，预冷一般需要 2h 以上。预冷的主要目的是为了保证冻制的效率更高，同时减小容器所承受的温差，避免损坏。

将经过预冷的水三相点瓶置于装有碎冰的杜瓦瓶中。使用瓷杯等容器将液氮缓慢地倒入温度计插管内，从温度计插管底部开始，分层冻制到水三相点瓶液面为止。最初形成的冰套如图 1-4 所示。冻制时，由于液氮温度极低（可达到 -196℃左右），冻结速度较快，冻结的冰套会开裂，发出一定的爆裂声，可观察到温度计插管周围有许多片状结晶，厚薄不均匀。适当控制液氮的注入量，同时将顶部扎有棉球的玻璃棒插入温度计插管内以限制液氮停留的位置，上下拉动玻璃棒即可使液氮扩散，保证整个冰套外表平滑，厚度均匀。

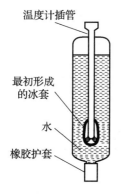

图 1-4 最初形成的冰套

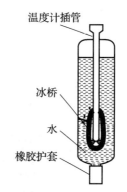

图 1-5 冰桥示意图

在冻制过程中，在温度计插管外壁与容器内壁之间一定不能形成冰桥。冰桥如图 1-5 所示。因为冰桥生长膨胀会产生很大的力矩，在其作用下极易使温度计插管从上端与容器的连接处断裂。若发现冰桥出现，可以用自来水冲洗容器外壁，使冰桥融化。在冻制过程中，还要防止瓶颈液面处的冰生长过快，出现冰套与玻璃容器内壁（包括插管外壁）冻结的现象，极易造成容器涨裂破损，冰套与插管外壁、容器内壁冻结如图1-6所示。要及时将水三相点瓶拿到自来水龙头下冲洗外表面和插管，使冰套与插管外壁、容器内壁分离。然后再重复上述冻制过程。直至温度计插管周围形成厚度约（1~2）cm，表面光滑、质地均匀的冰套为止。冻制完好的水三相点瓶如图1-7所示。冰套生成后，让液氮全部挥发，然后用经预冷的纯水把温度计插管冲洗干净。稍用力旋转水三相点瓶，让冰套围绕插管旋转。液氮制冷法是目前冻制速度最快的方法，但容易发生深度冻伤，对操作者具有一定的危险性。

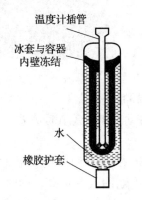
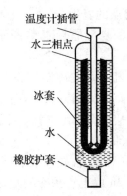

图1-6　冰套与容器内壁冻结　　　　图1-7　冻制好的水三相点瓶

② 低温酒精冻制法

把经过预冷的水三相点瓶置于装有碎冰的杜瓦瓶中。再将酒精低温槽设置在-30℃左右（更低温度也可以）。把适量低温酒精灌入水三相点瓶温度计插管中，大约三分之一高度。将一台小型潜水泵（性能与常用鱼缸用泵类似）的吸入口插到酒精低温槽的酒精中，潜水泵的排出口与橡皮软管以及经加工成为U型的铜管连接起来，将U型铜管插入水三相点瓶温度计插管中。橡皮软管末端再插入酒精低温槽中，组成一个循环系统。图1-8为低温酒精冻制法示意图。

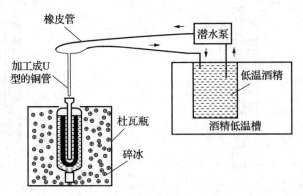

图1-8　低温酒精冻制法示意图

通过潜水泵将低温酒精打入橡皮管和铜管中，铜管与温度计插管进行热交换，导致温度计插管外壁四周的纯水温度逐渐降低，当温度计插管外壁周围出现很多细微的、绒状的结晶时，表明已进入过冷状态，这时取出水三相点瓶用力摇晃一下，温度计插管四周会立即"生长"出很多细长、片状的冰晶。再将水三相点瓶放回杜瓦瓶中，继续冻制。在冻制过程中为防止瓶颈处的冰生长过快，涨裂瓶颈，可以在瓶颈四周缠绕低电压小功率的加热线圈（一般小于36V，不超过20W）或者及时用自来水冲洗瓶颈，使冰套与玻璃内壁分离。在冻制过程中，也要防止出现冰桥，及时融化冰桥。重复上述冻制过程，直至温度计插管周围形成厚度约(1~2)cm，表面光滑、厚度均匀的冰套为止。冰套生成后，倒出插管内的酒精，然后用经预冷的纯水把温度计插管冲洗干净。稍用力旋转水三相点瓶，让冰套围绕插管旋转。低温酒精冻制法是一种比较省力的冻制方法，但由于使用大量酒精，需要注意防火安全。

③ 冰盐混合物冻制法

冰盐混合物冻制法是将经预冷的水三相点瓶置于放有雪花状冰或碎冰的冰槽（如杜瓦瓶等）中。用冰屑或黄豆大小的冰粒，以大约3∶1比例的冰、盐混合物（一般可达到 -10℃左右）加入水三相点瓶温度计插管内，视其融化情况不断地加入冰盐混合物并吸出温度计插管内融化的水。冻制过程中可用细玻璃棒等插入温度计插管，将冰盐混合物压入所需的部位。当温度计插管外壁周围出现很多细微的、绒状的结晶时，用力摇晃一下水三相点瓶，会立即"生长"出很多细长、片状的冰晶。再继续不断地加入冰盐混合物并吸出温度计插管内融化的水，直至温度计插管周围形成厚度约（1~2）cm，表面光滑、厚度均匀的冰套为止。冻制结束后，应用经预冷的蒸馏水将温度计插管内冰盐混合物冲洗干净。稍用力旋转水三相点瓶，让冰套围绕插管旋转。冰盐混合物冻制法成本比较低，相对比较安全，但操作比较繁琐。

④ 干冰冻制法

干冰冻制法是将粉末状的干冰（固体二氧化碳）加入温度计插管内，一直填到与水三相点瓶中的水面齐平，再加入少量酒精作为热交换介质，并轻敲容器外壳。当干冰升华时，不断地加入干冰和适量的酒精，以增加热交换，降低温度。大约(1~2)h后，可使插管周围形成均匀冰套。此时，应停止往插管内加干冰，待插管内的剩余干冰完全升华后，用经预冷的蒸馏水将插管内的酒精冲洗干净。稍用力旋转水三相点瓶，让冰套围绕插管旋转。此冻制法效率较高、成本较低，但操作比较繁琐，容易发生冻伤，对操作者具有一定的危险性。

⑤ 自动冻制法

目前，市场上已有专门的水三相点自动复现装置，采用压缩机制冷自动程序控温，使用防冻液作导热介质。只要把水三相点瓶放入规定的位置，启动控制程序，就可以自动冻制以及保存水三相点，基本不需要人工干预。这种装置极大地提高了工作效率，使用安全可靠。

（2）水三相点瓶的保存

新制备的水三相点瓶，它的水三相点温度是稍微偏低的（可能偏低0.5mK）。由于在冻制过程中，过冷度比较大，生成的冰晶比较小，产生很大的应力，使水三相点温度偏低。在水三相点瓶冻制好以后的前几个小时，由于冰结晶的生长或结晶内应变，三相点瓶内温度会上升零点几毫开（万分之几摄氏度）。所以，一般要保存24h后才开始使用。

用脱脂棉把水三相点瓶插管端口堵住，将冻制好的水三相点瓶放入杜瓦瓶中，周围和上面用碎冰填埋，加盖保温盖后，存放在恒温实验室内进行保存。也可以将冻制好的水三相点瓶放入专用制冷恒温设备保存。

为了获得三相共存（指位于液面处紧靠温度计插管的一圈），须将紧贴温度计插管表面的冰融化，即内融。内融的方法是把略高于 0℃ 的蒸馏水倒入插管之后，给水三相点瓶施加较小的旋转力，使插管外壁一层冰融化成水。冰套可绕温度计插管自由转动，形成冰－水交界面。经过内融后的水三相点瓶，在使用一段时间后，由于蒸汽的冷却作用，使内液层的上部冷却而冻成冰，冰套又冻结在插管外壁和容器内壁上。这时，还需要按上述方法，通过注入蒸馏水、旋转水三相点瓶等方式，使冰套重新自由转动。否则，测得的温度值会比水三相点温度低 0.1mK。

水三相点是指固、液和气三相共存的状态。所以在冻制好的水三相点瓶中，水三相点出现在液面，只有这里是三相共存的三相状态。而在液面以下 $L(m)$ 深处的固－液界面上的平衡温度由于静压效应，对于在液面以下深度 L 的平衡温度应为

$$t = A + BL \qquad\qquad (1-14)$$

式中，$A = 0.01℃$，$B = -7.3 \times 10^{-4} m^{-1} \cdot ℃$。

假设液面至温度计插管底部的距离为 25cm，则 $BL = -0.0002℃$，说明水三相点瓶插管底部的温度仅比液、气交界面部位低 0.0002℃。在精密测温时应计入这一项静压误差。

4. 水三相点最新研究进展

由于 2005 年第 23 界国际计量局温度咨询委员会（CCT）基于维也纳标准平均海洋水（V-SMOW）重新定义开尔文热力学温度单位，中国计量科学研究院热工所"水三相点课题组"开展了同位素对水三相点温度影响的研究，并根据 CCT 推荐的同位素修正算法对所制作的四个水三相点容器内的同位素组成进行修正。结果表明，应用修正后，容器间的最大温差从 0.1mK 降到 0.02mK；且四个容器复现的水三相点温度值在 0.02mK 内一致。并分析认为，在水三相点容器制作过程中，不同的蒸馏温度及抽真空时间导致了同位素的变化。

5. 凝固点

凝固点是晶体物质凝固时的温度，不同晶体具有不同的凝固点。在一定压强下，任何晶体的凝固点，与其熔点相同。同一种晶体，其凝固点与压强有关。凝固时体积膨胀的晶体，凝固点随压强的增大而降低；凝固时体积缩小的晶体，凝固点随压强的增大而升高。在凝固过程中，液体转变为固体，同时放出热量。凝固时，固态和液态是可以共存的，共存时的温度称为凝固温度或凝固点。非晶体物质则无凝固点。

现将一些典型金属的凝固点研究过程作一简单介绍。首先将高纯度的金属装在容器（坩埚）内，然后把坩埚放在加热炉中，通过加热，使炉温逐渐升高，当加热到某一温度时，金属开始熔解，一般可维持一段时间，在这段时间内，尽管还在不断加热，但金属的温度不再上升。加热热量的多少只影响熔解速度的快慢，而不影响溶解温度的高低，直到金属全部熔解后，温度才开始迅速上升。金属在受热过程中，温度随时间的变化可以用图形表示，如图 1-9 所示，曲线上的 oa 段表示金属受热温度上升，ab 段表示金属在溶解过程中温度保持不变的状态，bc 段表示金属完全熔解后温度继续上升。如果停止加热，金属就要向外界放热而逐渐冷却，因而温度也随之下降，如图 1-10 中的 $o'a'$ 段，当降到

某一温度时，金属开始凝固，在凝固过程中，虽然继续放热，但在一个相当长的时间内，温度却保持不变，如图 1 - 10 中的 $a'b'$ 段，直到金属全部凝固后，温度又开始下降，如图 1 - 10 中的 $b'c'$ 段。

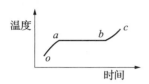

图 1 - 9　金属熔解过程示意图

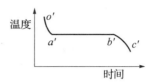

图 1 - 10　金属凝固过程示意图

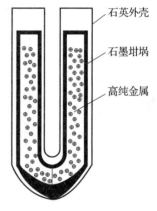

图 1 - 11　固定点（金属凝固点）容器结构示意图

　　按照 ITS—90 国际温标的要求来复现金属凝固点，首先的任务就是要建立一套复现金属凝固点的装置，它的主要组成部分就是固定点（金属凝固点）容器和固定点炉。图 1 - 11 是密封式固定点容器的结构示意图，图 1 - 12 是密封式固定点容器的实物照片。密封式固定点容器可以有效防止高纯金属被氧化或被污染，使用比较方便，但容器内的压力不易控制和测量。还有一种开口式容器，与真空充氩气系统连接，在复现过程中可调整容器内压力，保证 ITS—90 国际温标所要求的 1 个大气压的压力。很多发达国家都采用开口式容器，目前中国计量科学研究院已逐步采用开口式容器。中温金属凝固点炉的结构示意图如图 1 - 13 所示。炉体一般使用电阻丝加热，电阻丝的绕法可采用单绕、双绕、矩形排列等多种方式，但必须要保证中间部分有一定长度的均匀温场，使装有纯金属的坩埚正好处在均匀温场之中。有些炉体也采用铠装电缆式电热元件，更安全可靠。加热丝一般采用一段缠绕方式，有些设备也采用三段加热方式，目的是让沿轴向方向的均匀温场的范围更长。

图 1 - 12　固定点容器实物照片

以复现锌凝固点为例。在实际工作时，可通过手动或自动方式，以一定速率升高炉温，使金属锌逐渐熔化，然后将炉温控制并保持在比凝固点高(1～3)℃的范围内，待温度稳定后缓慢降低炉温，当金属温度低于凝固点温度时，液体并不凝固，这是过冷现象。（过冷液体是不稳定的，只要有微小扰动，就会使过冷液体的温度回升到凝固点。）

过冷后金属温度开始回升，通过采用"诱导凝固技术"，同时将炉温保持在比凝固点低1℃左右的温度上。再稳定一段时间，即可出现凝固点温坪。如图1－14所示，曲线上出现的平坦部分就表示金属的熔解和凝固过程。从理论上讲，它们应该是重合的，但在实际测量中，由于各种影响，往往出现微小的差别。实践证明，凝固点的实际效果比熔点的实际效果好，故一般选金属凝固点来复现温标。

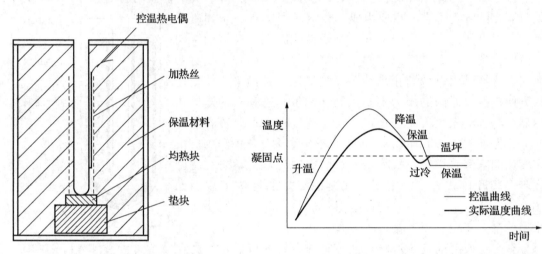

图1－13　中温金属凝固点炉　　　　　图1－14　金属固定点控制温度和实际温度曲线示意图

6. 熔点

在ITS—90国际温标中，只有镓采用熔点。由于镓在凝固时体积膨胀较大，所以采用比较柔软的聚四氟材料容器。各部件使用高真空树脂粘接和密封。高纯镓的过冷现象比较严重，过冷度可达(40～50)℃。镓熔点装置不仅需要加热还需要制冷功能。镓在储存和使用中，应处于纯氩气气氛中。

第二节　温度名词术语

（1）温度：温度表征物体的冷热程度。温度是决定一系统是否与其他系统处于热平衡的物理量，一切互为热平衡的物体都具有相同的温度。

温度与分子的平均动能相联系，它标志着物体内部分子无规则运动的剧烈程度。

（2）热力学温度：按热力学原理所确定的温度，其符号为T。

（3）开尔文：开尔文是热力学温度单位，定义为水三相点热力学温度的1/273.16。符号为K。

（4）摄氏温度：摄氏温度t与热力学温度T之间的数值关系为

$$t/^\circ\text{C} = T/\text{K} - 273.15$$

（5）摄氏度：摄氏温度的单位，符号为℃。它的大小等于开尔文。

（6）温标：温度的数值表示法。

（7）经验温标：借助于物质的某种物理参量与温度的关系，用实验方法或经验公式构成的温标。

（8）国际〔实用〕温标：由国际协议而采用的易于高精度复现，并在当时知识和技术水平范围内尽可能接近热力学温度的经验温标。

注：现行的国际实用温标是"1990国际温标"，它包括17个定义固定点，规定了标准仪器和温度与相应物理量的函数关系。

（9）相：物理化学性质完全相同，且成分相同的均匀物质的聚集态称为相。

注：热力学系统中的一种化学组分称为一个组元，如果系统仅由一种化学组分组成称为单元系。

（10）相变：一种相转换为另一种相的过程，称为相变。

注：对于单元系，体积发生变化，并伴有相变潜热的相变称为一级相变。例如：固体熔化为液体，液体汽化为气体，固体升华为气体。体积不发生变化，也没有相变潜热，只是热容量、热膨胀系数、等温压缩系数三者发生突变的相变称为二级相变。例如：液体氦Ⅰ和氦Ⅱ间的转变，超导体由正常态转变为超导态均属于此类相变。

（11）固定点：同一物质不同相之间的可复现的平衡温度。

（12）定义固定点：国际温标中所规定的固定点。

（13）三相点：指一种纯物质在固、液、气三个相平衡共存时的温度。

注：例如水三相点、氩三相点、镓三相点等。

（14）水三相点：水的固、液、气三个相平衡共存时的温度。其值为273.16K（0.01℃）。

注：水三相点为测温学中最基本的固定点。

（15）凝固点：晶体物质从液相向固相转变时的平衡温度。

（16）熔化点：晶体物质从固相向液相转变时的平衡温度。

（17）固定点炉：用于实现固定点的温度可控制并能达到一定稳定和均匀程度的装置。

（18）恒温槽：以某种物质为介质，温度可控制并能达到一定稳定和均匀程度的装置。

注：介质可以为水、油、酒精等。

（19）盐槽：以硝酸钾和亚硝酸钠的混合物为介质，温度可控制并能达到一定稳定和均匀程度的装置。

（20）热管：依靠自身内部工作介质的汽-液相变循环实现高效传热的器件。

（21）辐射能：以电磁波的形式发射、传播或接受的能量。

注：符号为Q，单位为焦耳。

（22）辐射通量、辐射功率：以辐射的形式发射、传播或接收的功率。

注：符号为ϕ或P，单位为瓦特。

（23）辐射强度：在指定方向上的单位立体角内，点辐射源的辐射功率。

注：符号为 I，单位为瓦特每球面度。

（24）辐射出射度：离开单位面积的辐射通量。

注：1. 符号为 M，单位为瓦特每平方米。

　　2. 在传热学中称为辐射力。

（25）辐射亮度：面元在指定方向上单位正投影面积的辐射强度。

注：符号为 L，单位为瓦特每球面度平方米。

（26）有效辐射亮度：离开单位面积的辐射通量。

注：有效辐射除自身辐射外，还包括反射和投射辐射。

（27）光谱辐射亮度：单位波长间隔内的辐射亮度。符号为 $L(\lambda)$。单位为瓦特每球面度立方米。

（28）［绝对］黑体：对任意入射方向、波长和偏振状态的入射辐射都能全部吸收的理想热辐射体。

注：又称普朗克辐射体或完全辐射体。其发射率为 1。

（29）灰体：光谱发射率小于 1 且不随波长变化的热辐射体。

（30）发射率：热辐射体的辐射出射度与处于相同温度的黑体的辐射出射度之比。

（31）光谱发射率：热辐射体的有效辐射出射度与处于相同温度的黑体的光谱辐射出射度之比。

（32）有效发射率：热辐射体的有效辐射出射度与处于相同温度的黑体的辐射出射度之比。

（33）亮度温度：热辐射体与黑体在同一波长的光谱辐射亮度相等时，称黑体的温度为热辐射体在该波长的亮度温度。在实际应用中，温度计在一有限光谱范围的测量结果，也称为亮度温度。

注：小于真实温度。

（34）辐射温度：热辐射体与黑体在全波长范围内的辐射亮度相等时，称黑体的温度为热辐射体的辐射温度。

注：小于真实温度。

第三节　　温度计量器具检定系统（部分）

1. 计量基准

13. 8033K ~ 961. 78℃：国家基准是铂电阻温度计和定义固定点。

961. 78℃以上：国家基准是光电高温计和钨带温度灯。

2. ITS—90 检定系统

国家正式颁布的检定系统框图仍然按照 IPTS—68 温标制定。

（1）（13. 81 ~ 273. 15）K 温度计量器具检定系统框图如图 1 – 15 所示。

（2）铂铑 10-铂热电偶计量器具检定系统框图如图 1 – 16 所示。

（3）铂铑 30-铂铑 6 热电偶计量器具检定系统框图如图 1 – 17 所示。

（4）辐射测温仪计量器具检定系统框图如图 1 – 18 所示。

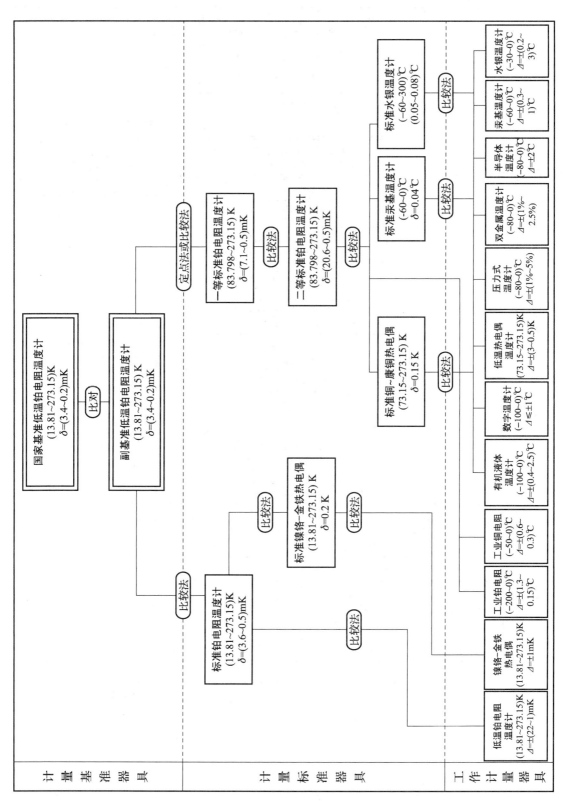

图 1 - 15 (13.81 ~ 273.15)K 温度计量器具检定系统框图

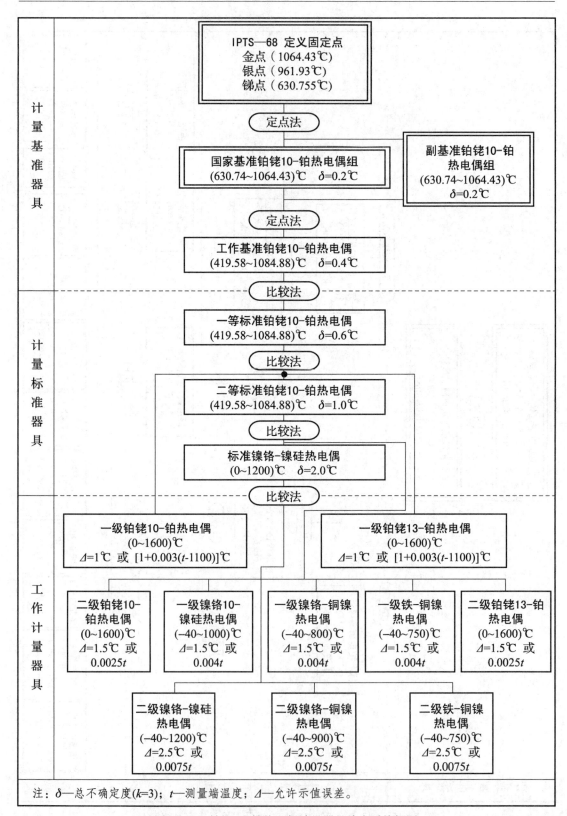

图 1-16　铂铑 10-铂热电偶计量器具检定系统框图

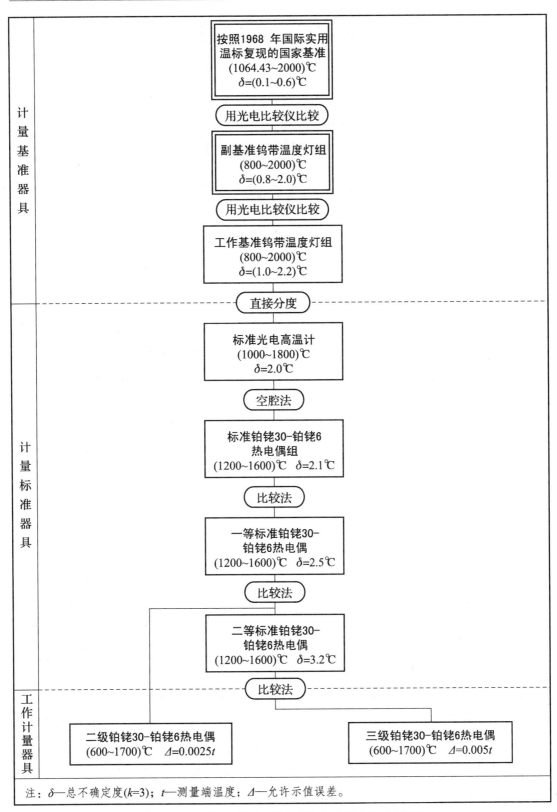

图 1-17 铂铑 30-铂铑 6 热电偶计量器具检定系统框图

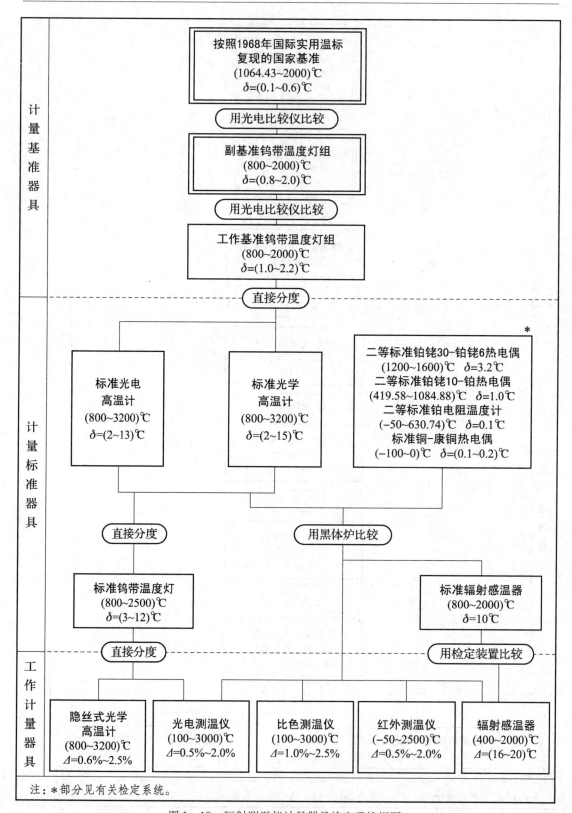

图 1 - 18　辐射测温仪计量器具检定系统框图

第四节 温度计量常用配套设备

一、测温电桥

测温电桥是用来测量标准铂电阻温度计电阻值的测量设备，现在使用的主要有精密测温电桥、直流比较仪式测温电桥、交流比较仪式测温电桥三种类型。

1. 精密测温电桥

目前精密测温电桥制造商主要有以下几家的产品，如航天计量研究所研制的 AT-1 型测温电桥、英国 ASL 公司的 F600AC/DC 测温电桥、美国 FLUKE 公司的 1594/1595 测温电桥，英国 ISOETCH 公司的 MicroK70/125/250/500 测温电桥等，如图 1-19 所示。这些精密测温电桥采用的是电压比等于电阻比的原理进行电阻值测量，配置计算机系统，可以设置标准铂电阻温度计参数，直接显示温度值。为了提高精度和保证稳定性，内置了标准电阻，也可连接外置电阻。

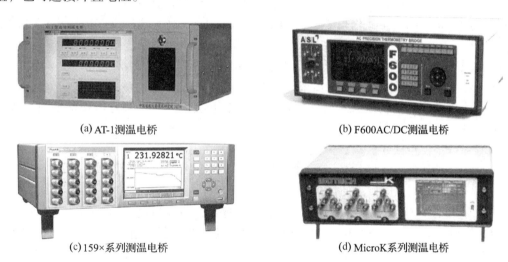

(a) AT-1测温电桥　　　　　　　　　(b) F600AC/DC测温电桥

(c) 159×系列测温电桥　　　　　　　(d) MicroK系列测温电桥

图 1-19　精密测温电桥

精密测温电桥的优点：

（1）价格相对便宜；

（2）直接显示温度值，并可进行图形化显示；

（3）携带比较方便，内置电阻可以满足一般的精密测量。

精密测温电桥分为交流和直流两种型式。直流精密测温电桥为了提高测量精度，需要积分和多次测量取平均值，要考虑测量延迟的问题；交流精密测温电桥测量速度较快，但要考虑测量干扰的问题。

2. 直流比较仪式测温电桥

直流比较仪式测温电桥主要有加拿大高联公司的 6622A 测温电桥和加拿大 MI 公司 6010 系列测温电桥，如图 1-20 所示。这类直流比较仪测温电桥采用的是匝数比等于电阻比的原理测量电阻值，内置了软件，可以显示电阻比、电阻值及温度值，用户需连接外置电阻来保证测量精度。

(a) 6622A电桥　　　　　　　　　　　　　　　(b) 6010电桥

图 1 - 20　直流比较仪式测温电桥

直流比较仪式测温电桥的优点：

（1）性价比较较高；

（2）直接显示电阻比、电阻值和温度值，并可进行图形化显示；

（3）测量精度高，年变化很小，与固定点组成系统，可实现标准铂电阻温度计的量值传递；

（4）量程宽，能满足目前铂电阻温度计的阻值测量范围。

使用直流比较仪式测温电桥时需要注意的问题：

（1）为保证测量精度，需采用年变化好的外置电阻，一般要符合工作基准或一等标准电阻的检定规程的要求；

（2）对环境温度要求较高，需在实验室环境条件使用；

（3）内置的比较仪线圈比较重，搬运不方便，不适于现场使用。

直流比较仪式测温电桥的使用注意事项：

（1）某些电桥测量的是不平衡值，测量时间越长，精度越高，适于高精度的长期监控测量，接口命令开放并符合标准的 IEEE488 接口命令的，利于用户组成系统二次开发；

（2）如采用的是油浴电阻，还需配套波动度小的恒温油槽；

（3）为了提高测量精度，直流比较仪式测温电桥采用积分和滤波的技术，测量值会滞后。

3. 交流比较仪测温电桥

现在市场销售的交流比较仪式测温电桥只有英国 ASL 公司生产的 F700/F18/F900 电桥，如图 1 - 21 所示。交流比较仪式测温电桥采用的是交流比较仪的技术，利用匝数比等于电阻比的原理进行电阻值测量，只能显示电阻比，用户需连接计算机显示相应的电阻值和温度值。

交流比较仪式测温电桥的优点：

（1）测量速度快，测温精度高；

（2）交流换向，可以更好地消除热电势；

（3）具有自动测量和手动测量两种模式；

（4）国际温度咨询委员会的成员国一般均采用/F18/F900 电桥复现 ITS—90 国际温标；

（5）可以发现被测体的微小变化，适用于 ITS—90 国际温标固定点的研究。

图 1 - 21　交流比较仪式测温电桥

使用交流比较仪式测温电桥时需要注意的问题：

（1）非常敏感，需要良好的接地和洁净的电源供电，不要和恒温槽或其他设备使用同一相电源；

（2）使用交流比较仪式测温电桥时，不能只考虑比率精度，还要考虑其他设备的配套性；

（3）需外置的 AC/DC 标准电阻，不能是 DC 标准电阻。如采用的是 AC/DC 油浴电阻，还需配套波动度小的恒温油槽。

二、数字温度计

数字温度计采用铂电阻、热电偶、热敏电阻等温度敏感元件作温度传感器，通过测量线路将温度转换成模拟电信号，再将模拟电信号转换为数字信号，经过处理单元将数字信号转换为温度值，最后通过显示单元，如 LED，LCD 或者屏幕等显示出来。

数字温度计根据使用的传感器、AD 转换电路及处理单元的不同，它的精度、稳定性、测温范围等都有区别，要根据实际情况选择符合使用要求的数字温度计。常见数字温度计如图 1 - 22 所示。

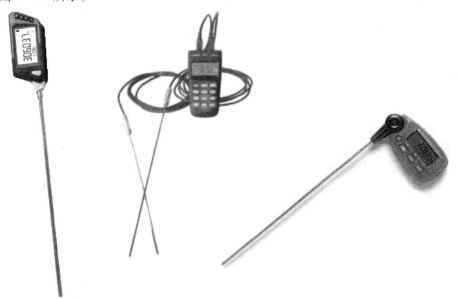

图 1 - 22　高精度数字温度计

1. 高精度数字温度计的概况

随着数字技术的不断发展和计算机的普及应用，人们普遍对工作质量、工作效率等提出更高要求。迫切需要具有读数直观、使用方便、具有通讯功能的高精度数字温度计。

所谓高精度数字温度计一般是指分辨力优于 0.01℃，准确度优于 0.05℃，温度传感器器配接铂热电阻的数字温度计。

高精度数字温度计主要有以下 3 种类型：

（1）高精度测温电桥等电测设备与标准铂电阻温度计

使用高精度测温电桥配接标准铂电阻温度计。测量分辨力可以达到 0.001℃甚至 0.0001℃；电测部分的测量精度也很高，在 0℃的测量准确度可以相当于几个毫开。但此类高精度数字温度计成本非常高，体积较大，使用不方便。此类高精度数字温度计在实际使用中存在两个比较大的缺陷：首先所配接标准铂电阻温度计的水三相点 R_{tp} 值是在该标准铂电阻温度计检定过程中，是由其他电测设备测得的，两者存在着一定的系统误差，使测温准确度受到了一定影响；其次一般石英套管标准铂电阻温度计抗冲击能力较差，在恒温槽中长期高频次使用，会影响其测量精度甚至是使用寿命。部分标准铂电阻温度计实际使用时间不到一年，主要指标就已经超出其检定规程要求，个别标准铂电阻温度计甚至已经损坏，不可修复。

（2）高精度测温仪表与标准铂电阻温度计

此类高精度数字温度计由功能比较单一的高精度测温仪表配接标准铂电阻温度计构成。测量分辨力也可以达到 0.001℃甚至 0.0001℃；电测部分的精度低于高精度测温电桥。此类高精度数字温度计体积比较适中，携带也比较方便。但也存在如前所述的明显缺陷，而且整体的准确度和稳定性不高。

（3）高精度测温仪表与铠装铂热电阻

该类型高精度数字温度计配的是铠装铂热电阻。由于使用铠装铂热电阻，实际使用中克服了标准铂电阻温度计易受振动、冲击以及容易破损等缺陷。但一般铠装铂热电阻年稳定性低于标准铂电阻温度计。通过良好的元件选材、合理的加工制作工艺和全面有效的热处理方式，高精度数字温度计（包含高精度测温仪表和温度传感器）在近年来已经取得较大进步，达到了一定的使用精度要求，在很多检测场合已经大量使用。

2. 高精度数字温度计工艺要求和功能设置

（1）性能良好的铠装传感器

选用高精度的铠装铂热电阻做测温元件的高精度数字温度计成本较低，使用价值较高，只要保证传感器的稳定性以及解决传感器与测温仪表的匹配问题，就可以获得理想的准确度。

在所有影响高精度数字温度计稳定性的因素中，传感器自身稳定性是最为突出的，解决起来也较困难。由于温度传感器在使用中需要频繁经历高温、低温、潮湿、震动等不利影响，还存在热电效应等不确定因素，所以改善和提高传感器的稳定性一直是一个比较棘手的问题。

作为高精度数字温度计传感器的铂热电阻一般应选择电阻比（α 值）在 0.00392 以上的线绕型铂热电阻元件，采用四线接线方式。为了减少热电势以及杂散电势，连接导线和引线的材料一定要选择同一纯净材料，如银等，尽量不使用合金材料。使用高纯氧化镁粉等填装不锈钢套管，密度不宜过大，防止高温时过分挤压铂热电阻元件，影响稳定性。在传感器手柄处，要使用适当的耐高温的有机物如硅胶等密封材料，解决不同材料的热胀冷缩与整体密封的问题。

封装好的铠装铂热电阻必须要进行高温退火、老化、冷热循环等处理。一般退火老化工艺可选择在超过使用上限的 400℃ 左右进行。退火时间一般可选择 100h 或根据测量结果确定。以退火前后水三相点值的变化作为筛选依据，一般选择变化不超过 5mK 的铂热电阻做传感器。

（2）优化的测量线路

在数字仪表中四线制电阻一般采用恒流源法或电桥法进行测量。恒流源法又称伏安法。即利用已知的非常稳定的恒流源（一般是 1mA），通过被测电阻，再测量电阻两端的电压，即可得到其电阻值。如图 1 - 23 所示。

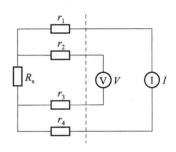

图 1 - 23 恒流源法
测量电阻示意图

在这种测量模式中，测量电流与电压测量是分开的，即分别用两组测试线路来完成。测试电流为已知，就可从被测电阻上采集电压降。当测量电流流过被测电阻 R_x，并且在其两端形成电压降 IR_x 时，用电压测量端去测量被测电阻两端电压降，这样就消除了电流测试线的引线电阻 r_1、r_4，同时利用数字电压表的高阻抗特性消除了 r_2 和 r_3 的影响，因此最终所测电阻为 R_x。该方法的优点是采用绝对测量方式，抗干扰能力比较强。但其缺点也比较明显，恒流源的稳定性和准确度直接影响到测量结果；恒流源与测量电路的参考（或激励）电压缺乏必要的联系，整体稳定性不容易达到较高的水平；由于启始点不是零点，需要字节较长的 A/D 转换器。

电桥法主要是各类有源线性桥路。如图 1 - 24 所示。R_t 为铂电阻温度计电阻，r_1、r_2、r_3 和 r_4 为引线电阻。该方法最大的优点是由于采用同一电源供电以及比率计算，整体线路的短期稳定性较高，非线性可以通过计算机软件解决；由于启始点可调整为零点，可充分利用 A/D 资源。但桥路结构比较复杂，由于缺少必要的"自校准"手段准确度的提高受到明显的制约。

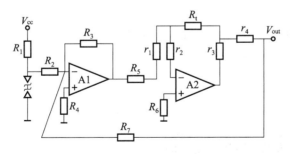

图 1 - 24 四线制铂电阻温度计测量桥路实例

目前在很多场合越来越多地采用比率法测量电阻。如图 1 - 25 所示。它的优点是进行电阻—电压转换的有源电桥（无源电桥也适用）和 A/D 转换器的基准电压共用一个电源，这样转换结果消除了基准电压的影响。这种电阻测量电路，测量精度仅由标准电阻的稳定性决定，与基准电压无关，而作为标准电阻的精密电阻其稳定性远高于基准电源，所以其具有较高的准确度。

应用比率法可以消除由于恒流源所引起的误差。通过电阻网路的电流为

$$I = V_{cc}/(R_c + r_1 + R_x + r_2) \qquad (1-15)$$

式中：V_{cc}——参考电压；

　　　　R_c——标准电阻；

　　r_1, r_2——引线电阻。

通过参考端的电压为 IR_c，而通过测量端的电压为 IR_x，则其电压比为 $k = R_x/R_c$。R_c 为一个非常稳定、准确的标准电阻。这时被测的实测电阻值按下式计算：

$$R_c = k \cdot R_x \qquad (1-16)$$

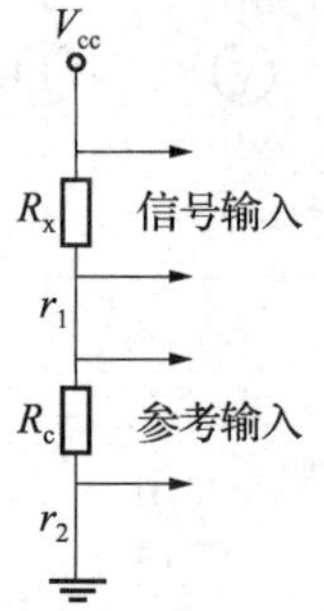

比率法测量电路如图 1-25 所示，相对于直接测量法结果准确，其降低了对 A/D 转换器的要求。

综上所述，高精度数字温度计比较适宜采用比率法测量铂热电阻示值。为保证整体的稳定性，一般在线路周围都应设计有恒温装置。为整体线路和元器件提供恒温环境，而且还具有一定的抗干扰作用。

3. 功能设置符合实际要求

（1）高精度数字温度计应具有四线电阻测量功能，可以对其进行相应的检定或校准。

图 1-25　比率法测量电路示意图

（2）按 ITS—90 公式或 Callendar Van Dusen 公式计算实际温度。在输入铂热电阻必要参数后，基本可以保证得到铂热电阻整体的曲线特征。但由于这些数据是由其他电测设备测得的，两者存在着系统差，使得测温结果不可避免地存在一定的误差。

为减小系统差，提高测量准确度，高精度数字温度计还应具有多点修正的功能。用户可选择 1~2 个温度点进行修正。最好选择水三相点或锡凝固、锌凝固点等固定点进行修正，以保证得到最理想的准确度。

（3）高精度数字温度计存储器中应保留电阻测量功能的出厂设置值，以及铂热电阻（或标准铂电阻温度计）最近一次参数的设置值。上述设置值都应附带有相应的时间信息，以备使用中的性能评价（如稳定性考核、检定、校准等）。

高精度数字温度计所有的数值设置都必须通过数字按键输入，不能使用电位器等硬件调整，以保证数据稳定、可靠。

三、数字多用表

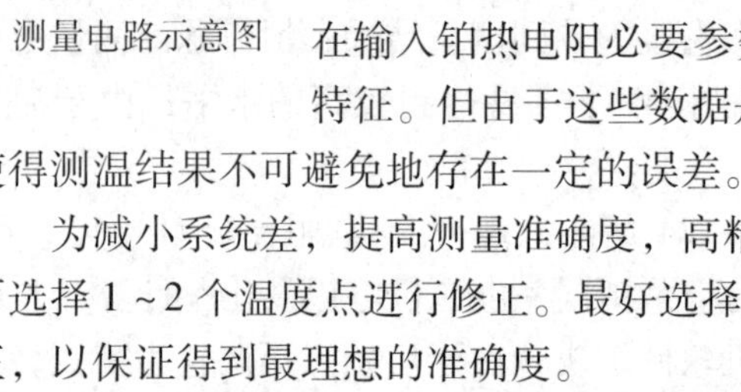

图 1-26　数字多用表

1. 功能特点

数字多用表英文缩写为 DMM（Digital Multimeter），它是大规模集成电路（LSI）、数显技术以及计算机技术的结晶。数字多用表具有很高的准确度和分辨力，显示清晰直观，功能齐全、性能稳定、测量速度快、过载能力强、便于携带等特点，其外观如图 1-26 所示。

数字多用表采用数字化测量技术，将被测量电量转换成电压信号，并以数字形式显示。高智能化数字多用表均带有微处理器和通讯接口，能配接计算机和打印机进行数据处理及自动打印，构成完整的测试系统。

2. 显示位数

常用高档数字多用表显示位数为5½位、6½位、7½位、8½位等。判定一台数字仪表的显示位数应分以下两个方面：首先能够显示从0～9所有数字的位是整数位；其次分数位的数值是以最大显示值中最高位的数字为分子，用满量程时最大计数值的最高位为分母。如某仪表最大显示值为±1999（最高位为1），满量程计数值为2000（最高位为2）。该仪表由三个整数位（个位、十位、百位）和一个1/2位构成，所以为3½位，读做三位半。如某仪表最大显示值为±3999，按上述原则判定其字长是3¾位。同一台数字多用表在测量电压、电阻或电流时，其显示位数是不一样的。一般电压显示位数最长、电阻显示位数其次、电流显示位数最短。

3. 最大允许误差

数字多用表的最大允许误差（MPE）有两种表达方式：

$$最大允许误差 = \pm (a\% \, RDG + b\% \, FS) \tag{1-17}$$

$$最大允许误差 = \pm (a\% \, RDG + n\text{BIT}) \tag{1-18}$$

其中，RDG为读数值，FS为满度值，BIT为最小分辨力也叫字。式（1-17）中 $a\%$ RDG代表A/D转换器和功能转换器的综合误差，$b\%$ FS是由于数字化处理带来的误差。对于同一块数字多用表来说，a 值与所选择的测量项目、量程有关，b 值则基本是固定的，通常要求 $b \leq a/2$。在式（1-18）中，n 是量化误差反映在末位数字上的变化量。如果将 n 个字的误差折合成满量程的百分数，就成为式（1-17）。由此可见，式（1-17）和式（1-18）是等价的。

同一台数字多用表在不同测量项目、不同量程时相应准确度是不一样的。常见数字多用表有美国Fluke公司生产的8840A（5½位）、8520A（6½位或7½位）；美国Aglien公司的Aglien34401A（6½位）、Aglien34420A（7½位）、Aglien3458A（8½位）；美国吉时利公司的2000（6½位）、2001和2010（7½位）、2182（7½位）、2002（8½位）；英国Datran公司的1071、1081（7½位）等。

四、液体恒温槽

恒温槽是用于（-100～300）℃范围温度标准配套设备，根据温度范围不同主要有低温制冷恒温槽、恒温水槽、恒温油槽等。液体恒温槽在计量机构、电力、石化、航空航天、机械制造等领域的温度计量工作中作为稳定的恒温源被广泛应用。近年来恒温槽产品的结构和性能都有了非常大的变化，无论是安全性能还是计量特性都有了明显的提高。恒温槽外观如图1-27所示，下面对恒温槽产品的结构、加热器、导热介质和温场性能等进行介绍和分析。

图1-27　恒温槽外观

1. 恒温槽的结构

从结构上区分恒温槽主要有下搅拌、上搅拌和射流搅拌三种方式。

（1）下搅拌式恒温槽

下搅拌式恒温槽又称磁力搅拌式恒温槽，结构如图 1 - 28 所示。电机安装在槽体下部，电机的转轴固定一块磁铁，在封闭的槽体圆筒内另有一块磁铁，磁铁的一端连接着搅拌叶片，当电机转动时，固定在电机转轴上的磁铁一同旋转并通过磁场带动圆筒内另一块磁铁，最终带动搅拌叶片旋转，将导热介质在圆筒和导流筒两个同心圆筒结构中产生循环运动，使热量均匀扩散。这种方式的优点是恒温槽上台面简洁、比较宽阔，正常操作不受限制。缺陷是由于磁力较小，相应搅拌叶片转动力矩不大，产生的搅拌效果不够理想，在一些温区内（一般是高于150℃或低于 - 20℃）的温场均匀性较差；长期使用后在圆筒底部聚集了大量杂质颗粒，影响磁铁的正常运转甚至卡住磁铁，需要定期、及时进行维护。下搅拌式恒温槽结构比较复杂，体积较大，早期的恒温槽都是采用的下搅拌方式。

（2）上搅拌式恒温槽

上搅拌式恒温槽是近年来比较流行的方式，国外产品大都采用这种方式。上搅拌式恒温槽又称侧搅拌式恒温槽，结构如图 1 - 29 所示。搅拌电机安装在恒温槽上台面一侧，搅拌叶片直接固定在电机的转轴上。当电机转动时转轴直接带动搅拌叶片旋转，使导热介质在 U 形结构中产生循环运动，保证热量均匀扩散。这种方式的优点是结构简单、体积较小，在比较宽的温区内温场均匀性较好；电机和搅拌叶片基本上不需要维护；缺点是恒温槽上台面空间比较狭小。

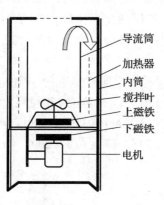

图 1 - 28　下搅拌方式结构图

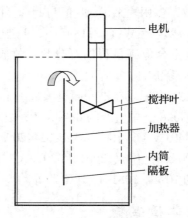

图 1 - 29　上搅拌方式结构图

（3）射流搅拌器

射流搅拌器是利用压力较高的流体通过喷射器产生射流作用，吸引低压的流体，再通过喷射器的喉部产生强烈的混合作用而达到两种流体的混合，即搅拌作用。

射流搅拌器主要性能特点：

① 独特的绕纵轴旋转和绕横轴旋转的复合运动形式；

② 高效率；

③ 低能耗；

④ 结构小巧，安装简便；

⑤ 使用周期长，免维修维护。

2. 恒温槽的加热器

（1）裸丝加热器

传统的恒温槽加热器使用的是裸露的电热丝，直径不到 1mm。一般是多支加热丝通过一定的串并联设计安装在导流筒的外壁，安装过程比较复杂。电热丝在水槽中使用则需要通过变压器将交流 220V 电压降为交流 36V 安全电压。

裸露的电热丝直接浸没在导热介质中，电热丝通电后直接将热量传导给导热介质。导热介质一般选用食用油、汽缸油、硅油等，这些油介质在正常情况下绝缘电阻非常高。这种结构存在着很大的安全隐患。主要由以下几方面：

① 电热丝通电后温度很高，长期使用后，食用油和汽缸油等导热介质大量碳化，降低加热丝和恒温槽金属壳体间的绝缘电阻，造成壳体带电。我们曾对一台使用了十年的恒温油槽进行了如下的试验，当温度稳定在 200℃ 左右时，关闭设备电源，使用普通万用表测量恒温槽金属壳体和油介质之间的电阻，一般在几 kΩ 到十几 kΩ，已经与人体表面电阻相当。

② 在检测金属套管封装的温度传感器时，如果操作不当，有金属零件掉落或传感器接触到电热丝，造成金属套管被击穿甚至出现人身伤害事故，此类事故以前在全国范围已发生多起。

③ 裸露电热丝长期经受冲击和震动，在高温状态下受各种杂质影响，容易断裂或脱落，直接与恒温槽壳体接触，造成放电或漏电现象。

（2）绝缘加热管

采用裸露电热丝的恒温槽其温场均匀性、稳定性要优于采用电热管的类似结构恒温槽。主要是由于电热丝分布面较广而且分布均匀，温差较低等原因。从 20 世纪 90 年代中期开始，部分厂家产品开始采用电热管做加热器。目前的电热管实际上就是铠装的加热丝。但加热丝比较粗一般直径 3mm 左右，在填充绝缘材料后，外保护管的直径在 8mm 左右。电热管做加热器的优点在于绝缘性能较好，有些厂家产品在 300℃ 时，还可以保证 100MΩ 的绝缘电阻。另外电热管的安装也比较简单，只需要简单套在导流筒的外测即可。由于采用的电热管比较短粗，分布相对集中，在工作时的表面温度要高于电热丝，温场效果相对较差。而且对导热介质使用寿命的影响比较明显。以甲基硅油为例，在（90～300）℃ 范围内使用，当每周使用时间超过 20h，采用电热丝方式时，其使用寿命可以在半年到一年。而采用电热管方式时，其使用寿命只有三四个月。

目前已有外径在 3mm 甚至更细的铠装的加热丝（加热管），绝缘效果也比较理想。相对于目前使用的加热管更显细长，若安装在恒温槽中使用，分布更均匀，表面温度更低，温场效果会更理想。

3. 恒温槽的导热介质

恒温槽的导热介质又称热载体，其主要功能是在搅拌作用下进行热传导，将热量均匀扩散。导热介质适用的温度一般是在闪点（或沸点）到凝固点范围内。目前使用比较普遍的导热介质主要有二甲基硅油、基础油、食用油、水、酒精等。

在高温区域使用的油类导热介质，在使用一段时间后，会出现碳化、胶化等现象，影响温场的均匀性和稳定性。所以在实际使用过程中，应根据使用频率，注意观察油质变化，及时更换新油。同为甲基硅油家族的产品，苯甲基硅油的使用效果要好于二甲基硅油，不仅黏度小，而且适用温度范围比二甲基硅油要宽，同样状况下，温场稳定性和温场均匀性也较二甲基硅油好。但是在高温下，苯甲基硅油挥发出大量烟雾，同时散发出对人体呼吸系统和眼睛的刺激性极大的苯成分，对现场人员和周围环境产生严重污染，所以苯甲基硅油不适宜作导热介质。

由于我国南北方的水质差异较大，对恒温槽的影响也是不一样的。北方水质呈碱性，一般下搅拌恒温水槽在北方使用会出现结垢现象，容易卡住磁铁。南方水质呈酸性，下搅拌恒温水槽在南方使用会出现搅拌轴和轴承（一般是电镀件和铜材料）被腐蚀现象，容易断裂等。纯酒精作导热介质最低可以使用到 –100℃，但由于酒精的闪点较低（40℃左右），容易发生火灾事故，其安全隐患一直成为人们关注的焦点。

国外产品一般使用二甲基硅油，从（–40～300）℃，二甲基硅油从外观到物理化学性能都比较理想，只是价格太高，是一般油品价格的六倍以上，而且寿命较短，不到一般油品寿命的四分之一。

目前，大多数条件下所使用的导热介质都不是专用的导热产品，在安全性能、适用温度范围、使用寿命、环境保护等方面还有很多不足之处，迫切需要专业研究机构研究开发安全可靠、适用温度范围较宽、使用寿命较长、对环境污染较小的导热介质。

4. 恒温槽的温场性能

在温度计检测过程中，由于标准器和被检温度计的热响应时间以及插入深度可能有所不同，所以温度计检定规程对恒温槽的温场稳定性和温场均匀性都有一定的要求。

温场稳定性主要与恒温槽的结构、控温装置的性能有关，在某些情况下也与导热介质有关。目前恒温槽控温装置的分辨力大多数可以达到 0.01℃ 甚至 0.001℃，但是控温效果却相差很大。一般自行研制的控制仪表功能比较少，但控温效果比较理想，从市场上购置的通用控制仪表功能比较丰富，但控温效果一般不如自行研制仪表。恒温槽的加热功率越小，越容易控制，温场稳定性越好；油介质的黏度越小，越容易控制，温场稳定性越好。

温场均匀性主要与恒温槽结构、导热介质以及温场稳定性等有关。侧搅拌式恒温槽的搅拌动力明显要强于上搅拌式恒温槽，所以侧搅拌式恒温槽的温场均匀性要优于上搅拌式恒温槽。使用新油的温场均匀性要好于旧油。

单纯依靠控温装置或导热介质不可能获得良好的温场性能。如在（200～300）℃温区，使用65#汽缸油做导热介质以磁力搅拌为动力的恒温槽其温场性能还是比较满意的，基本上可以满足检定标准水银温度计的要求。有些实验室人员认为二甲基硅油有很多优点，用其替代汽缸油。但在使用二甲基硅油后，标准恒温槽温场性能却下降了（见表1–2）。只有充分运用恒温槽结构、控温装置的性能以及导热介质等多种手段才能获得良好的温场性能。

5. 恒温槽液面高度

在检定玻璃温度计特别是高精密玻璃温度计时，相应检定规程对温度计露出液柱的高度都有非常明确的要求。这里所提到的露出液柱的高度是指露出液面的液柱高度，而不是露出恒温槽插表盘上表面的高度，更不是露出恒温槽上台面的高度。由于恒温槽的结构设计、加工工艺等原因，很多恒温槽的液面都远远低于插表盘上表面、低于恒温槽上台面，如图1–30所示温度计露出液柱示意图。图示中，检定人员只能把露出恒温槽上台面的液柱高度当作露出液面的液柱高度，这两者有较大差别，最大可能达到20mm以上，在检定玻璃温度计特别是高精密玻璃温度计时，带来的误差就比较大了。因此选用的恒温槽要能够保证液面的有效高度。

表1-2 下搅拌标准恒温槽使用汽缸油和二甲基硅油性能对照表

介质名称	温度范围/℃	工作区域水平方向最大温差/℃	工作区域垂直方向最大温差/℃	温度稳定性
40#~75#汽缸油	200~300	<0.01	<0.02	±0.01℃/10min
50#~200#二甲基硅油	200~300	<0.01	0.03~0.04	±0.03℃/10min

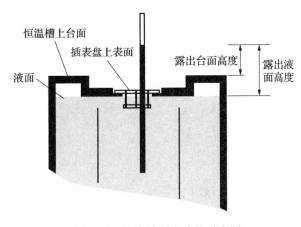

图1-30 温度计露出液柱示意图

五、热电偶检定炉

热电偶检定炉（以下简称检定炉）是一种为检定校准热电偶提供恒温热源的电加热设备，是检定校准热电偶的重要配套设备，其外观如图1-31所示。各种热电偶检定规程或校准规范中均规定了它的相应技术要求，若其实际性能达不到技术要求，则将对热电偶

图1-31 热电偶检定炉

的检定校准带来极大的检定校准误差，不能保证检定校准的质量，使热电偶的量值传递或量值溯源失去意义。因此，对热电偶检定炉进行性能测试来验证检定炉的实际性能是否满足要求是极其重要的。

检定炉主要由炉膛、电热元件、保温层、外壳等部分组成，温度范围一般在（300～1500）℃之间。按结构形式可分为卧式检定炉和立式检定炉；按外观可分为短型炉和长型炉；按使用温度可分为中温炉和高温炉；按用途可分为贵金属热电偶检定炉（标准热电偶检定炉、工作热电偶检定炉以及短型热电偶检定炉）和廉金属热电偶检定炉。

检定炉的主要性能包括炉长、炉内均匀温场分布［包括沿检定炉炉管中心轴的温度分布（称为轴向温场）和沿检定炉炉膛横截面的温度分布（称为径向温场）］等。炉长可采用皮尺、卷尺等仪器测量，方法简单，操作简易。而炉内均匀温场分布的测试则需要借助于专门的测量仪器，测试方法较为复杂，操作较为繁琐，所需时间较长。

热电偶检定炉主要技术指标要求如下：

（1）温度范围：（300～1200）℃；

（2）均匀温场：检定炉最高均匀温场中心与检定炉几何中心沿轴向偏离不大于10mm，均匀温场长度不小于60mm、温差不大于1℃；

（3）工作腔尺寸：ϕ40mm×600mm；

（4）外形尺寸：625mm×300mm×360mm；

（5）额定功率：2.6kW；

（6）额定电压：220V。

六、黑体辐射源

黑体辐射源是用来校准辐射温度计的装置。按温区分，它包括高温黑体辐射源［温区为（800～3000）℃］、中温黑体辐射源［温区为（300～1100）℃］和低温黑体辐射源

［温区为（－50～＋150）℃、（100～300）℃］；按照温度点分，可分为固定点黑体辐射源、变温黑体辐射源；按照炉体结构，又可分为卧式黑体辐射源、立式黑体辐射源；按照黑体空腔型式，可分为球型黑体辐射源和管式黑体辐射源，等等。根据辐射源的形状，还可分为空腔式黑体辐射源和面源黑体辐射源，如图1-32所示。

中温黑体辐射源是用来检定/校准（300～1200）℃温区辐射温度计的热源，采用电阻丝加热方式，也有的采用硅炭管加热。可在氧化性气氛中使用，一般做成开口形，不需封闭，故不存在窗口的吸收问题。目前，被广泛使用的是管式中温黑体辐射源。

图1-32　黑体辐射源

卧式中温黑体辐射源的外形结构如图1-33所示。在金属外壳1，保温层2里面有二层瓷管3和5，加热丝采用铁铬铝丝，直径2mm，均匀绕在内瓷管5上。炉管长750mm、内径50mm，辐射靶6用合金材料制成，靶的中心安装二等标准热电偶。其热电偶的工作端用ϕ8mm的保护管保护，插入辐射靶的底部。在辐射靶下部的槽内安装控温热电偶。辐射靶的温度由标准热电偶的输出电势决定。

中温黑体辐射源的黑体空腔材料，有镍铬钛合金（1Cr18Ni9Ti）、炭化硅（SiC）、金属陶瓷等。其辐射靶的形状有普通形、多锥形、凸锥形、凹锥形，其型式改变的主要目的

是提高黑体辐射源的有效发射率。为了提高黑体空腔的温度均匀性，加热丝采用不等距绕制法，或均匀绕制两端加辅助绕组加热法。均匀温区的长度与靶的半径比达到 $L/R > 6$。

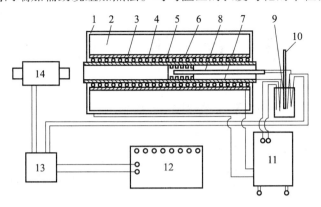

图 1 – 33　卧式管状中温黑体炉

1—炉壳；2—保温材料；3—外瓷管；4—炉丝；5—内瓷管；6—辐射靶；7—控温热电偶；
8—标准热电偶；9—零点器；10—水银温度计；11—控温仪；12—电测仪器；
13—无热电势开关；14—辐射温度计

中温黑体辐射源的使用温度上限，决定于加热材料的耐热性。目前国内大多数采用的加热材料是铁铬铝丝，最高温度可达 1200℃，常用温度为 1100℃。采用炭化硅管加热的使用最高温度可达 1600℃。中温黑体辐射源的温度控制一般均采用数字控温仪，控温稳定性可达 ±0.5℃/30min。

第二章 建标指导

第一节 仪器设备种类与选型

计量标准是准确度低于计量基准，用于检定或校准其他计量标准或者工作计量器具的计量器具。它处于量值传递（溯源）体系的中间环节，起着把基准复现的量值按一定的不确定度要求逐级传递下去的作用。各级标准装置传递量值的准确可靠是保障国家计量单位制的统一和量值传递的一致性、准确性的可靠保证。

作为量值传递体系中间环节的计量标准装置，上有高等级标准，下有低等级标准或工作计量器具。该类计量标准建标时必须按照相关计量法规的规定，依据计量检定系统表和检定规程、技术规范的规定与要求选用计量标准器具配置仪器设备。仪器设备的配置应在清楚测量原理和正确掌握量值传递使用的测量方法的基础上，正确把握量值传递中的测量模型与检定或校准结果的不确定度数学模型的关系，在正确的测量不确定度的分析评估方法或误差分析的结果的指导下，本着科学合理的原则既要保证传递量值的准确可靠，又要根据实施的经济性合理的技术指标，选择配置标准装置的仪器设备。

一、温度固定点装置

温度固定点是用来分度温度计的分度点，它与比较分度点不同之处在于，其温度值不是在分度过程中，用其他已分度过的温度计测量的，而是由定义（如 ITS—90 的定义点）确定，其温度值都是与某种物质的热力学状态相联系的。固定点复现性接近热力学温度的程度，不仅决定于物质的参数和热力学状态，温度计分度结果的准确度水平高低还与测量所用的温度计的性能及电测设备的测量能力有关。

以下为几种温度固定点容器的典型参数供参考。

1. DF 系列金属固定点密封容器

固定点密封容器是将高纯金属（99.9999%）先封装在石墨坩埚内，石墨坩埚封装在高纯石英玻璃容器内而制成的。一套科学的、严格的制造工艺，是密封容器的重要保证。容器在密封前，石墨坩埚及石英容器先要经过清洗后，在高温、高真空下特殊处理。然后把高纯金属装入石墨坩埚内和石英容器组装成完整的容器。组装好的容器接到特制的真空系统中，将容器内抽成高真空，并用高纯氩气反复清洗，在凝固温坪（固液相平衡温度）时充入高纯氩气后将容器封接。在凝固温坪时，容器内部的氩气压强为 1 个标准大气压（101.325kPa），所采用的工艺，确保金属样品长期不受氧化和污染。铟、锡、锌、铝和银点密封容器的外径均为 50mm，总高为 290mm，容器的中心管的内径为 8mm，温度计在纯金属样品中的浸没深度大于 180mm，温坪时间约 6h。金属固定点密封容器如图 2-1

所示。

在420℃以下使用的标准铂电阻温度计，必须在锡凝固点（231.928℃）和锌凝固点（419.527℃）检定；上限超过420℃的温度计，还必须在铝凝固点（660.323℃）检定；而上限超过660℃的温度计，还必须在银凝固点（961.78℃）检定。此外还有铟凝固点（156.5985℃）和镓熔点（29.7646℃）密封容器和整套装置。固定点容器技术指标见表2-1。

2. DDL 型固定点复现保存装置——固定点炉

固定点炉由加热器、炉体及控制器三个部分组成，外观如图2-2所示。高精度定点炉是专为实现固定点而设计的电阻炉，其主要特点是具有很长的轴向均为温区，为获得理想的凝固温坪提供了外部条件，高温精密程序控制器是根据多年来复现温标的经验而设计研制的。程序可独立设置升、降温速率，是实现固定点理想的控制器。固定点炉技术指标见表2-2。

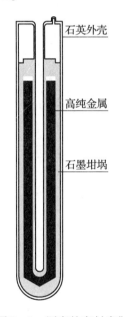

石英外壳

高纯金属

石墨坩埚

图 2-1 固定的密封容器

图 2-2 固定点炉

表 2-1 固定点容器技术指标

型号	固定点	纯度/%	温度值/℃	外壳材料	不确定度/mK
DF03	镓点	99.99999	29.7646	硼硅硅玻璃	≤1
DF04	铟点	99.9999	156.5985	石英玻璃	≤1
DF05	锡点	99.9999	231.928	石英玻璃	≤1.5
DF06	锌点	99.9999	419.527	石英玻璃	≤1.5
DF07	铝点	99.9999	660.323	石英玻璃	≤5
DF08	银点	99.9999	961.78	石英玻璃	≤10

表 2 – 2　固定点炉技术指标

型号	保存固定点	加热方式	温度范围	温度稳定性	轴向 180mm 范围内温度变化小于
DDL-1	铟、锡、锌	一段加热炉	(100 ~ 500)℃	±0.1℃	±0.2℃
DDL-2	铝、银	三段加热炉	(500 ~ 1000)℃	±0.2℃	±0.3℃

3. 59 系列温度固定点

59 系列固定点根据型式分为密封容器和开口容器。具有高质量阀门的开口容器，可连接到实验室的压力处理系统。固定点瓶可以用高纯惰性气体多次充气，排气和净化，使得固定点瓶内的压力达到标准的压力水平。由于开口容器内的压力可以测量，因此由压力修正带来的测量不确定度就会被最小化。

各种不同类型，不同固定点尺寸与技术指标见表 2 – 3。

表 2 – 3　固定点容器尺寸与技术指标

型式	型号	固定点	封装材料	温度值 /℃	外径 /mm	内径 /mm	总高 /mm	深度 /mm	固定点不确定度/mK ($k = 2$)
密封容器	5900E	汞点	不锈钢	– 38.8344	31	8.2	470	200	0.2
	5943	镓点	不锈钢	29.7646	38.1	8.2	250	168	0.1
	5904	铟点	石英玻璃	156.5985	48	8	285	195	0.7
	5905	锡点	石英玻璃	231.928	48	8	285	195	0.5
	5906	锌点	石英玻璃	419.527	48	8	285	195	0.9
	5907	铝点	石英玻璃	660.323	48	8	285	195	1.3
	5908	银点	石英玻璃	961.78	48	8	285	195	2.4
	5909	铜点	石英玻璃	1084.62	48	8	285	195	10.1
开口容器	5924	铟点	石英玻璃	156.5985	50	8	596	195	0.7
	5925	锡点	石英玻璃	231.928	50	8	596	195	0.5
	5926	锌点	石英玻璃	419.527	50	8	596	195	0.9
	5927A-L	铝点	石英玻璃	660.323	50	8	696	195	1.3
	5927A-S	铝点	石英玻璃（长）	660.323	50	8	596	195	1.3
	5928	银点	石英玻璃（短）	961.78	50	8	696	195	2.4
	5929	铜点	石英玻璃	1084.62	50	8	696	195	10

4. 水三相点

水三相点（TPW）是唯一一个同时被热力学温标和国际温标定义的温度固定点。热力学温度的单位开尔文，被定义为水三相点热力学温度的 1/273.16。它也是 1990 年国际温标（ITS—90）的定义固定点，水三相点的技术指标详见表 2 – 4。

表 2 - 4　水三相点的技术指标

水三相点瓶	5901A-G	5901A-Q	5901C-G	5901C-Q	5901D-G	5901D-Q	5901B-G
扩展不确定度（$k=2$）	<0.0001℃						<0.0002℃
复现性	0.00002℃						0.00005℃
外径×总高/mm×mm	$\phi50\times450$		$\phi60\times420$		$\phi60\times420$		$\phi30\times180$
内径/mm	12		13.6	14.4	12		8
浸入深度（水表面到井阱底部）/mm	265						118
封装材料	硼硅玻璃	石英	硼硅玻璃	石英	硼硅玻璃	石英	硼硅玻璃
水源	海洋						
δD_{VSMOW}	±1%						±2%
$\delta^{18}O_{VSMOW}$	±0.15%						±0.3%
与 VSMOW 偏差的影响	±7μK						±14μK

　　水三相点的选择使用时，要注意科学合理性和测量方法的正确性。因为水三相点热力学温度虽然较准确，但要注意标准装置的系统性和配套要求，否则可能事与愿违。

二、温度计量标准器具

　　计量标准器具是量值传递或溯源链中把基准复现的量值传递到各级标准直至工作计量器具最重要的计量器具。计量标准的溯源性是指通过国家相关部门发布的法规或文件规定的不间断的比较链，将计量标准的量值与规定的上一级标准装置（或更高标准）的标准作为参照对象比较取得准确的量值。

　　由于量值传递或溯源链中标准器严格的层级关系和量值传递的方法，决定标准器的准确量值必须向上级标准装置获取的特质，这种特质又决定计量标准器具在本级标准装置中的核心地位，可以说计量标准器在量值传递中是茫茫数据大海中的定海神针。

　　在怀疑计量标准器具的量值准确性时，对标准器的处理必须履行法制管理规定的程序，若用本级装置对标准器赋值是不科学、不经济的，同样存在量值不准确的问题，可能带来更大风险，因为下级标准装置的数据要达到或超越上级标准装置是不现实的。温度计量标准器具也不例外，几种典型温度计量标准器具的技术参数如下：

1. 标准铂电阻温度计

　　标准铂电阻温度计是根据金属铂丝的电阻值随温度单值变化的特性来测温的一种标准仪器。ITS—90 中规定在 13.8033K（-259.3467℃）~961.78℃标准铂电阻温度计是内插仪器。ITS—90 中（0~961.78）℃标准铂电阻温度计的参考函数，就是由中德两国用一支中国云南的高温铂电阻温度计的特性而确定的。标准铂电阻温度计是目前生产条件下测量温度时能达到准确度最高、稳定性最好的温度计。

　　标准铂电阻温度计是用于传递国际温标的计量标准器具，也可以直接用于准确度要求较高的温度测量。

任何一支铂电阻温度计都不能在 13.8033K ~ 961.78℃ 整个温区内有高的准确度，其至不能在此全温区内合适使用。温度计在哪一个或哪些温区中使用，通常是由它的结构来决定的。从使用温度范围分类，标准铂电阻温度计主要有以下四类：

① 用于(0 ~ 961.78)℃ 温区：R_{tp} 名义值为 0.25Ω 或 2.5Ω 的高温标准铂电阻温度计（银点温度计），石英保护管，长度 660mm；

② 用于(0 ~ 660.323)℃ 温区：R_{tp} 名义值为 25Ω 的标准铂电阻温度计（铝点温度计），石英保护管，长度 520mm；

③ 用于(0 ~ 419.527)℃ 温区：R_{tp} 名义值为 25Ω 或 100Ω 的标准铂电阻温度计（锌点温度计），温度计保护管有石英或金属两种，长度为 470mm。此结构的温度计最低可用到氩三相点（83.8058K）；

④ 用于(13.8033 ~ 273.16)K 温区：R_{tp} 名义值为 25Ω 的低温套管标准铂电阻温度计，保护管有玻璃和铂套管两种，长度(50 ~ 60)mm。

标准铂电阻温度计，按等级可分为工作基准、一等标准和二等标准，金属套管标准铂电阻温度计最高等级为二等标准。高温标准铂电阻温度计，执行 JJG 985—2004《高温铂电阻电阻温度计工作基准装置》；锌点、铝点标准铂电阻温度计，执行 JJG 160—2007《标准铂电阻温度计》；低温套管标准铂电阻温度计，执行 JJG 350—1994《标准套管铂电阻温度计》。

（1）中温标准铂电阻温度计

标准铂电阻温度计是 1990 年国际温标（ITS—90）温标内插仪器，是一种在目前技术条件下在测量温度时准确度最高、稳定性最好的温度计。标准铂电阻温度计是用于传递国际温标的计量标准器具。在检定各种标准水银温度计，工业铂、铜热电阻温度计，精密温度计时作为标准使用，也可以直接用于准确度要求较高的温度测量。中温标准铂电阻温度计按使用温度范围分为锌点温度计和铝点温度计，外观如图 2 - 3 所示，主要技术指标见表 2 - 5。

（2）金属套管标准铂电阻温度计

金属套管标准铂电阻温度计保护管不易损坏，在廉金属环境下不易被污染。适用于干阱炉的测试及在干阱炉中作为标准器使用。金属套管标准铂电阻温度计外观如图 2 - 4 所示，主要技术指标见表 2 - 6。

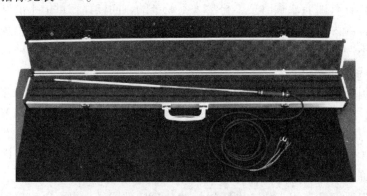

图 2 - 3　标准铂电阻温度计

表 2 - 5　WZPB 型标准铂电阻温度计主要技术指标

型 号	WZPB-6	WZPB-7	WZPB-8	WZPB-10	WZPB-1	WZPB-2
准确度等级	工作基准	一等	二等	工作基准	一等	二等
温度范围	\(0 ~ 660.323\)℃			\(0 ~ 419.527\)℃ 83.8058K ~ 0℃ 83.8058K ~ 419.527℃		
R_{tp}/Ω	25 ± 1			25 ± 1		
电阻比	$W_{Ga} \geqslant 1.11807$			$W_{Ga} \geqslant 1.11807$ $W_{Hg} \leqslant 0.844235$		
保护管类型	石英			石英		
保护管外径	$\phi 7mm \pm 0.5mm$			$\phi 7mm \pm 0.5mm$		
保护管长度	\(510 \pm 10\)mm			\(470 \pm 10\)mm		

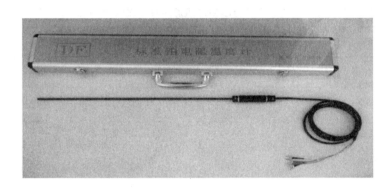

图 2 - 4　金属套管标准铂电阻温度计

表 2 - 6　WZPB-9 型金属套管标准铂电阻温度计主要技术指标

型 号	WZPB-9
准确度等级	二等
温度范围	\(0 ~ 419.527\)℃ 83.8058K ~ 419.527℃
R_{tp}/Ω	25 或 100
电阻比	$W_{Ga} \geqslant 1.11807$ $W_{Hg} \leqslant 0.844235$
保护管类型	高温合金
保护管外径	$\phi 7mm \pm 0.5mm$
保护管长度	\(480 \pm 20\)mm

（3）高温标准铂电阻温度计

高温标准铂电阻温度计是用于传递国际温标的计量标准器具。也可以直接用于准确度要求较高的温度测量。高温标准铂电阻温度计外观如图 2 - 5 所示，主要技术指标见表 2 - 7。

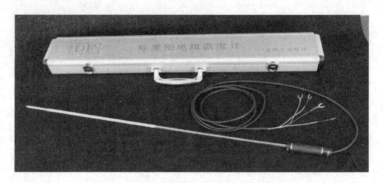

图 2 - 5　高温标准铂电阻温度计

表 2 - 7　高温标准铂电阻温度计主要技术指标

型　　　号	WZPB-3	WZPB-4	WZPB-5
准确度等级	工作基准	一等	二等
温度范围	(0 ~ 961.78)℃		
R_{tp}/Ω	0.25 或 2.5		
电阻比	$W_{Ga} \geqslant 1.11807$ $W_{Ag} \geqslant 4.2844$		
保护管类型	石英		
保护管外径	$\phi 7mm \pm 0.5mm$		
保护管长度	(660 ± 20)mm		

（4）56 系列标准铂电阻温度计

56 系列石英套管标准铂电阻温度计（SPRT）具有所有 SPRT 最优秀的品质：镀金的接线片、可释放应力的连接方式、避免对流的隔片、精细的石英玻璃、去光泽的套管和目前最高纯度的金属铂。专门消除应力的传感器设计使得在温度变化时不会伸长或缩短，获得了无可比拟的稳定性；研制了一种完善的方法来密封铂引出导线和周围的石英管，这种方法能够在各种温度下均衡铂丝和石英玻璃的不同膨胀率；使用纯石英做十字骨架、隔片和套管，而不使用云母或陶瓷，以获得最佳性能；采用一种特殊的玻璃处理工艺来增加石英的电阻和钝化，并且用特殊的清洁工艺消除管内不纯的物质。

根据技术指标不同，标准铂电阻温度计分为工作基准、一等标准和二等标准等几个等级。工作基准主要技术指标见表 2 - 8，二等标准主要技术指标见表 2 - 9。

表 2-8 工作基准温度计主要技术指标

型 号	5681	5683	5684	5685
温度量程/℃	-200～670	-200～480	0～1070	0～1070
标称电阻 R_{tp}/Ω	25.5		0.25	2.5
电流/mA	1		14.14	5
特征参数(电阻比)	$W_{Ga} \geq 1.11807$ $W_{Hg} \leq 0.844235$		$W_{Ga} \geq 1.11807$ $W_{Ag} \geq 4.2844$	
灵敏度/(Ω/℃)	0.1		0.001	0.01
漂移率	<0.002℃/100h (典型值 <0.001℃/年)	<0.001℃/100h (典型值 <0.0005℃/年)	<0.003℃/100h (典型值 <0.001℃/年)	
传感器支架	石英玻璃十字骨架		石英玻璃带凹点横条	石英玻璃十字骨架
传感器直径铂丝			0.4mm(0.016in)	0.2mm(0.008in)
套管	石英玻璃,直径:7mm(0.28in), 长度:520mm(20.5in)		石英玻璃,直径:7mm(0.28in), 长度:680mm(26.8in)	

表 2-9 二等标准铂电阻温度计主要技术指标

型 号	5626	5628
温度范围/℃	-200～661	
处理温度/℃	0～80	
R_{tp}/Ω	100(±1)	25.5(±0.5)
W_{Ga}	≥1.11807	
稳定性	±0.003℃/年	±0.002℃/年
长期漂移(k=2)	<0.006℃(661℃的条件下保持100h)	<0.004℃(661℃的条件下保持100h)
浸没深度	建议至少为12.7cm(5in)	
护套	Inconel™600	
导线	4线 Super-Flex PVC,22 AGW	
接线端	镀金扁平接线片,或用户指定	
尺寸	ϕ6.35mm×305mm、381mm 或 508mm (0.25in×12in、15in 或 20in)的标准长度,用户定制长度	

2. 标准热电偶

热电偶具有结构简单、准确度高、物理化学性能良好、高温下抗氧化性强、热电动势的稳定性和复现性好等特点,标准热电偶外观如图 2-6 所示。

标准热电偶分标准铂铑 10-热电偶和标准铂铑 30-铂铑 6 热电偶两大类。标准铂铑 10-铂热电偶用于(419.527～1084.62)℃温区的温度量值传递标准和精密测温,准确

图 2 - 6　标准热电偶

度等级有一等标准和二等标准。标准铂铑 30-铂铑 6 热电偶用于(1100 ~ 1500)℃温区温度量值传递标准和精密测温，准确度等级有一等标准和二等标准。标准热电偶技术指标见表 2 - 10。

表 2 - 10　WRPB 型标准热电偶技术指标

型　　号	WRPB-1		WRPB-2
类　　型	标准铂铑 10-铂		标准铂铑 30-铂铑 6
温度范围	(300 ~ 1100)℃		(1100 ~ 1500)℃
准确度等级	一等	二等	二等
稳定性	优于 3μV	优于 5μV	优于 8μV
热电势范围/mV	$E(t_{Cu}) = 10.575 \pm 0.015$ $E(t_{Al}) = 5.860 + 0.37[E(t_{Cu}) - 10.575] \pm 0.005$ $E(t_{Zn}) = 3.447 + 0.18[E(t_{Cu}) - 10.575] \pm 0.005$		$E(1100℃) = 5.780 \pm 0.025$ $E(1500℃) = 10.099 \pm 0.040$
电极尺寸	直径 ϕ0.5mm, 长度 ≥1000mm		

3. 高精密光电高温计

黑体辐射源与参考光电高温计的组合，共同构成计量标准，二者缺一不可。LP3/LP4/LP5 系列高精密光电高温计性能稳定、可用作标准器使用的光电高温计。其主要功能是作为辐射温度计在高温段检测时的标准器使用。该设备可配合黑体辐射源，在(650 ~ 3000)℃对辐射温度计进行检定校准工作。其主要是利用黑体辐射源在试验室提供稳定的辐射温度，将高精密光电高温计和被检辐射温度计置于辐射温度场范围内，结合测温二次仪表对辐射温度计进行检测校准，以获得准确的亮度温度。精密光电高温计外观如图 2 - 7 所示。

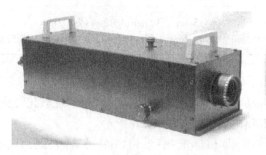

图 2 - 7　精密光电高温计

（1）通用技术参数

① 光学系统和滤波器

前置目标：口径 $f = 143/40$，色差透镜 f 143；

目标视场：直径 $\phi 0.25\text{mm}$；

光圈：直径 $\phi 9.0\text{mm}$；

干涉滤波器：650nm，10nmHBW。

② 测量范围

电流：$(1 \times 10^{-12} \sim 8 \times 10^{-7})\text{A}$；

温度：$(950 \sim 3000)\text{K}$，如果配有 ND 滤波器，温度可以达到 3800K。

③ 目标尺寸

目标尺寸见表 2-11。

表 2-11　目标尺寸

前面距镜头/目标的距离/mm	600	2000
光圈直径/mm	38	33
目标直径/mm	0.8	3.4

④ 测量不确定度

测量不确定度见表 2-12。

表 2-12　测量不确定度

测量的温度点	1200K	1600K	2000K	2400K	2800K
不确定度 U（$k = 2$，包含概率为 95%）	0.8K	1.2K	2.1K	3.4K	4.8K
长时间稳定性[6 个月，环境温度为 (22 ± 3)℃，$k = 1$]	0.25K	0.5K	0.9K	1.5K	2.4K
温度漂移[环境温度范围为 $(22 \sim 28)$℃]	—	—	—	—	3×10^{-4}/K

⑤ 沉降时间

光电流信号从 5% 变化到 98%：0.4s；

信号从溢出改变到 2% 的最终偏差值：0.8s。

⑥ 时间常数

增加到最终值的 90%：0.2s。

⑦ 模拟输出（可选）

输出电压：$(0 \sim 7.2)\text{V}$[相当于电流 $(0 \sim 8)\text{nA}$（范围 R1）或 800nA（范围 R2）]；

在所有的范围内，增加该变量 90% 的时间：2ms；

在范围 R1（8nA），增加该变量 90% 的时间：450μs；

在范围 R2（800nA），增加该变量 90% 的时间：75μs。

⑧ 容许的环境温度

存储温度：$(15 \sim 30)$℃；

工作温度：$(23 \sim 27)$℃；

湿度：10% RH ～ 70% RH。

⑨ 调整设施

调整镜管：无视差，亮度可调；

调整灯：内部或外部，绿色发光二极管。

⑩ 滤波器

步进电机驱动的滤光轮放置在滤光片上，与光线平行的路径上，共有 6 处；或者放置在具有特殊孔径的光阑处。

（2）可选择的辅助设备

四维电动平移台。

三、电测仪器

电测仪器在标准装置中主要担任读取测量数据的任务，它的测量结果准确稳定可靠对标准装置检定结果具有重要作用。仪器市场上各种规格的测量仪器多种多样，用于温度计量检测的仪器的准确度水平涵盖 10^{-4} ～ 10^{-7} 的量级，仪器功能参数千差万别。选择测量仪器的技术指标要以满足要求略有富余量为原则，在具体考虑仪器的技术指标时，最好不要只从单一仪器对单一传感器去考虑，而应该把测量仪器放在整个装置和系统中去考虑，充分考虑测量仪器测量数据与标准器、被检仪器及其他设备间相互关联、相互制约性，发挥测量装置的系统优势和设备的整体测量能力。

1. 1594/95 电位差计式电桥

1594/95 是一种电位差计式电桥，可以达到与传统电桥一样的准确度和线性度，并且更易于使用。专利的比率自校准功能可以完成比率准确度和线性度自校准功能，不需要外部设备，30min 内就可以完成测试。由于是自动校准，所以不会发生手动测试时误操作的情况。

测温电桥测量绝对电阻有多准，依赖于电桥的比率准确度，还有长期稳定性和内部参考电阻的校准准确度。为了确保电阻稳定性，消除环境条件变化带来的误差，超级测温电桥 1594/95 内部的参考电阻被放置于一个温度为 30℃，稳定性为 ±0.010℃ 的恒温箱内。这些精密电阻被保存的非常好，24h 内电阻变化不超过 0.25ppm（相当于 0.00006℃，1ppm = 1×10^{-6}），技术参数见表 2 - 13。

表 2 - 13　1594A/1595A 超级电阻测温仪技术指标

电阻测量范围	$(0 \sim 500)$ kΩ
比率测量范围	$0 \sim 10$
外部参考电阻范围	$1\Omega \sim 10$kΩ
内部参考电阻	$1\Omega,10\Omega,25\Omega,100\Omega,10k\Omega$
显示单位	比率(Rx/Rs)，K,℃,℉,Ω
显示分辨力	$0.1 \sim 0.000001$
前面板通道	四路 PRT/热敏电阻通道

后面板通道	2 路参考电阻专用通道	
存储能力	80000 个带日期时间的读数(约 6MB)	
计算机通信接口	RS－232,USB,IEEE－488,以太网	
电阻比准确度,95% 包含概率,1 年	1594A	1595A
比率:0.95～1.05	0.24ppm	0.06ppm
比率:0.5～0.95,1.05～2.0	0.64ppm	0.16ppm
比率:0.25～0.5,2.0～4.0	0.8ppm	0.2ppm
比率:0.0～0.25	2.0×10^{-7}	5.0×10^{-8}
比率:4.0～10.0	2.0ppm	0.5ppm

2. MicroK500 高精度测温电桥

（1）准确度：全量程优于 0.50ppm，比率测量准确度优于 0.125ppm（比率：0.95～1.05）。

（2）传感器类型：可以测量铂电阻温度计、热电偶和热敏电阻。

（3）电阻范围：（0～500）kΩ。

（4）电压范围（热电偶）：±125mV。

（5）分辨力：满量程 0.01ppm，0.01mK。

（6）电压分辨力：10nV。

（7）稳定性：0ppm/年，被测设备和参考标准依次被连接到测量电路的同一位置处，意味着阻值比率测量的稳定性无限小。

（8）显示单位:比值 Rt/Rs,Ω,℃,℉,K,mV。

（9）内部标准电阻:1Ω,10Ω,25Ω,100Ω,400Ω。

（10）内部标准电阻:TCR <0.05ppm/℃,年稳定性 <5ppm/年。

（11）传感器电流：1mA、$\sqrt{2}$mA；可根据使用需要自定义电流值，测量电流没有限制。

（12）保温电流：（0～10）mA 测量值的 ±0.4%，±7μA，分辨力 2.8μA 等。

3. 高精度多用数字表

高精度多用数字表（六位半以上）具有携带方便、操作简单、显示直观等优点，自20 世纪 90 年代以来，在铂热电阻等有关检测、校准工作中广泛应用。选用高精度多用数字表应注意其使用范围或量程一致有效，尽量避免量传转换带来的误差影响，以保证测量结果的准确可靠。

四、恒温槽

在温度量值的传递中，最快、最简单和最经济的（除了最高准确度以外）检定或校准温度计的方法，是选用同类型的已检定过的标准温度计进行比较实现。除了已检定分度过的标准温度计外，仅需要能覆盖所检的温度范围的均匀温度槽体。利用比较的方法其结果的误差可以很小。只要两种同规格类型的温度计安装得十分靠近，在同步测量条件下降低温场的不稳定度影响，则温度槽体温场的温度不均匀性、温度计的滞后影响都趋于消除，电测设备的测量误差对检定结果的影响也大幅降低，实际效果符合科学合理与经济性的要求。

可根据被检温度计的量程范围选择适用的温源作为建标恒温装置。例如：恒温水槽、油槽、高温槽、干式温度计校准炉、便携式恒温槽、低温槽等。

恒温槽是实验室温度建标的基本温源选择，技术指标关注内容见表2－14。

表2－14　恒温槽关注内容

名　称	技术指标关注内容（先后顺序按重要性排列）
水槽、油槽	控温稳定度、水平温场、振动噪声、垂直温场、高低温量程
低温槽	控温稳定度、水平温场、振动噪声、垂直温场、低温量程
高温槽	控温稳定度、轴向温场、高温量程
干式温度校验炉	控温稳定度、水平/垂直温场、升降温速率、体积/重量
注：对于使用标准水银温度计作为标准器以及被检温度计为长支温度计的实验室，恒温槽有效槽深应超过480mm的水槽/油槽；使用标准铂电阻作为标准器的实验室恒温槽有效槽深应超过300mm。	

1. CJTL、CJTH 系列恒温槽

CJTL、CJTH 系列恒温槽是一种高准确度自控式恒温装置，适用于（－80～＋300）℃温度范围内各计量、生化、石油、气象、能源、环保、医药等部门以及生产温度计、温控器等厂家进行物理参数的检测、标定，亦可为其他试验研究工作提供恒温源。温度稳定性优于±0.01℃，温度均匀性优于0.01℃。外观如图2－8所示，技术指标见表2－15。

图2－8　恒温槽

表 2 – 15 CJ 系列恒温槽主要技术指标

型 号	制冷恒温槽 CJTL-80A	制冷恒温槽 CJTL-0A	恒温油槽 CJTH-300A	恒温水槽 CJTH-95A
工作温度范围/℃	−80 ~ +95	−10 ~ +95	80 ~ 300	室温 +15 ~ 95
温度波动度	±0.01℃/30min	±0.01℃/30min	±0.01℃/30min	±0.01℃/30min
温度均匀度/℃	0.005 ~ 0.01	0.005 ~ 0.01	0.005 ~ 0.01	0.005 ~ 0.01
工作区尺寸/mm × mm	$\phi130 \times 480$	$\phi130 \times 480$	$\phi150 \times 480$	$\phi130 \times 480$
制冷方式	双机复叠	单级制冷	—	—
工作介质	软水或无水乙醇	软水或无水乙醇	硅油	软水
电源	220V/50Hz	220V/50Hz	220V/50Hz	220V/50Hz
使用环境温度/℃	<30	<30	<35	<35
总功率/kW	4	2	3	1.5

2. 60/70 系列恒温槽

60 系列恒温油槽为温度计量校准提供均匀稳定的温场,上限温度为300℃,良好的稳定性、均匀性,可极大地减小校准不确定度。70 系列低温恒温槽,均使用无氟制冷剂,具有良好的稳定性和均匀性,用于保存标准电阻,保存水三相点或订制恒温槽黑体用于红外校准。超低温恒温槽(7060/7080),无需液氮或其他外部制冷器就可冷却至 −60℃ 或 −80℃,使用 Hart 独特的"热端口"设计,其稳定性在 −80℃ 的条件下为 ±0.0025℃。其中,6020、7040、7080 型恒温槽的技术指标见表 2 – 16。

表 2 – 16 60/70 系列恒温槽主要技术指标

型 号	6020	7040	7080
量程/℃	40 ~ 300	−40 ~ 110	−80 ~ 110
稳定性/℃	±(0.0005 ~ 0.003)	±(0.0015 ~ 0.003)	±(0.0015 ~ 0.003)
均匀性/℃	±(0.001 ~ 0.012)	±(0.002 ~ 0.004)	±(0.003 ~ 0.007)
设定点分辨力/℃	0.01(高分辨力模式下为 0.00018)	0.01(高分辨力模式下为 0.00007)	0.01(高分辨力模式下为 0.00007)
显示温度分辨力/℃	0.01	0.01	0.01
数字设定准确度/℃	±1	±1	±1
数字设定可重复性/℃	±0.02	±0.01	±0.01
容积/L	27	42	27

3. PR 型恒温槽

零度恒温器主要用于0℃的复现,提供热电偶检定的冷端,也可以作为0℃的恒温源使用,技术参数见表 2 – 17。

表 2 – 17   PR540 零度恒温器技术参数

参　　数	技 术 指 标
显示分辨力	0.001℃
中心孔准确度	(0 ± 0.03)℃
最大孔间差	0.01℃
波动性	0.02℃/10min
开孔尺寸	7 个直径 φ8mm 孔,孔深 200mm
最大降温速度	6℃/min
工作环境	温度:(10 ~ 35)℃;湿度:10% RH ~ 70% RH
外形尺寸	320mm × 120mm × 370mm
重量	8.5kg

热管恒温槽主要用于提供中高温的温度源,常用型号和技术参数见表 2 – 18。

表 2 – 18   热管恒温槽

型　号	PR632-300	PR631-150	PR631-500
温度范围	(50 ~ 300)℃	(50 ~ 150)℃	(300 ~ 500)℃
温场均匀性	水平:0.02℃(100℃:0.01℃) 垂直:0.05℃(100℃:0.02℃)	水平:0.02℃(100℃:0.01℃) 垂直:0.04℃(100℃:0.02℃)	水平:0.03℃ 垂直:0.05℃
温度波动性	0.05℃/10min (100℃:0.04℃/10min)	0.04℃/10min	0.08℃/10min
有效工作深度	(100 ~ 450)mm	(100 ~ 450)mm	(100 ~ 450)mm

4. 高温盐槽

6050H 型高温盐槽用于 550℃ 的高温工作,大多数实验室将其用作热电偶、RTD 和 SPRT 的校准用盐槽,550℃ 稳定性为 ±0.008℃。技术参数见表 2 – 19。

表 2 – 19   6050H 高温盐槽技术参数

参　　数	技 术 指 标
量　程	(180 ~ 550)℃
稳定性	±(0.002 ~ 0.008)℃
均匀性	±(0.005 ~ 0.020)℃
温度设定	数字显示,数据按键输入
设定点分辨力	0.01℃(高分辨力模式下为 0.00018℃)
显示温度分辨力	0.01℃
数字设定准确度	±1℃
数字设定可重复性	±0.02℃
容积	27L,需要 50kg 的槽盐

五、温度检定校准炉

温度检定炉主要用于热电偶或温度计的检定、校准,主要技术参数见表2-20。

表2-20 热电偶检定炉

型 号	PR320A 热电偶检定炉	PR321A 短型热电偶检定炉	PR322 高温热电偶检定炉
温度范围	(300~1200)℃	(300~1200)℃	(800~1600)℃
温场指标	温场中心偏离几何中心不超过10mm,80mm温差不大于1℃,同轴加1支内径20mm瓷管或刚玉管,温度最高点±20mm内有温度梯度≤0.4℃/10mm的均匀温场	温场中心偏离几何中心不超过10mm,40mm温差不大于1℃同轴加装1支内径16mm瓷管或刚玉管,温度最高点±20mm内有温度梯度≤0.4℃/10mm的均匀温场	偏离几何中心不超过20mm,温度最高点±20mm温度变化梯内度≤0.5℃/10mm
适用范围	S、R标准热电偶,工作用S、R贵金属热电偶,廉金属热电偶检定/校准	S、R短型热电偶,短型廉金属热电偶检定/校准	S、B标准或工作用热电偶等

六、温度检定校准系统

热电偶热电阻自动检定系统主要用于工作用热电偶、工业热电阻及一体化温度变送器等温度传感器的自动检定/校准。系统由计算机控制多通道低电势扫描器、数字多用表、热电偶检定炉、恒温槽等设备,实现热电偶、热电阻检定/校准的控温、数据采集、数据处理、报表生成与打印、以及数据存储的完全自动化。自动检定系统外观如图2-9所示。

图2-9 自动检定系统

DTZ-01型自动检定系统的主要技术指标如下。

1. 多通道扫描器技术指标

多通道扫描开关寄生电势:≤0.2μV。

扫描开关装置需采用步进电机驱动的大面积敷银材料的机械式全封闭开关结构形式,从而保证扫描开关寄生电势的长期稳定性和优良指标。

通道间数据采集差值：≤1μV，2mΩ。

2. 系统恒温性能

热电偶检定炉恒温性能：恒温≤0.3℃/6min，测量≤0.1℃/min。

恒温油、水槽恒温性能：恒温≤0.01℃/30min，测量≤0.01℃/min。

3. 系统综合性能

测量重复性：≤1.0μV，3mΩ。

测量数据处理结果验证：标准偶系统≤0.5μV，工作偶系统≤1μV，工业热电阻系统A级≤0.4mΩ。

热电偶参考端补偿范围：（0~50）℃；

分辨力：0.01℃。

4. 通信及调节方式

系统采用 RS485 通信方式，完成步进电机驱动控制和智能 PID 调节器的通信功能。简化了系统结构，支持系统的定制和扩充。

支持 PID 参数的上位机遥控自整定，使客户轻松自如地完成恒温参数的自整定工作，并可支持在上位机中修改更新仪表 PID 参数，从而保证系统最佳的恒温控制效果。

恒温控制参数对客户全面开放，可设置多达 10 台不同型号热电偶检定炉的恒温控制。

5. 系统软件特点

检定系统软件可在中文 Win10、Win8、Win7、XP 等操作系统下运行。接口开放，提供动态库或按特定格式生成检定数据文件，能与客户已有的管理装置的对接。

热电偶的检定温度点数最大支持 10 个检定点，可对热电偶任一温度点进行检定或校准。

可分别对 1~4 台热电偶检定炉进行自动控温、自动采集测试数据，按检定规程规定的计算方法进行数据处理、打印检定记录和证书数据、保存历史记录。自动完成各检定炉各温度点的连续检定工作，无需人工干预。

提供三种可选择的参考端处理方法，参考端可采用 0℃补偿或自动室温补偿，也可标准采用 0℃补偿、被检采用自动室温补偿。

控制软件支持多媒体声音报警、提示功能，允许客户将各种事件的报警、提示声音进行个性化处理。

检定装置具有掉电保护，超温保护及高温防漏电功能。

检定装置具有用户权限管理及记录管理等数据库管理功能。

检定装置具有参数备份与快速恢复功能。

具有专业的数据分析功能，装置可对检定过程中的数据进行统计、分析并提供数据分析报告，包括温度偏差及波动水平、恒温设备供电线路隐形故障、电磁干扰、温度调节参数动/静态适应性、测量重复性、装置寄生电势、被测热电阻寄生电势、测量结果扩展不确定度等。

检定结束后自动切断检定炉的电源，数据处理后存盘，并有掉电保护功能。在检定过程中若突然停电或因故人为退出程序，再次启动检定程序时将提示您选择在原检定的基础上继续检定还是重新开始检定，继续检定能节省检定时间，提高工作效率。

自动生成检定数据记录表、检定证书或检定结果通知书，所有表格、证书均在 Excel 中导出显示，方便客户操作。表格、证书格式可根据客户要求自行设计。数据记录存储于数据库中，可方便地进行数据记录查询、输出检定数据。

七、生物、医疗有关设备的计量检测

1. 基因扩增仪

（1）简介

基因扩增仪也称聚合酶链式反应仪（Polymerase Chain Reaction Instruments，以下简称 PCR 仪），是一种使 DNA 聚合酶在指定的温度场条件下发生基因复制的仪器，主要是利用 DNA 聚合酶对特定基因做体外或试管内 In Vitro 的大量合成，用 DNA 聚合酶进行专一性的连锁复制。PCR 仪的原理为利用升温使 DNA 变性，用限制性内切酶使 DNA 双链解链，在聚合酶的作用下使单链复制成双链，进而达到基因复制的目的。

基因扩增仪的变温总成是由可插放试管的变温金属块、柔性加热膜、半导体制冷片、风冷散热器自上而下依次紧贴装置而成，试管上有热盖，变温总成装有温度传感器。由控制加热和制冷的微机自动控制电路根据运行程序和传感器温度信号，通过半导体制冷片和柔性加热膜使变温金属块试管内反应物按所需温度升温和降温，实现基因扩增。该仪器具有加热、制冷快速、反应物温度均匀、体积小、无污染、寿命长等优点。PCR 仪的应用范围广，几乎所有的生命科学领域都有涉及，如食品检测、临床检验、疾病控制、检验检疫、科研实验室、食品安全、化妆品检测、环境卫生等。

PCR 仪主要分为四类，包括普通 PCR 仪、梯度 PCR 仪、原位 PCR 和实时荧光定量 PCR 仪。

① 普通 PCR 仪：是一次 PCR 扩增只能运行一个特定退火温度，如果要用它做不同的退火温度则需要多次运行，主要应用于科研、教学、临床医学、检验、检疫等领域。

② 梯度 PCR 仪：是一次性 PCR 扩增可以设置一系列不同的退火温度条件。主要用于研究未知 DNA 退火温度的扩增，这样既节约时间，也节约经费。在不设置梯度的情况下亦可当做普通的 PCR 用。

③ 原位 PCR 仪：是用于从细胞内靶 DNA 的定位分析的细胞内基因扩增仪。可保持细胞或组织的完整性，使 PCR 反应体系渗透到组织和细胞中，在细胞的靶 DNA 所在的位置进行基因扩增。对于分子和细胞水平上研究疾病的发病机理和临床过程及病理的转变有着重大的实用价值。

④ 实时荧光定量 PCR 仪：是在普通 PCR 仪基础上增加一个荧光信号采集系统和计算机分析处理系统。主要应用于临床医学检测、生物医药研发、食品行业、科研等领域。

PCR 技术是一种在体外特异性扩增靶 DNA 序列的技术，通过多个循环的变性、退火和延伸，能够使微量的遗传物质在几小时内得到几百万倍的扩增。其基本过程为变性、退火和延伸，这三步需要不同的温度条件。PCR 仪是通过热循环的温度变化控制实现 DNA 的变性和复制，基因芯片扩增与杂交的整个过程都必须在规定的变化的温度场进行，对环境温度要求较高，必须将其放入温度场内，温度控制的好坏直接影响到检测结果。温度控制水平决定了基因扩增仪的质量，温度场的控制在整个芯片检测仪中占有很重要的地位。

因此对 PCR 仪进行有效的温度校准具有重要的意义。

依据 JJF 1527—2015《聚合酶链反应分析仪校准规范》，PCR 仪的主要性能指标包含温度示值误差、温度均匀度、平均升温速率、平均降温速率。对于定量 PCR 仪，技术指标还包含样本示值误差和样本线性。

（2）温度参数检测系统

基因扩增仪温度检测系统分为硬件和软件两个部分，探头内核采用高精度热敏电阻。结合 PCR 仪 block 孔的形状，运用自主开发的封装技术，达到了完美贴合的程度，使测温结果更真实准确，并有多种类型的探头来满足不同类型的 PCR 仪检测。软件使用方便易操作，多种检测程序满足不同客户需求，检测过程直观明了，自动生成检测报告，事后可以回放所有记录检测数据。自定义模式可以满足不同的客户要求。通过硬件和软件的完美结合，可以解决目前国内 PCR 仪检测方法所存在的缺陷。多通道传感器的多样性解决了大部分封闭式定量 PCR 仪检测的难题。

图 2 – 10　PCR 仪温度检测系统

软件系统可以把所有检测数据进行科学分析，根据检测结果反应出 PCR 仪几个重要的温度信息：Accuracy（准确性）、（Non)-Uniformity（孔间温差）、Ramp rates（升降温速率）、Over/undershoots（温度过冲）、Hold Time（持续时间）等对 PCR 仪温度控制起着至关重要的参数。检测完毕，系统都能够及时生成内容详尽的检测报告，PCR 仪温度检测系统如图 2 – 10所示。

（3）主要技术指标

① 16 个高精度探头，完全采用动态检测，采用高精度热敏电阻。结合 PCR 仪 block 孔的形状，运用自主开发的封装技术，达到了完美贴合的程度，使测温结果更真实准确，可检测高矮两种 block 基因扩增仪；

② 温度范围：(0～120)℃，不确定度优于 0.1℃，单点探头精度优于 0.05℃，分辨力：0.01℃；

③ 自动生成 PDF 检测报告，防止人为篡改数据；

④ 热成像模拟视频记录，电影式回放便于分析，追踪问题所在；

⑤ 报告可提供：升温、降温速度、过冲温度、实时温度的准确性、实时温度的差、温度的持续时间、温度的漂移（随时间）；

⑥ 自由选择温度程序，满足 PCR 检测温度梯度的需求；

⑦ 软件可显示温度程序测量进度，剩余时间及步数，软件数据库更新等。

2. 蒸汽灭菌器

（1）简介

蒸汽灭菌器或高压灭菌器主要用于医疗、科研、食品、等单位对手术器械、敷料、玻璃器皿、橡胶制品、食品、药液、培养基等物品进行灭菌。

高压灭菌器分类：按照样式大小分为手提式高压灭菌器、立式压力蒸汽灭菌器、卧式高压蒸汽灭菌器等。手提式高压灭菌器的容积为 18L、24L、30L。立式高压蒸汽灭菌器的容积从 30L 至 200L 之间的都有，每个同样容积的还有分为手轮型、翻盖型、智能型，智能型又分为标准配置、蒸汽内排、真空干燥型。压力蒸汽灭菌器具有造型新颖美观、结构合理、功能齐全、加热迅速、灭菌彻底等优点。根据冷空气排放方式的不同，压力蒸汽灭菌器分为下排气式压力蒸汽灭菌器和预真空压力蒸汽灭菌器两大类，由于压力灭菌器的容积大小与灭菌效果和监测方法有关，国际标准化委员会将容积小于 60L 的压力蒸汽灭菌器归为小型压力蒸汽灭菌器；根据灭菌器的形状特性，还有立式、卧式、台式、移动式的区别。

手提式高压灭菌器，立式压力蒸汽灭菌器普遍应用于食品、药品、培养基等物品的灭菌，依据 JJF 1308—2011《医用热力灭菌设备温度计校准规范》，其温度波动性应 ≤±1℃，温度分布均匀性应 ≤2℃，灭菌温度带应 ≤3℃。

小型压力蒸汽灭菌器由于其具有体积小、操作简单等特点，在口腔科、眼科及手术室等科室应用广泛。依据 GB/T 30690—2014《小型压力蒸汽灭菌器灭菌效果监测方法和评价要求》，其灭菌温度不应小于设定值且不大于设定值 3℃，温度均匀性应 ≤2℃，灭菌压力范围应与温度范围相对应，灭菌时间不低于设定时间。

大型蒸汽灭菌器主要应用于医院，用于非一次性手术器械及医疗物品的灭菌。根据 GB 8599—2008《大型蒸汽灭菌器技术要求　自动控制型》的要求需要对其小负载温度和满负载温度参数进行检测，灭菌温度范围下限均为灭菌温度，上限均应不超过灭菌温度 +3℃。

小负载温度试验应满足对于灭菌室容积不大于 800L 的灭菌器，平衡时间应不超过 15s，对于容积更大的灭菌器，平衡时间应不超过 30s。在灭菌时间内，标准测试包上方测量点所得的温度比在灭菌室参考测量点测得的温度，在开始 60s 内应不超过 5℃，在 60s 后，应不超过 2℃。在维持时间内，灭菌室参考测量点测得的温度、标准测试包中任一测试点的温度，以及根据灭菌室压力计算所得的饱和蒸汽温度应在灭菌温度范围内，且同一时刻各点之间的差值不超过 2℃。

满负载温度试验应满足对于灭菌室容积不大于 800L 的灭菌器，平衡时间应不超过 15s，对于容积更大的灭菌器，平衡时间应不超过 30s。在维持时间，灭菌室参考测量点测得的温度、标准测试包中任一测试点的温度，以及根据灭菌室压力计算所得的饱和蒸汽温度应在灭菌温度范围内，且同一时刻各点之间的差值不超过 2℃。

（2）密闭环境无线检测系统

密闭环境无线检测系统（无线记录器或无线验证系统等）可用于蒸汽灭菌器、冻干机、清洗机、冰箱等设备，在高温、高压、高湿的环境中，实现温度、压力、湿度等参数投入式无线测量，满足计量校准和溯源需求。无线温度（压力）记录器如图 2-11 所示。采用无线数据传输技术的检测设备可实现实时查看测量数据，更方便地分析被校设备过程参数性能。

图 2-11　无线温度（压力）记录器

（3）技术指标

① 温度：< ±0.05℃，压力：< ±1kPa；

② 分辨力：0.001℃[温度测量范围:（-40~150）℃]，0.001kPa[压力测量范围:（0~700）kPa（绝压）]；

③ 适用环境温度：$(-50 \sim 150)$℃；

④ 记录间隔：$1s \sim 24h$；

⑤ 读取方式：射频读取，无线连接；

⑥ 软件功能：中文操作界面，可显示多条曲线及数据，数据导出，生成 EXCEL 数据文件，三维布点图等。

八、黑体辐射源

1. BB 型高温标准黑体辐射源系列产品

BB 型高温标准黑体辐射源主要用作光学高温计校准标准辐射源和辐射温度测量标准辐射源等。部分型号产品既可以作为变温黑体使用，又可以作为高温共晶点黑体使用，还可以作为高温共晶点灌装炉使用，外观如图 2 – 12 所示。BB 系列高温标准黑体辐射源主要有 2000、2500/3000、3500 几种型式，2500/3000 型高温辐射源见图 2 – 13，3500 型高温辐射源见图 2 – 14。

图 2 – 12　高温标准黑体辐射源

图 2 – 13　2500/3000 型高温辐射源　　　　　图 2 – 14　3500 型高温辐射源

（1）特点

① 温度范围宽：$(700 \sim 3200)$℃；

② 独特的热解石墨技术，使用寿命长（长期在上限温度使用），备件更换成本低；

③ 发射率高：>0.9997；

④ 口径大：≥58mm（可以根据要求订制）；

⑤ 温场稳定性好，具有炉温光学反馈系统。

（2）技术参数

BB2000gr 型技术参数：

① 温度范围：（900～3200）℃；

② 辐射腔体长度：350mm，口径：50mm，窗口：φ40mm；

③ 发射率：优于 0.995；

④ 辐射体的寿命：＞500h(2000K)；

⑤ 冷却剂：自来水；

⑥ 气氛：真空或惰性气体（如氩气）。

BB-PyroG2500/3000 型技术参数：

① 温度范围：（800～3000）℃；

② 辐射腔体内径：φ10mm/15mm/25mm/30mm，窗口：φ10mm/12mm/15mm/20mm；

③ 波长范围：（350～2500）nm；

④ 发射率：0.9995±0.0005；

⑤ 辐射体寿命：＞500h(2800K)或＞150h(3200K)；

⑥ 冷却剂：自来水；

⑦ 气氛：真空或惰性气体（如氩气）；

⑧ 工作方向：垂直方向（用于灌装固定点），水平方向（用于复现共晶点或常规变温黑体）。

BB3500M 型技术参数：

① 温度范围：（1500～3500）K；

② 辐射腔体内径：φ38mm，窗口：没有窗口或 φ25mm 石英玻璃窗（高温下可拆卸）；

③ 波长范围：（350～2500）nm；

④ 发射率：0.9995±0.0005；

⑤ 辐射体的寿命：＞700h(2800K)或＞150h(3200K)；

⑥ 冷却剂：自来水；

⑦ 气氛：真空或惰性气体（如氩气）；

⑧ 工作方向：垂直方向（用于灌装固定点），水平方向（用于复现共晶点或常规变温黑体）。

2. 配套设备

（1）黑体辐射源的控制机柜；

（2）温度控制系统：包括光纤反馈探测器，电流/电压转换放大器，数字表以及其他附件。

第二节　计量标准考核程序及建标申请

计量标准考核工作必须执行 JJF 1033—2016《计量标准考核规范》（以下简称《考核规范》）。

一、计量标准考核程序

计量标准考核是国家行政许可项目，其行政许可项目的名称为"计量标准器具核准"。计量标准器具核准行政许可实行分级许可，即由国务院计量行政部门和省、市（地）及县级地方人民政府计量行政部门对其职责范围内的计量标准实施行政许可。其行政许可事项应当按照《中华人民共和国行政许可法》的要求和规定的程序办理。

1. 申请

建标单位填写《计量标准考核（复查）申请书》，按照计量标准考核和行政许可的有关要求，准备相关的技术资料。并将申请书及有关资料提交主持考核的人民政府计量行政部门申请计量标准考核。

2. 受理

主持考核的人民政府计量行政部门收到申请资料后，应当对申请资料进行初审。申请资料齐全并符合要求的，受理申请，发送受理决定书。申请资料不符合要求的，按照如下规定进行处理：可以立即更正的，应当允许建标单位更正，更正后符合《考核规范》要求的，受理申请；申请资料不齐全或不符合要求的，应当在5个工作日内一次告知建标单位需要补正的全部内容，发送补正告知书，经补正符合要求的予以受理，逾期未告知的，视为受理；申请不属于受理范围的，发送不予受理决定书，并将有关申请资料退回建标单位。

3. 组织

主持考核的人民政府计量行政部门受理考核申请后，应当确定组织考核的人民政府计量行政部门。组织考核的人民政府计量行政部门应当及时组织计量标准考核并下达考核计划，计量标准考核的组织工作应当在10个工作日内完成。

4. 考评

考核计划下达后，组织考核的人民政府计量行政部门应当及时将申请资料发送至考评单位或考评组。考评单位或考评组安排考评员按照《考核规范》执行考评任务，并给出考评结论和意见。考评单位或考评组组长以及组织考核的人民政府计量行政部门对考评结果进行复核，并将复核完毕的考核材料报送主持考核的人民政府计量行政部门审批。计量标准的考评应当在80个工作日内（包括整改时间及考评结果复核时间、审核时间）完成。

5. 审批（包括发证）

主持考核的人民政府计量行政部门根据考评结论和意见及组织考核的人民政府计量行政部门复核结果，对考评结果进行审核，并在20个工作日内做出批准与否的决定。

主持考核的人民政府计量行政部门根据批准的决定，在10个工作日内，对于审批合格的，发送准予行政许可决定书，签发《计量标准考核证书》；对于审批不合格的，发送不予行政许可决定书或计量标准考核结果通知书，并将申请资料退回建标单位。

二、计量标准考核申请

1. 新建计量标准申请考核前应做的准备工作

申请新建计量标准考核的单位，在提交《计量标准考核（复查）申请书》之前，须按照《考核规范》第 5 章中的 6 个方面要求做好前期准备工作，这些准备工作是申请计量标准考核的必要条件。

（1）建标单位应当根据相应计量检定规程或计量技术规范的要求，配齐计量标准器及配套设备，包括必需的计算机及软件。配置应当做到科学合理，经济实用。

（2）计量标准器及主要配套设备应当溯源至计量基准或社会公用计量标准。对于社会公用计量标准及部门、企事业单位的最高计量标准，其计量标准器应当经法定计量检定机构或人民政府计量行政部门授权的计量技术机构建立的社会公用计量标准检定合格或校准来保证其溯源性。主要配套计量设备可由本单位建立的计量标准或由有权进行计量检定或校准的计量技术机构检定合格或校准，并取得有效检定或校准证书。

　　注：在计量标准考核中，计量标准器是指在量值传递中对提供量值起主要作用并需要溯源的那些计量器具，有时也称为主标准器。

（3）新建计量标准应当经过试运行，考察计量标准的稳定性等计量特性。试运行时间一般在半年左右。

（4）计量标准的环境条件应当满足相应计量检定规程或计量技术规范的要求，并具有有效的监控措施和相应的记录。

（5）建标单位应当为每项计量标准配备至少两名具有相应能力，并满足有关计量法律法规要求的检定或校准人员，并指定一名计量标准负责人。

（6）每项计量标准应当建立一个文件集，文件集包括了 18 个方面的文件。建标单位应当保持文件的完整性、真实性、正确性和有效性。建标单位应当完成《计量标准考核（复查）申请书》和《计量标准技术报告》的填写。《计量标准技术报告》中计量标准的稳定性考核、检定或校准结果的重复性试验、测量不确定度评定以及检定或校准结果的验证等内容的填写应当符合《考核规范》附录 C 的有关要求。

对于新研制或重新改造后的计量标准，应当经过技术鉴定或验收，必要时应当进行量值溯源，符合要求后方可申请计量标准考核。

2. 申请计量标准考核时应提交的书面材料

申请新建计量标准考核的单位，应当向主持考核的人民政府计量行政部门提交以下 6 个方面的资料：

（1）《计量标准考核（复查）申请书》原件一式两份和电子版一份。申请书的所有栏目应当详尽填写，其填写方法详见本章第三节"《计量标准考核（复查）申请书》的编写"。原件应当在"建标单位意见"和"建标单位主管部门意见"栏目加盖公章，电子版的内容应当与原件一致。

（2）《计量标准技术报告》原件一份。其填写方法详见本章第四节"《计量标准技术报告》的编写"。

（3）计量标准器及主要配套设备的有效检定证书复印件各一份。

（4）开展检定项目的原始记录及相对应的模拟检定证书各两套（复印件），如开展校准，应当提交开展校准项目的原始记录和模拟校准证书各两套（复印件）。

（5）提供《计量标准考核（复查）申请书》中列出的所有检定或校准人员能力证明复印件一套。

（6）如果有可以证明计量标准具有相应测量能力的其他技术资料，建标单位也应当提供。证明计量标准具有相应测量能力的其他技术资料包括：检定或校准结果的测量不确定度评定报告、计量比对报告、研制或改造计量标准的技术鉴定或验收资料等。

申请新建计量标准考核的单位除了提交上述 6 个方面的资料外，还需要注意以下两点：

（1）如采用国家计量检定规程或国家计量校准规范以外的技术规范，应当提供相应技术规范文件原件一套。

（2）在《计量标准技术报告》的"检定或校准结果的重复性试验"和"计量标准的稳定性考核"中提供《检定或校准结果的重复性试验记录》和《计量标准的稳定性考核记录》。

第三节　《计量标准考核（复查）申请书》的编写

无论申请新建计量标准的考核或计量标准的复查考核，建标单位均应当填写《计量标准考核（复查）申请书》。《计量标准考核（复查）申请书》应当采用《考核规范》附录 A 规定的格式。《计量标准考核（复查）申请书》一般由计量标准负责人填写。《计量标准考核（复查）申请书》应当采用计算机打印，并使用 A4 纸。

建标单位填写前应当仔细阅读《计量标准考核（复查）申请书》的说明，各栏目的填写要点和具体要求如下。

一、封面

1. "[　]　量标　　证字第　　号"

填写《计量标准考核证书》的编号。新建计量标准申请考核时不必填写。待考核合格后，颁发《计量标准考核证书》时，由主持考核的人民政府计量行政部门按照证书的编号规则予以编号，并填写在《计量标准考核证书》相应位置。

2. "计量标准名称"和"计量标准代码"

JJF 1022—2014《计量标准命名与分类编码》规定了计量标准的命名和编码原则，并在其附录《计量标准名称与分类代码》中规定了常用计量标准的名称和代码。一般情况下建标单位只需在该规范的附录《计量标准名称与分类代码》中，沿着：专业→计量标准大类→对应计量标准项目或子项目的途径，就能查找到所建计量标准项目的名称及代码。

JJF 1022—2014 共收录了 1261 项计量标准的名称与分类代码，分别归入 10 大通用计量专业及 8 大专用领域，基本覆盖了目前我国在建的绝大多数计量标准项目。对于个别计量标准名称及代码不能直接查找使用的，建标单位可以按照计量标准命名及编码原则先自行命名及编码，再由主持考核的人民政府计量行政部门依据该规范制定的命名及编码原则确认。

3. "建标单位名称"和"组织机构代码"

分别填写建标单位的全称和组织机构代码。

建标单位的全称应当与申请书中"建标单位意见"栏内所盖公章中的单位名称完全一致。

组织机构代码应当填写法人单位的统一社会信用代码。

4．"单位地址"和"邮政编码"

分别填写建标单位的通信地址以及所在地区的邮政编码。

5．"计量标准负责人及电话"和"计量标准管理部门联系人及电话"

分别填写申请计量标准考核或复查项目的计量标准负责人姓名及电话、建标单位负责计量标准管理部门联系人的姓名及电话。电话可以是办公电话号码（同时注明所在地区的长途区位号码），也可以是手机号码，只要方便考核信息的联络、交流、沟通即可。

6．"　　年　　月　　日"

填写建标单位提出计量标准考核或复查申请时的日期。该日期应当与"建标单位意见"一栏内的日期一致。

二、申请书内容

1．"计量标准名称"

与申请书封面的"计量标准名称"栏目的填写要求一致。

2．"计量标准考核证书号"

申请新建计量标准时不必填写，申请计量标准复查时应当填写原《计量标准考核证书》的编号，应当与申请书封面的对应栏目内容一致。

3．"保存地点"

填写该计量标准保存地点，不仅要填写建标单位的通信地址，还应当填写该计量标准保存部门的名称、楼号和房间号。

4．"计量标准原值（万元）"

填写该计量标准的计量标准器和配套设备购置时原价值的总和，单位为万元。数字一般精确到小数点后两位。该原值应当和《计量标准履历书》中"计量标准原值（万元）"相一致。

5．"计量标准类别"

需要考核的计量标准，分为社会公用计量标准、部门最高计量标准和企事业单位最高计量标准三类。取得人民政府计量行政部门授权的，属于计量授权项目。此处应当根据申请考核的计量标准类型，以及是否属于授权项目，在对应的"□"内打"√"。

6．"测量范围"

填写该计量标准的测量范围，即由计量标准器和配套设备组成的计量标准的测量范围。根据计量标准的具体情况，它可能与计量标准器所提供的测量范围相同，也可能与计量标准器所提供的测量范围不同。对于可以测量多种参数的计量标准应该分别给出每一种参数的测量范围。

7．"不确定度或准确度等级或最大允许误差"

《计量标准考核（复查）申请书》中有三处涉及要填写名称为"不确定度或准确度等级或最大允许误差"的栏目。原则上，应当根据计量标准的具体情况，并参照本专业规定或约定俗成选择不确定度或准确度等级或最大允许误差进行表述。

（1）关于不确定度

在《计量标准考核（复查）申请书》中首先要求给出计量标准的主要计量特性时，

应当填写计量标准的不确定度；其后，在给出计量标准的具体组成时，要求分别填写计量标准中每一台计量标准器或主要配套设备的不确定度（不是直接填写它们的合成不确定度）；而在申请书最后要求填写所开展的检定或校准项目信息时，又要求给出对被检定或被校准对象的不确定度的要求。除这三处之外，在文件集中则要求给出检定或校准结果的不确定度评定报告。

因此必须要准确区分下述四个关于不确定度的术语："计量标准器的不确定度""计量标准的不确定度""检定或校准结果的不确定度"以及"开展的检定或校准项目的不确定度"。

①"计量标准的不确定度"

"计量标准的不确定度"是指在检定或校准结果的不确定度中，由计量标准所引入的不确定度分量。由于计量标准主要由计量标准器和主要配套设备组成，因此计量标准的不确定应当包括计量标准器引入的不确定度分量以及主要配套设备引入的不确定度分量。

②"计量标准器的不确定度"

"计量标准器的不确定度"是指在计量标准的不确定度中由计量标准器所引入的不确定度分量，显然"计量标准器的不确定度"要小于"计量标准的不确定度"。

③"检定或校准结果的不确定度"

"检定或校准结果的不确定度"是指用该计量标准对常规的被测对象进行检定或校准时所得结果的不确定度。由于计量标准以外的其他因素也会对检定或校准结果的不确定度有贡献，例如环境条件和被测对象等，因此"检定或校准结果的不确定度"无疑要大于"计量标准的不确定度"。

④"开展的检定或校准项目的不确定度"

"开展的检定或校准项目的不确定度"是指对被检定或被校准对象的不确定度要求，也就是将来用该计量标准对其他的测量设备进行检定或校准时对所得结果的不确定度的要求，即所谓"目标不确定度"。

目标不确定度的定义是：根据测量结果的预期用途，规定作为上限的测量不确定度。也就是说，只有当"检定或校准结果的不确定度"小于"开展的检定或校准项目的不确定度"（即目标不确定度）时才能判定满足要求。

上述四种不确定度之间的关系如图 2 - 15 所示。

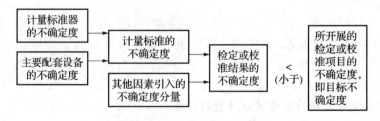

图 2 - 15　四种不确定度之间的关系

（2）关于最大允许误差

若被考核计量标准中的计量标准器或主要配套设备在使用中仅采用其标称值而不采用实际值，即相当于其量值是通过检定而不是通过校准进行溯源，这时计量标准器或主要配套设备所引入的不确定度分量将由它们的最大允许误差（MPE）并通过假设的分布导出（通常假设为矩形分布）。这时显然用最大允许误差表示更为方便，因此在"不确定度或准确度等级或最大允许误差"栏目内应该填写其最大允许误差。

对于所开展的检定或校准项目也相同，若被考核计量标准的测量对象在今后的使用中采用实际值，即需加修正值使用，则在相应的"不确定度或准确度等级或最大允许误差"栏目内填写不确定度；若在其今后使用中采用标称值，则填写其最大允许误差，此时其不确定度可由最大允许误差通过假设分布后得到。

（3）关于准确度等级

对于所用的计量标准器及主要配套设备，或被考核计量标准的测量对象，如果相关的技术文件有关于准确度"等别"或"级别"的具体规定，则也可以在其相应的"不确定度或准确度等级或最大允许误差"栏目内填写其相应的准确度"等别"或"级别"。给出"等别"相当于填写不确定度，而给出"级别"则相当于填写最大允许误差。

（4）填写本栏目的其他注意事项

① 在填写"不确定度或准确度等级或最大允许误差"栏目时，除应遵从上述原则外，还应当按照本专业的规定或约定俗成进行表述。

② 当计量标准的不确定度由多个分量组成时，在填写其相应的"不确定度或准确度等级或最大允许误差"栏目时通常可以直接填写各个分量而不必将它们合成，即应当分别填写每一台计量标准器和主要配套设备相应的不确定度或最大允许误差或准确度等级。

③ 本栏目无论填写不确定度，或准确度等级，或最大允许误差均应当采用明确的通用符号准确地进行表示。

a）当填写不确定度时，可以根据该领域的表述习惯和方便的原则，用标准不确定度或扩展不确定度来表示。标准不确定度用符号 u 表示；扩展不确定度有两种表示方式，分别用 U 和 U_p 表示，与之对应的包含因子分别用 k 或 k_p 表示。当用扩展不确定度表示时，必须同时注明所取包含因子 k 或 k_p 的数值。

当包含因子的数值是根据被测量 y 的分布，并由规定的包含概率 $p=0.95$ 计算得到时，扩展不确定度用符号 U_{95} 表示，与之对应的包含因子用 k_{95} 表示。若取非 0.95 的包含概率，必须给出所依据的相关技术文件的名称，否则一律取 $p=0.95$。

当包含因子的数值不是根据被测量 y 的分布计算得到，而是直接取定值时（此时均取 $k=2$），扩展不确定度用符号 U 表示，与之对应的包含因子用 k 表示。

b）当填写最大允许误差时，可采用其英语缩写 MPE 来标识，其数值一般应当带"±"号。例如："MPE：±0.05℃""MPE：±0.1℃"。

c）当填写准确度等级时，应当采用各专业规定的等别或级别的符号来表示，例如："二等""0.5 级"。

④ 对于可以测量多种参数的计量标准，应当分别给出每种参数的不确定度或准确度等级或最大允许误差。

⑤ 若对于不同测量点或不同测量范围，计量标准具有不同的测量不确定度时，原则上应该给出对应于每一个测量点的不确定度。至少应该分段给出其不确定度，以每一分段中的最大不确定度表示。如有可能，最好能给出测量不确定度随被测量 y 变化的公式。若计量标准的分度值可变，则应该给出对应于每一分度值的不确定度。

8. "计量标准器"和"主要配套设备"

计量标准器是指计量标准在量值传递中对量值有主要贡献的计量设备。主要配套设备是指除计量标准器以外的对测量结果的不确定度有明显影响的设备。

本栏目中各子栏目的填法如下：

（1）"名称"和"型号"两栏目分别填写各计量标准器及主要配套设备的名称、型号或规格。

（2）"测量范围"栏目填写相应计量标准器及主要配套设备的测量范围。

（3）"不确定度或准确度等级或最大允许误差"栏目填写相应计量标准器及主要配套设备的不确定度或准确度等级或最大允许误差。

（4）"制造厂及出厂编号"栏目填写各计量标准器及主要配套设备的制造厂家名称及出厂编号。

（5）"检定周期或复校间隔"栏目填写各计量标准器及主要配套设备经有效溯源后计量技术机构给出的检定周期或建议复校间隔，例如：1年、2年、6个月等。

（6）"末次检定或校准日期"栏目填写各计量标准器及主要配套设备最近一次的检定日期或校准日期。

（7）"检定或校准机构及证书号"栏目填写各计量标准器及主要配套设备溯源计量技术机构的名称及其检定证书或校准证书的编号。

9. "环境条件及设施"

（1）在环境条件中应当填写的项目可以分为三类：

① 在计量检定规程或计量技术规范中提出具体要求，并且对检定或校准结果的测量不确定度有显著影响的环境要素；

② 在计量检定规程或计量技术规范中未提出具体要求，但对检定或校准结果的测量不确定度有显著影响的环境要素；

③ 在计量检定规程或计量技术规范中未提出具体要求，但对检定或校准结果的测量不确定度的影响不大的环境要素。

对第一类情况，在"要求"栏目内填写计量检定规程或计量技术规范对该环境要素规定必须达到的具体要求。对第二类情况，"要求"栏目按《计量标准技术报告》中对该要素的要求填写。对第三类情况，"要求"栏目可以不填。

"实际情况"栏目填写使用计量标准的环境条件所能达到的实际情况。

"结论"栏目是指是否符合计量检定规程或计量技术规范的要求，或是否符合《计量标准技术报告》的"检定或校准结果的不确定度评定"栏目中对该要素所提的要求。视情况分别填写"合格"或"不合格"。对第三类情况"结论"栏目可以不填。例如：

项目	要求	实际情况	结论
温度	$(20 \pm 2)\,^\circ\!C$	$(20 \pm 1)\,^\circ\!C$	合格
湿度	$<70\%\,RH$	$60\%\,RH \sim 70\%\,RH$	合格
振动	—		—

（2）在设施中填写在计量检定规程或计量技术规范中提出具体要求，并且对检定或

校准结果及其测量不确定度有影响的设施和监控设备。在"项目"栏目内填写计量检定规程或计量技术规范规定的设施和监控设备名称,在"要求"栏目内填写计量检定规程或计量技术规范对该设施和监控设备规定必须达到的具体要求。"实际情况"栏目填写设施和监控设备的名称、型号和所能达到的实际情况,并应当与《计量标准履历书》中相关内容一致。"结论"栏目是指是否符合计量检定规程或计量技术规范对该项目所提的要求。视情况分别填写"合格"或"不合格"。

10. "检定或校准人员"

分别填写使用该计量标准从事检定或校准工作人员的基本情况。每项计量标准应有不少于两名的检定或校准人员。"姓名""性别""年龄""从事本项目年限""学历"等栏目按实际情况填写。"能力证明名称及编号"可以填写原计量检定员证及编号,也可以填写注册计量师资格证书及编号以及注册计量师注册证及编号,还可以填写当地省级人民政府计量行政部门或其规定的市(地)级人民政府计量行政部门颁发的具有相应项目的"计量专业项目考核合格证明"及编号(过渡期期间);其他企事业单位的检定或校准人员,可以填写"培训合格证明"及编号,也可以填写原计量检定员证及编号、注册计量师资格证书及编号以及注册计量师注册证及编号,还可以填写当地省级人民政府计量行政部门或其规定的市(地)级人民政府计量行政部门颁发的具有相应项目的"计量专业项目考核合格证明"及编号。"核准的检定或校准项目"应当填写检定或校准人员所持能力证明中核准的检定或校准项目名称。

11. "文件集登记"

对表中所列18种文件是否具备,分别按项目的实际情况填写"是"或"否",填写"否"时,应当在"备注"中说明原因。第18种为可以证明计量标准具有相应测量能力的其他技术资料,请在"检定或校准结果的不确定度评定报告""计量比对报告""研制或改造计量标准的技术鉴定或验收资料"等栏目填写"是"或"否",如果还有其他证明计量标准具有相应测量能力的技术资料可以在此栏目后面填写清楚这些技术资料的名称。

12. "开展的检定或校准项目"

本栏目在申请阶段是指计量标准拟开展的检定或校准项目,在考核报告中是指计量标准可开展的检定或校准项目,在发证环节应当是计量标准准予开展的检定或校准项目,为了保证考核信息的一致,方便信息拷贝,《计量标准考核(复查)申请书》《计量标准技术报告》《计量标准考核报告》《计量标准考核证书》等表格中该栏目不再区分"拟"和"可",统一使用"开展的检定或校准项目"表述。

(1)"名称"栏目填写被检或被校计量器具名称,如果只能开展校准,必须在被校准计量器具名称或参数后注明"校准"字样。

(2)"测量范围"栏目填写被检或被校计量器具的量值或量值范围。

(3)"不确定度或准确度等级或最大允许误差"栏目,填写被检或被校计量器具的不确定度或准确度等级或最大允许误差。若填写不确定度,即是上述7(1)④中所说的"目标不确定度"。

(4)"所依据的计量检定规程或计量技术规范的编号及名称"栏目,填写开展计量检定所依据的计量检定规程以及开展校准所依据的计量检定规程或计量技术规范的编号及名称。填写时先写计量检定规程或计量技术规范的编号,再写规程规范的全称。若涉及多个计量检定规程或计量技术规范时，则应当全部分别一一列出。此处应当填写被检或被校计量器具（或参数）的计量检定规程或计量技术规范，而不是计量标准器或主要配套设备的计量检定规程或计量技术规范。

13. "建标单位意见"

建标单位的负责人（即主管领导）签署意见并签名和加盖公章。

[例1] 某法定计量检定机构拟申请建立一项社会公用计量标准，其负责人如同意，可在"建标单位意见"栏目中签署"同意申请该项目计量标准考核"。

[例2] 某企业拟申请建立一项本单位最高计量标准，其负责人如同意，可在"建标单位意见"栏目中签署"同意申请该项目计量标准考核"。

14. "建标单位主管部门意见"

建标单位的主管部门在本栏目签署意见并加盖公章。

[例1] 某单位申请部门最高计量标准考核，建标单位的主管部门应当在"建标单位主管部门意见"栏目中签署"同意该项目作为本部门最高计量标准申请考核"。

[例2] 某企业申请企业最高计量标准考核，企业的主管部门应当在"建标单位主管部门意见"栏目中签署"同意该项目作为本企业最高计量标准申请考核"。如果企业无主管部门，本栏目可以不填。

15. "主持考核的人民政府计量行政部门意见"

主持考核的人民政府计量行政部门在审阅申请资料并确认受理申请后，根据所申请计量标准的测量范围、不确定度或准确度等级或最大允许误差等情况确定组织考核（复查）的人民政府计量行政部门。主持考核的人民政府计量行政部门应当将是否受理、由谁组织考核的明确意见写入本栏目并加盖公章。如"同意受理该计量标准考核申请，请×××局组织考核"，或者"不同意受理该计量标准考核申请，理由如下……"。

如果主持考核人民政府计量行政部门具备考核能力，则自行组织考核；如果主持考核人民政府计量行政部门不具备考核能力，则将申请材料再转呈其上级人民政府计量行政部门，考核材料可逐级呈报，直至具备考核能力的人民政府计量行政部门，此时，具备考核能力的人民政府计量行政部门即为组织考核的人民政府计量行政部门。

16. "组织考核的人民政府计量行政部门意见"

组织考核（复查）人民政府计量行政部门在接受主持考核的人民政府计量行政部门下达的考核任务后，确定考评单位或成立考评组，并将处理意见写入栏目内并加盖公章。如"同意承接该计量标准考核，请×××计量科学研究院组织考评"。

主持考核的人民政府计量行政部门和组织考核的人民政府计量行政部门可以是同一个部门，也可以是不同级别的人民政府计量行政部门。

第四节　《计量标准技术报告》的编写

《考核规范》的附录 B 给出了《计量标准技术报告》的格式。新建计量标准时，建标单位应当撰写《计量标准技术报告》。以后计量标准主要特性有变化的，应当及时修订《计量标准技术报告》。

计量标准考核合格后由建标单位存档。《计量标准技术报告》一般由计量标准负责人撰写。《计量标准技术报告》应当采用计算机打印，并使用 A4 纸。

一、封面和目录

1. "计量标准名称"

该名称应当与《计量标准考核（复查）申请书》中的名称相一致。

2. "计量标准负责人"

填写所建计量标准负责人的姓名。

3. "建标单位名称"

填写建标单位的全称。该单位名称应当与《计量标准考核（复查）申请书》中建标单位的名称及公章中名称完全一致。

4. "填写日期"

填写编制完成《计量标准技术报告》的日期。如果是重新修订，应当注明第一次填写日期和本次修订日期及修订版本。

5. "目录"

《计量标准技术报告》共 12 项内容，报告完成后，应当在目录每项( )内注明页码。

二、技术报告内容

1. "建立计量标准的目的"

简明扼要地叙述为什么要建立该计量标准，建立该计量标准的被检定或校准对象、测量范围及工作量分析，以及建立该计量标准的预期社会效益及经济效益。

2. "计量标准的工作原理及其组成"

用文字、框图或图表的形式，简要叙述该计量标准的基本组成，以及开展量值传递时采用的检定或校准方法。计量标准的工作原理及其组成应当符合所建计量标准所属的国家计量检定系统表和执行的计量检定规程或计量技术规范的规定。

3. "计量标准器及主要配套设备"

本栏目填写内容和方法与《计量标准考核（复查）申请书》的对应栏目完全相同，只是本栏目不需要填写"末次检定或校准日期"及"检定或校准证书号"。

4. "计量标准的主要技术指标"

明确给出整套计量标准的测量范围、不确定度或准确度等级或最大允许误差以及计量标准的稳定性等主要技术指标以及其他必要的技术指标。

对于可以测量多种参数的计量标准，必须给出对应于每种参数的主要技术指标。

若对于不同测量点，计量标准的不确定度或最大允许误差不同时，建议用公式表示不确定度或最大允许误差与被测量 y 的关系。如无法给出其公式，则分段给出其不确定度或最大允许误差。对于每一个分段，以该段中最大的不确定度或最大允许误差表示。

若对于不同的分度值具有不同的不确定度或准确度等级或最大允许误差时，也应当分别给出。

5. "环境条件"

本栏目的填写内容应当与《计量标准考核（复查）申请书》中的"环境条件及设施"中"环境条件"一致。申请书中填写的"设施"可以不填写在本栏目中。

6. "计量标准的量值溯源和传递框图"

根据与所建计量标准相应的国家计量检定系统表或计量检定规程或计量技术规范，画出该计量标准的量值溯源和传递框图。要求画出该计量标准溯源到上一级计量标准和传递到下一级计量器具的量值溯源和传递关系框图。

7. "计量标准的稳定性考核"

在计量标准考核中，计量标准的稳定性是指用该计量标准在规定的时间间隔内测量稳定的被测对象时所得到的测量结果的一致性。《考核规范》附录 C.2 给出了五种计量标准稳定性考核方法："采用核查标准进行考核""采用高等级的计量标准进行考核""采用控制图法进行考核""采用计量检定规程或计量技术规范规定的方法进行考核""采用计量标准器的稳定性考核结果进行考核"等。本栏目应该列出计量标准稳定性考核的全部数据，建议用图、表的形式反映稳定性考核的数据处理过程、结果，并判断其稳定性是否符合要求。

（1）采用核查标准进行考核

用于日常验证测量仪器或测量系统性能的装置称为核查标准或核查装置。在进行计量标准的稳定性考核时，测得的稳定性除与被考核的计量标准有关外，还不可避免地会引入核查标准本身对稳定性测量的影响。为使这一影响尽可能地小，必须选择量值稳定的，特别是长期稳定性好的核查标准。

① 考核方法

对于新建计量标准，每隔一段时间（大于 1 个月），用该计量标准对核查标准进行一组 n 次的重复测量，取其算术平均值为该组的测得值。共观测 m 组$(m \geq 4)$。取 m 组测得值中最大值和最小值之差，作为新建计量标准在该时间段内的稳定性。

② 核查标准的选择

核查标准的选择大体上可按下述几种情况分别处理：

a）被测对象是实物量具。实物量具通常具有较好的长期稳定性，在这种情况下可以选择性能比较稳定的实物量具作为核查标准。

b）计量标准仅由实物量具组成，而测量对象是非实物量具的测量仪器。实物量具通常可以直接用来检定或校准非实物量具，因此在这种情况下，无法得到符合要求的核查标准。此时应该采用其他方法来进行稳定性考核。

c）计量标准器和被检定或校准的对象均为非实物量具的测量仪器。如果存在合适的比较稳定的对应于该参数的实物量具，可以作为核查标准来进行稳定性考核，否则应该采用其他方法来进行稳定性考核。

（2）采用高等级的计量标准进行考核

当被考核的计量标准是建标单位的次级计量标准，或送上级计量技术机构进行检定或校准比较方便的话，可以采用本方法。

考核方法与采用核查标准的方法类似。对于新建计量标准，每隔一段时间（大于 1 个月），用高等级的计量标准对新建计量标准进行一组测量。共测量 m 组$(m \geq 4)$，取 m 个测得值中最大值和最小值之差，作为新建计量标准在该时间段内的稳定性。对于已建计量标准，每年至少一次用高等级的计量标准对被考核的计量标准进行测量，以相邻两年的测得值之差作为该时间段内计量标准的稳定性。

（3）采用控制图方法进行考核

控制图（又称休哈特控制图）是对测量过程是否处于统计控制状态的一种图形记录。它能判断测量过程中是否存在异常因素并提供有关信息，以便于查明产生异常的原因，并采取措施使测量过程重新处于统计控制状态。

采用控制图方法的前提也是必须存在量值稳定的核查标准，并要求其同时具有良好的短期稳定性和长期稳定性。

采用控制图法对计量标准的稳定性进行考核时，用被考核的计量标准对选定的核查标准作连续的定期观测，并根据定期观测结果计算得到的统计控制量（例如平均值、标准偏差、极差等）的变化情况，判断计量标准所复现的标准量值是否处于统计控制状态。

由于控制图方法要求定期（例如每周，或每两周等）对选定的核查标准进行测量。同时还要求被测量接近于正态分布，故每个测量点均必须是多次重复测量结果的平均值，因此要耗费大量的时间。同时对核查标准的稳定性要求比较高。因此，在计量标准考核中，控制图的方法仅适合于满足下述条件的计量标准：

① 准确度等级较高且重要的计量标准；

② 存在量值稳定的核查标准，要求其同时具有良好的短期稳定性和长期稳定性；

③ 比较容易进行多次重复测量。

（4）采用计量检定规程或计量技术规范规定的方法进行考核

当相关的计量检定规程或计量技术规范对计量标准的稳定性考核方法有明确规定时，可以按其规定的方法进行计量标准的稳定性考核。

（5）采用计量标准器的稳定性考核结果进行考核

当前述四种方法均不适用时，可将计量标准器的溯源数据，即每年的检定或校准数据，制成计量标准器的稳定性考核记录表或曲线图（参见《考核规范》附录D《计量标准履历书》中的"计量标准器的稳定性考核图表"），作为证明计量标准量值稳定的依据。

该方法的缺点是仅考虑了计量标准中计量标准器的稳定性，而没有包括配套设备的稳定性。

对计量标准稳定性的要求：

（1）若计量标准在使用中采用标称值或示值，即不加修正值使用，则计量标准的稳定性应当小于计量标准的最大允许误差的绝对值；若计量标准需要加修正值使用，则计量标准的稳定性应当小于修正值的扩展不确定度（U_{95} 或 U，$k=2$）。当相应的计量检定规程或计量技术规范对计量标准的稳定性有具体规定时，则可以依据其规定判断稳定性是否合格。

（2）在不确定度评定报告中往往找不到直接与稳定性相关的不确定度分量。如果估计一下测得的稳定性的不确定度，就可以发现，测得的稳定性数值往往与其不确定度相近，因此建标单位有时很难对其测得的稳定性做出是否合格的判定。或者说，稳定性合格判定的可靠性较差。

（3）如果测得的稳定性满足要求，则该计量标准在其证书的有效期内可以继续使用。如果测得的稳定性不满足要求，则可能的确是被考核计量标准的稳定性变坏引起的，但也可能仅仅是由稳定性的测量不确定度太大造成的。此时应当立即将被考核的计量标准送上级计量技术机构重新进行检定或校准，由上级计量技术机构来判定该计量标准是否合格。

8. "检定或校准结果的重复性试验"

检定或校准结果的重复性试验是指在重复性测量条件下，用计量标准对常规的被检定或被校准对象重复测量所得示值或测得值间的一致程度。

检定或校准结果的重复性通常用重复性测量条件下所得检定或校准结果的分散性定量地表示，即用单次检定或校准结果 y_i 的实验标准差 $s(y_i)$ 来表示。检定或校准结果的重复性通常是检定或校准结果的测量不确定度来源之一。

重复性条件是指相同测量程序、相同操作者、相同测量系统、相同操作条件和相同地点，并在短时间内对同一或相类似被测对象重复测量，因此必须在尽可能短的时间内完成。"测量重复性"是指在重复性测量条件下得到的精密度，它表示测量过程中所有的随机效应对测得值的影响。

在进行检定或校准结果的重复性试验时，其条件应当与测量不确定度评定中所规定的条件相同。

重复性试验的测量条件通常是重复性测量条件，但在特殊情况下也可能是复现性测量条件或期间精密度测量条件。

该栏目应当填写重复性试验的被测对象、测量条件，列出重复性试验的全部数据和计算过程，通常情况下，采用《考核规范》附录 E《〈检定或校准结果的重复性试验记录〉参考格式》的形式反映重复性试验数据处理过程，并判断其重复性是否符合要求。

（1）检定或校准结果的重复性试验方法

在重复性测量条件下，用被考核的计量标准对常规的被测对象进行，n 次独立重复测量，若得到的测得值为 $y_i (i=1,2,\cdots,n)$，则其重复性 $s(y_i)$ 按式（2–1）计算：

$$s(y_i) = \sqrt{\frac{\sum\limits_{i=1}^{n}(y_i - \bar{y})^2}{n-1}} \tag{2-1}$$

式中：$\bar{y}$——n 个测量值的算术平均值；

n——重复测量次数 n 应当尽可能大，一般应当不少于 10 次。

如果测量结果的重复性引入的不确定度分量在测量结果的不确定度中不是主要分量，允许适当减少重复测量次数，但至少应当满足 $n \geqslant 6$。

如果计量标准可以测量多种参数，则应当对每种参数分别进行重复性试验。

如果计量标准的测量范围较大，对于不同的测量点，其重复性也可能不同，此时原则上应当给出每个测量点的重复性。如果在测量结果的不确定度中，重复性所引入的不确定度分量不是主要分量，可以用各测量点中的最大重复性表示，或分段采用不同的重复性，也以该分段中的最大重复性表示。

（2）重复性与重复性引入的不确定度分量

在测量不确定度评定中，当检定或校准结果由单次测量得到时，由式（2–1）计算得到的测量结果的重复性直接就是测量结果的一个不确定度分量。当测量结果由 N 次重复测量的平均值得到时，由测量结果的重复性引入的不确定度分量为 $\dfrac{s(y_i)}{\sqrt{2}}$。

（3）分辨力与重复性

被检定或被校准仪器（以下简称被测仪器）的分辨力也会影响测量结果的重复性。

在测量不确定度评定中，当由式（2-1）计算得到的重复性所引入的不确定度分量大于被测仪器的分辨力所引入的不确定度分量时，此时重复性中已经包含分辨力对测得值的影响，故不应当再考虑分辨力所引入的不确定度分量。当重复性引入的不确定度分量小于被测仪器的分辨力所引入的不确定度分量时，应当用分辨力引入的不确定度分量代替重复性分量。

若被测仪器的分辨力为 δ，则分辨力引入的不确定度分量为 0.289δ。

（4）合并样本标准差

对于常规的计量检定或校准，若无法满足 $n \geqslant 10$ 时，为了使得到的实验标准差更可靠，如果有可能，可以采用合并样本标准差得到测量结果的重复性，合并样本标准差 s_p 按式（2-2）计算：

$$s_\mathrm{p} = \sqrt{\dfrac{\displaystyle\sum_{j=1}^{m}\sum_{k=1}^{n}(y_{kj}-\bar{y}_j)^2}{m(n-1)}} \tag{2-2}$$

式中：m——测量的组数；

　　　n——每组包含的测量次数；

　　　y_{kj}——第 j 组中第 k 次的测得值；

　　　$\bar{y}_j$——第 j 组测得值的算术平均值。

（5）对检定或校准结果的重复性的要求

对于新建计量标准，测得的重复性应当直接作为一个不确定度来源用于检定或校准结果的不确定度评定中。只要评定得到的测量结果的不确定度满足所开展的检定或校准项目的要求，则表明其重复性也满足要求。

9. "检定或校准结果的不确定度评定"

检定或校准结果的不确定度评定应当依据 JJF 1059.1—2012《测量不确定度评定与表示》进行。对于某些计量标准，如果需要，也可以同时采用 JJF 1059.2—2012《用蒙特卡洛法评定测量不确定度》以进行比较。如果相关国际组织已经制定了该计量标准所涉及领域的测量不确定度评定指南，则相应项目的测量不确定度也可以依据这些指南进行评定。

在进行检定和校准结果的测量不确定度的评定时，测量对象应当是常规的被测对象，测量条件应当是在满足计量检定规程或计量技术规范前提下至少应当达到的临界条件。

检定或校准结果的测量不确定度评定，应当给出测量不确定度评定的详细过程．若文件集中已有详细的不确定度评定报告，此处也可以只给出测量不确定度评定的简要过程。

当对于不同量程或不同测量点，其测量结果的不确定度不同时，如果各测量点的不确定度评定方法差别不大，允许仅给出典型测量点的不确定度评定过程。

对于可以测量多种参数的计量标准，应当分别给出每一种主要参数的测量不确定度评定过程。

该栏目应当填写进行检定或校准结果测量不确定度评定具体采用的方法，被测量的简要描述、测量模型、不确定度分量的评估、被测量分布的判定和包含因子的确定、合成标准不确定度的计算以及最终给出的扩展不确定度。

测量不确定度评定的步骤：

（1）明确被测量及采用的测量方法，必要时给出被测量的定义及测量过程的简单描述。

（2）依据被测量的定义和测量方法及测量过程，给出符合测量实际过程的评定测量不确定度的测量模型，并列出所有对测量不确定度有影响的影响量（即输入量 x_i）。

（3）通过 A 类评定 B 类评定的方法，评定各输入量 x_i 的标准不确定度 $u(x_i)$，并通过灵敏系数 c_i 进而给出与各输入量 x_i 对应的不确定度分量 $u_i(y) = |c_i|u(x_i)$。灵敏系数 c_i 通常可由测量模型对影响量 c_i 求偏导数得到。

（4）列出所有需要考虑的输入量的不确定度分量的汇总表，表中应当给出对应于每一个不确定度分量的尽可能详细的信息。

（5）将各不确定度分量 $u(x_i)$ 合成，得到合成标准不确定度 $u_c(y)$，合成时应当考虑各输入量之间是否存在值得考虑的相关性，对于非线性测量模型还应当考虑是否存在值得考虑的高阶项。

（6）对被测量 y 的分布进行估计，如能估计出被测量 y 的分布，则根据估计得到的分布和所要求的包含概率 p 确定包含因子 k_p。

（7）包含概率通常均取 95%，如取非 95% 的包含概率，必须指出所依据的技术文件名称。

（8）在无法确定被测量 y 的分布时，或该测量领域有规定时，也可以直接取包含因子 $k=2$。

（9）由合成标准不确定度 $u_c(y)$ 和包含因子 k 或 k_p 的乘积，分别得到扩展不确定度 U 或 U_p。

（10）给出测量不确定度 U 或 U_p 的最后陈述，其中应当给出关于扩展不确定度的足够信息。利用这些信息，至少应该使用户能从所给的扩展不确定度重新导出检定或校准结果的合成标准不确定度。

10. "检定或校准结果的验证"

检定或校准结果的验证是指要求对用该计量标准得到的检定或校准结果的可信程度进行实验验证。也就是说通过将测量结果与参考值相比较来验证所得到的测量结果是否在合理范围之内。由于验证的结论与测量不确定度有关，因此验证的结论在某种程度上同时也说明了所给的检定或校准结果的不确定度是否合理。

验证方法可以分为传递比较法和比对法两类。传递比较法是具有溯源性的，而比对法则不具有溯源性，因此检定或校准结果的验证，原则上应当优先采用传递比较法，只有在不可能采用传递比较法的情况下，才允许采用比对法进行检定或校准结果的验证，并且参加比对的建标单位应当尽可能多。

该栏目应当填写进行检定或校准结果的验证具体采用的方法，由哪个计量技术机构进行的验证，对验证的测量数据、不确定度、验证结论等逐一叙述清楚。

（1）传递比较法验证

用被考核的计量标准测量一稳定的被测对象，然后将该被测对象用另一更高级的计量标准进行测量。若用被考核计量标准和高一级计量标准进行测量时的扩展不确定度（U_{95} 或 $k=2$ 时的 U，下同）分别为 U_{lab} 和 U_{ref}，它们的测量结果分别为 y_{lab} 和 y_{ref}，在两者的包含因子近似相等的前提下应当满足：

$$|y_{\text{lab}} - y_{\text{ref}}| \leqslant \sqrt{U_{\text{lab}}^2 + U_{\text{ref}}^2} \qquad (2-3)$$

当 $U_{\text{ref}} \leqslant \dfrac{U_{\text{lab}}}{3}$ 成立时，可忽略 U_{ref} 的影响，此时式（2-3）成为

$$|y_{\text{lab}} - y_{\text{ref}}| \leqslant U_{\text{lab}} \qquad (2-4)$$

对于某些计量标准，若检定规程规定其扩展不确定度对应于 99% 的包含概率，此时所给出的扩展不确定度所对应的 k 值与 2 相差较大。在进行判断时，应当先将其换算到对应于 $k=2$ 时的扩展不确定度。由于经换算后的扩展不确定度变小，即其判断标准将比不换算更严格。

（2）比对法验证

如果不可能采用传递比较法时，可采用多个建标单位之间的比对。假定各建标单位的计量标准具有相同准确度等级，此时采用各建标单位所得到的测量结果的平均值作为被测量的最佳估计值。

当各建标单位的测量不确定度不同时，原则上应当采用加权平均值作为被测量的最佳估计值，其权重与测量不确定度有关。但由于各建标单位在评定测量不确定度时所掌握的尺度不可能完全相同，故通常仍采用算术平均值 $\bar{y}$ 作为参考值。

若被考核建标单位的测量结果为 y_{lab}，其测量不确定度为 U_{lab}，在被考核建标单位测量结果的方差比较接近于各建标单位的平均方差，以及各建标单位的包含因子均相同的条件下，应当满足：

$$|y_{\text{lab}} - \bar{y}| \leqslant \sqrt{\frac{n-1}{n}} U_{\text{lab}} \qquad (2-5)$$

11. "结论"

通过计量标准稳定性考核、检定或校准测量结果重复性试验、测量不确定度评定和检定或校准结果的验证，对所建计量标准的各项技术特性是否符合国家计量检定系统表和计量检定规程或计量技术规范的规定，是否具有预期的测量能力，是否能够开展设定的检定及校准项目，是否满足《考核规范》的考核要求等方面给出总的评价。

12. "附加说明"

填写认为有必要指出的其他附加说明。例如：计量标准技术报告编写、修订人，编写、修订的版本号及日期，编写、修订用到的文件名称和原始记录（如：计量标准的稳定性考核记录、检定或校准测量结果重复性试验记录、测量不确定度评定记录和检定或校准测量结果验证记录），以及可以证明计量标准具有相应测量能力的其他技术资料（如：计量比对报告、研制或改造计量标准的技术鉴定或验收资料、单独成册的检定或校准结果的不确定度评定报告）。

第三章 温度计量器具建标申请书和技术报告编写示例

示例 3.1 一等铂电阻温度计标准装置

计量标准考核（复查）申请书

[   ] 量标   证字第   号

计量标准名称　　**一等铂电阻温度计标准装置**

计量标准代码　　　　　　**04113801**

建标单位名称　　　　　　　　　　　　　　

组织机构代码　　　　　　　　　　　　　　

单　位　地　址　　　　　　　　　　　　　

邮　政　编　码　　　　　　　　　　　　　

计量标准负责人及电话　　　　　　　　　　

计量标准管理部门联系人及电话　　　　　　

年　　　月　　　日

说　明

1. 申请新建计量标准考核，建标单位应当提供以下资料：

1）《计量标准考核（复查）申请书》原件一式两份和电子版一份；

2）《计量标准技术报告》原件一份；

3）计量标准器及主要配套设备有效的检定或校准证书复印件一套；

4）开展检定或校准项目的原始记录及相应的模拟检定或校准证书复印件两套；

5）检定或校准人员能力证明复印件一套；

6）可以证明计量标准具有相应测量能力的其他技术资料（如果适用）复印件一套。

2. 申请计量标准复查考核，建标单位应当提供以下资料：

1）《计量标准考核（复查）申请书》原件一式两份和电子版一份；

2）《计量标准考核证书》原件一份；

3）《计量标准技术报告》原件一份；

4）《计量标准考核证书》有效期内计量标准器及主要配套设备连续、有效的检定或校准证书复印件一套；

5）随机抽取该计量标准近期开展检定或校准工作的原始记录及相应的检定或校准证书复印件两套；

6）《计量标准考核证书》有效期内连续的《检定或校准结果的重复性试验记录》复印件一套；

7）《计量标准考核证书》有效期内连续的《计量标准的稳定性考核记录》复印件一套；

8）检定或校准人员能力证明复印件一套；

9）计量标准更换申报表（如果适用）复印件一份；

10）计量标准封存（或撤销）申报表（如果适用）复印件一份；

11）可以证明计量标准具有相应测量能力的其他技术资料（如果适用）复印件一套。

3.《计量标准考核（复查）申请书》采用计算机打印，并使用 A4 纸。

注：新建计量标准申请考核时不必填写"计量标准考核证书号"。

计量标准 名　　称	一等铂电阻温度计标准装置				计量标准 考核证书号		
保存地点					计量标准 原值（万元）		
计量标准 类　　别	☑ 社会公用 ☑ 计量授权		□ 部门最高 □ 计量授权			□ 企事业最高 □ 计量授权	
测量范围	(0~419.527)℃						
不确定度或 准确度等级或 最大允许误差	一等标准						

	名　　称	型　号	测量范围	不确定度 或准确度等级 或最大允许误差	制造厂及 出厂编号	检定周 期或复 校间隔	末次检 定或校 准日期	检定或校 准机构及 证书号
计 量 标 准 器	标准铂电阻 温度计		(0~ 419.527)℃	一等标准		2年		
	标准铂电阻 温度计		(0~ 419.527)℃	一等标准		2年		
	标准铂电阻 温度计		(0~ 419.527)℃	一等标准		2年		
主 要 配 套 设 备	水三相点 装置		273.16K	差值：0.3mK		2年		
	锡固定点 装置		231.928℃	差值：1.0mK		2年		
	锌固定点 装置		419.527℃	差值：1.5mK		2年		
	自动测温 电桥		0.1Ω~10kΩ	$U_{rel}=5.0\times10^{-7}$ $(k=2)$		1年		
	标准电阻		100Ω	一等标准		1年		
	标准铂电阻 退火炉		(200~700)℃	垂直温场0.8℃		2年		

	序号	项目	要　　求	实 际 情 况	结论
环境条件及设施	1	温度	(20 ± 5)℃	(20 ± 5)℃	合格
	2	湿度	15% RH ~ 80% RH	40% RH ~ 70% RH	合格
	3				
	4				
	5				
	6				
	7				
	8				

	姓　名	性别	年龄	从事本项目年限	学　历	能力证明名称及编号	核准的检定或校准项目
检定或校准人员							

<table>
<tbody>
<tr><td rowspan="31">文件集登记</td><td>序号</td><td>名　称</td><td>是否具备</td><td>备　注</td></tr>
<tr><td>1</td><td>计量标准考核证书（如果适用）</td><td>否</td><td>新建</td></tr>
<tr><td>2</td><td>社会公用计量标准证书（如果适用）</td><td>否</td><td>新建</td></tr>
<tr><td>3</td><td>计量标准考核（复查）申请书</td><td>是</td><td></td></tr>
<tr><td>4</td><td>计量标准技术报告</td><td>是</td><td></td></tr>
<tr><td>5</td><td>检定或校准结果的重复性试验记录</td><td>是</td><td></td></tr>
<tr><td>6</td><td>计量标准的稳定性考核记录</td><td>是</td><td></td></tr>
<tr><td>7</td><td>计量标准更换申请表（如果适用）</td><td>否</td><td>新建</td></tr>
<tr><td>8</td><td>计量标准封存（或撤销）申报表（如果适用）</td><td>否</td><td>新建</td></tr>
<tr><td>9</td><td>计量标准履历书</td><td>是</td><td></td></tr>
<tr><td>10</td><td>国家计量检定系统表（如果适用）</td><td>是</td><td></td></tr>
<tr><td>11</td><td>计量检定规程或计量技术规范</td><td>是</td><td></td></tr>
<tr><td>12</td><td>计量标准操作程序</td><td>是</td><td></td></tr>
<tr><td>13</td><td>计量标准器及主要配套设备使用说明书（如果适用）</td><td>是</td><td></td></tr>
<tr><td>14</td><td>计量标准器及主要配套设备的检定或校准证书</td><td>是</td><td></td></tr>
<tr><td>15</td><td>检定或校准人员能力证明</td><td>是</td><td></td></tr>
<tr><td>16</td><td>实验室的相关管理制度</td><td></td><td></td></tr>
<tr><td>16.1</td><td>实验室岗位管理制度</td><td>是</td><td></td></tr>
<tr><td>16.2</td><td>计量标准使用维护管理制度</td><td>是</td><td></td></tr>
<tr><td>16.3</td><td>量值溯源管理制度</td><td>是</td><td></td></tr>
<tr><td>16.4</td><td>环境条件及设施管理制度</td><td>是</td><td></td></tr>
<tr><td>16.5</td><td>计量检定规程或计量技术规范管理制度</td><td>是</td><td></td></tr>
<tr><td>16.6</td><td>原始记录及证书管理制度</td><td>是</td><td></td></tr>
<tr><td>16.7</td><td>事故报告管理制度</td><td>是</td><td></td></tr>
<tr><td>16.8</td><td>计量标准文件集管理制度</td><td>是</td><td></td></tr>
<tr><td>17</td><td>开展检定或校准工作的原始记录及相应的检定或校准证书副本</td><td>是</td><td></td></tr>
<tr><td>18</td><td>可以证明计量标准具有相应测量能力的其他技术资料（如果适用）</td><td></td><td></td></tr>
<tr><td>18.1</td><td>检定或校准结果的不确定度评定报告</td><td>是</td><td></td></tr>
<tr><td>18.2</td><td>计量比对报告</td><td>否</td><td>新建</td></tr>
<tr><td>18.3</td><td>研制或改造计量标准的技术鉴定或验收资料</td><td>否</td><td>非自研</td></tr>
</tbody>
</table>

	名　称	测量范围	不确定度或准确度 等级或最大允许误差	所依据的计量检定规程 或计量技术规范的编号及名称
开展的检定或校准项目	标准铂电阻 温度计	(0～419.527)℃	二等标准	JJG 160—2007 《标准铂电阻温度计》

建标单位意见	负责人签字：　　　　　　　（公章） 　　　　　　　　　　　年　月　日
建标单位 主管部门意见	（公章） 年　月　日
主持考核的 人民政府计量 行政部门意见	（公章） 年　月　日
组织考核的 人民政府计量 行政部门意见	（公章） 年　月　日

计 量 标 准 技 术 报 告

计量标准名称 <u>一等铂电阻温度计标准装置</u>

计量标准负责人 <u>　　　　　　　　　　　　　</u>

建标单位名称 <u>　　　　　　　　　　　　　</u>

填 写 日 期 <u>　　　　　　　　　　　　　</u>

目　录

一、建立计量标准的目的

标准铂电阻温度计作为温度量值传递的计量标准器具，被广泛应用于国民经济的各个领域，为了确保二等标准铂电阻温度计的准确溯源，保证温度量值传递的可靠一致，建立此项计量标准装置，满足各级计量检定机构的量值传递要求，开展二等标准铂电阻温度计的量值传递检定工作及固定点装置校准工作。

二、计量标准的工作原理及其组成

标准铂电阻温度计是根据金属铂丝的电阻随温度单值变化的特性来测温的标准仪器。1990 年国际温标（ITS—90）规定由一组规定的定义固定点分度的标准铂电阻温度计确定温区内的温度值，并使用规定的参考函数和偏差函数内插计算定义固定点之间的温度值。

建立的一等铂电阻温度计标准装置主要由一等标准铂电阻温度计、水三相点装置、锡凝固点装置、锌凝固点装置及电测设备组成，计量标准的组成示意图见图 1。根据规程的要求，计量标准在 (0～419.527)℃温区内，通过复现 ITS—90 规定的三个定义固定点——锌凝固点、锡凝固点、水三相点，测量被检标准铂电阻温度计在各固定点的电阻值，计算得到该被检温度计在锌凝固点、锡凝固点与水三相点的比值，再通过相应的参考函数和偏差函数内插，求得出被检温度计的系数，完成对被检标准铂电阻温度计的分度。

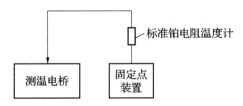

图 1　一等铂电阻温度计标准装置组成示意图

三、计量标准器及主要配套设备

	名　称	型　号	测量范围	不确定度 或准确度等级 或最大允许误差	制造厂及 出厂编号	检定周 期或复 校间隔	检定或 校准机构
计量标准器	标准铂电阻 温度计		(0 ~ 419.527)℃	一等标准		2 年	
	标准铂电阻 温度计		(0 ~ 419.527)℃	一等标准		2 年	
	标准铂电阻 温度计		(0 ~ 419.527)℃	一等标准		2 年	
主要配套设备	水三相点 装置		273.16K	差值：0.3mK		2 年	
	锡固定点 装置		231.928℃	差值：1.0mK		2 年	
	锌固定点 装置		419.527℃	差值：1.5mK		2 年	
	自动测温 电桥		$0.01\Omega \sim 10k\Omega$	$U_{rel} = 5.0 \times 10^{-7}$ $(k = 2)$		1 年	
	标准电阻		100Ω	一等标准		1 年	
	标准铂电阻 退火炉		(200 ~ 700)℃	垂直温场0.8℃		2 年	

四、计量标准的主要技术指标

测量范围：(0 ~ 419. 527)℃
准确度等级：一等标准

五、环境条件

序号	项目	要 求	实际情况	结论
1	温度	(20 ± 5)℃	(20 ± 5)℃	合格
2	湿度	15% RH ~ 80% RH	40% RH ~ 70% RH	合格
3				
4				
5				
6				

六、计量标准的量值溯源和传递框图

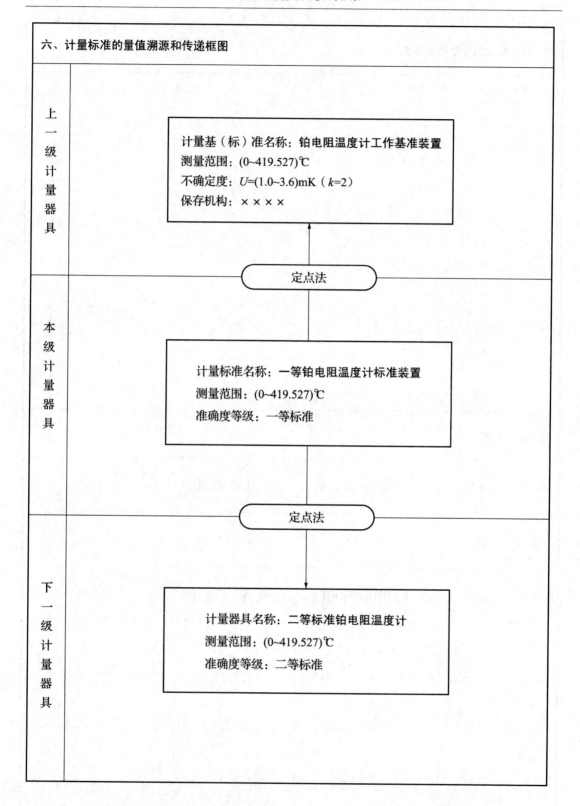

上一级计量器具	计量基（标）准名称：铂电阻温度计工作基准装置 测量范围：(0~419.527)℃ 不确定度：U=(1.0~3.6)mK（k=2） 保存机构：× × × ×
	定点法
本级计量器具	计量标准名称：一等铂电阻温度计标准装置 测量范围：(0~419.527)℃ 准确度等级：一等标准
	定点法
下一级计量器具	计量器具名称：二等标准铂电阻温度计 测量范围：(0~419.527)℃ 准确度等级：二等标准

七、计量标准的稳定性考核

选取两支稳定性好的标准铂电阻温度计，在规定的条件下，每隔一段时间，分别对装置中锌凝固点、锡凝固点、水三相点进行稳定性考核，测量铂电阻温度计在各固定点温度和水三相点的电阻值，取测量结果之间的最大值和最小值之差作为新建计量标准的稳定性考核结果，数据如下。

锌凝固点装置的稳定性考核记录

考核时间	2017 年 4 月	2017 年 6 月	2017 年 8 月	2017 年 10 月
温度计编号	400218			
测得值 W_{Zn}	2.568590	2.568589	2.568588	2.568586
变化量/mK	—	0.3	0.3	0.6
最大差值/mK	1.1			
温度计编号	96094			
测得值 W_{Zn}	2.568678	2.568672	2.568679	2.568672
变化量/mK	—	1.7	2.0	2.0
最大差值/mK	2.0			
允许变化量/mK	7.0	7.0	7.0	7.0
结 论	符合要求	符合要求	符合要求	符合要求
考核人员	×××	×××	×××	×××

锡凝固点装置的稳定性考核记录

考核时间	2017 年 4 月	2017 年 6 月	2017 年 8 月	2017 年 10 月
温度计编号	400218			
测得值 W_{Sn}	1.892622	1.892624	1.892625	1.892620
变化量/mK		0.5	0.3	1.3
最大差值/mK	1.3			
温度计编号	96094			
测得值 W_{Sn}	1.892668	1.892663	1.892660	1.892661
变化量/mK	—	1.3	0.8	0.3
最大差值/mK	2.2			
允许变化量/mK	6.0	6.0	6.0	6.0
结 论	符合要求	符合要求	符合要求	符合要求
考核人员	×××	×××	×××	×××

水三相点装置的稳定性考核记录				
考核时间	2017 年 4 月	2017 年 6 月	2017 年 8 月	2017 年 10 月
温度计编号	400218			
测得值 R_{tp}/Ω)	24.95369	24.95370	24.95362	24.95365
变化量/mK	—	0.1	0.8	0.3
最大差值/mK	0.8			
温度计编号	96094			
测得值 R_{tp}/Ω	25.12440	25.12443	25.12447	25.12446
变化量/mK	—	0.3	0.4	0.1
最大差值/mK	0.7			
允许变化量/mK	4.0	4.0	4.0	4.0
结　　论	符合要求	符合要求	符合要求	符合要求
考核人员	×××	×××	×××	×××

八、检定或校准结果的重复性试验

选用一支标准铂电阻温度计，分别在各固定点进行连续多次测量，每个固定点用不少于6次的复现结果的标准偏差计算，其值换算为温度，结果如下。

一等铂电阻温度计标准装置的检定或校准结果的重复性试验记录

试验时间	2017 年 6 月		
被测对象	名　称	型　号	编　号
	标准铂电阻温度计	WZPB	400162
测量条件	锌凝固定点	锡凝固定点	水三相点
测量次数	测得值 W_{Zn}	测得值 W_{Sn}	测得值 R_{tp}/Ω
1	2.568601	1.892631	24.87278
2	2.568608	1.892630	24.87275
3	2.568610	1.892632	24.87272
4	2.568609	1.892630	24.87279
5	2.568608	1.892628	24.87281
6	2.568606	1.892627	24.87285
$\bar{y}$	2.568609	1.892631	24.87280
$s(y_i) = \sqrt{\dfrac{\sum\limits_{i=1}^{n}(y_i - \bar{y})^2}{n-1}}$	0.9mK	0.5mK	0.4mK
结　论	符合要求	符合要求	符合要求
试验人员	×××	×××	×××

九、检定或校准结果的不确定度评定

1　概述

1.1　测量依据：JJG 160—2007《标准铂电阻温度计》。

1.2　计量标准：一等铂电阻温度计标准装置，包括一组定义固定点装置：锌凝固点装置、锡凝固点装置、水三相点容器，一等标准铂电阻温度计三支。电测设备为测温电桥。

1.3　测量对象：标准铂电阻温度计（以下简称温度计）。温度范围：（0 ~ 419.527）℃；准确度等级：二等；检定温度点：锌凝固点（419.527℃）、锡凝固点（231.928℃）、水三相点（0.01℃）。

1.4　测量方法：温度计在锌凝固点、锡凝固点、水三相点测量方法均采用定点法。即当固定点装置复现出定义固定点温度时，将温度计直接插入各固定点装置中，通过电测设备进行测量获得 $R(t)$ 和 R_{tp}，通过计算可得出温度计分度的各定义固定点的 $W(t)$ 值及 R_{tp} 值。

2　测量模型

根据 ITS—90 温标的定义，温度值由式（1）确定：

$$W(t) = R(t)/R_{tp} \qquad (1)$$

式中：$W(t)$——温度计在温度 t 时的电阻比值；

$\quad\quad R(t)$——温度计在温度 t 时的电阻值，Ω；

$\quad\quad R_{tp}$——温度计在水三相点温度时的电阻值，Ω。

以锌凝固点为例，锌凝固点测量模型为

$$W_{Zn} = f(R_{Zn}, R_{tp}) = R_{Zn}/R_{tp} \qquad (2)$$

式中：R_{Zn}——温度计在锌凝固点测得的电阻值，Ω；

$\quad\quad R_{tp}$——温度计在水三相点测得的电阻值，Ω。

对式（2）全微分，得

$$\mathrm{d}W_{Zn} = \frac{1}{R_{tp}}\mathrm{d}R_{Zn} - \frac{R_{Zn}}{R_{tp}^2}\mathrm{d}R_{tp} \qquad (3)$$

将式（3）两边同时除以 $\mathrm{d}W_{Zn}/\mathrm{d}t$，得

$$\mathrm{d}t = \mathrm{d}t_{Zn} - h\mathrm{d}t_{tp} \qquad (4)$$

式中：$\mathrm{d}t_{Zn}$——不考虑水三相点影响时的锌点温度，℃；

$\quad\quad \mathrm{d}t_{tp}$——温度计测量的水三相点温度，℃；

$\quad\quad h = W_{Zn} \times [\mathrm{d}W_{tp}/\mathrm{d}t]/[\mathrm{d}W_{Zn}/\mathrm{d}t]$，用参考函数近似代替。

在测量过程中，考虑锌凝固点复现与水三相点复现互不相关，因而当变量以标准不确定度计入时，其合成不确定度 $u_c^2(t)$：

$$u_c^2(t) = \sum [cu(t)]^2 = [c_1 u(t_{Zn})]^2 + [c_2 u(t_{tp})]^2 \qquad (5)$$

式中：$c_1 = \dfrac{\partial f}{\partial t_{Zn}} = 1$；$c_2 = \dfrac{\partial f}{\partial t_{tp}} = -h$。

由式（5）可以看出，影响固定点温度测量的因素包括固定点复现和水三相点的传播两部分。

3　不确定度来源

温度计在锌凝固点、锡凝固点采用定点法进行测量，其不确定度主要来源于以下分量：复现性、温度计自热效应、样品中微量杂质带来的影响、气压偏离大气压金属静压改正量不准、由上级标准差值引入、电测设备不确定度、标准电阻温度波动、热传导、固定点温坪变化和由水三相点引入的标准不确定度。

温度计在水三相点采用定点法进行测量，其不确定度主要来源于以下分量：复现性、温度计自热效应、电测设备不确定度、标准电阻温度波动、水三相点容器本身引入的和由上级标准差值引入的标

准不确定度。

4　各输入量的标准不确定度分量评定

4.1　A类标准不确定度评定

4.1.1　复现性引入的标准不确定度分量 u_1

标准铂电阻温度计在各固定点测量过程中,受电测仪器噪声以及复现过程的不重复性、水三相点不重复性、温度计的短期不稳定性等因素的影响,会导致温度计在固定点测量的不确定度。采用两支二等标准铂电阻温度计,分别在各固定点重复进行多次测量,温度计在固定点不少于6次的测量结果的标准偏差最大值作为复现性引入的标准不确定度 u_1,结果见表9~表11。

4.1.2　温度计自热引入的标准不确定度分量 u_2

温度计在测量时通过的电流为1mA,测量温度计电阻时,测量电流将产生焦耳热,使温度上升,检定结果通常不外乎零电流,通过对多支标准铂电阻温度计自热的测量数据外推和不外推的结果比较与统计,温度计在固定点由于自热引入的标准不确定度分量 u_2 见表1。

表1　温度计自热引入的标准不确定度分量

固定点	标准不确定度分量 u_2/mK
锌凝固点	0.20
锡凝固点	0.20
水三相点	0.20

4.2　B类标准不确定度评定

4.2.1　固定点容器引入的标准不确定度分量

固定点容器所使用的纯金属中所含的杂质、气压偏离大气压,以及静压修正量不准都会对凝固点温度产生影响。水三相点容器由于微量残余气体、水中杂质、水分子中氢与氧同位素成分,以及静压修正量不准会对三相点温度产生影响。

4.2.1.1　微量杂质引入的标准不确定度分量 u_3

固定点容器所选用的金属样品的名义纯度为99.9999%(质量分数),各种杂质的含量不超过百分之一,要定量地计算微量杂质对凝固点温度的影响,目前尚无准确的计算方法,可根据金属熔化和凝固曲线的差值估算杂质引起的温度降低值,按均匀分布计算,则由微量杂质引入的标准不确定度分量 u_3 见表2。

表2　微量杂质引入的标准不确定度分量

固定点	标准不确定度分量 u_3/mK
锌凝固点	0.30
锡凝固点	0.30
水三相点	0.10

4.2.1.2　气压偏离大气压引入的标准不确定度分量 u_4

ITS—90规定的凝固点温度是在1个标准大气压下的固液相平衡温度,同时在容器实际系统中,充入固定点容器的高纯氩气的压力是可调的,压力用高精密气压计测量,测量压力的不确定度数据或测量仪器的最大允许误差可来源于压力测量仪器的证书或者仪器说明书,本装置中压力测量仪器的最大允许误差为1kPa,按均匀分布计算,由气压偏差引入的标准不确定度分量 u_4 为

$$u_4 = (\mathrm{d}T/\mathrm{d}p) \times \Delta p/\sqrt{3} \tag{6}$$

式中：$\mathrm{d}T/\mathrm{d}p$——温度对压力的变化率，K/Pa；

Δp——压力测量仪器的最大允许误差，Pa。

计算结果见表3。

表3 气压偏离大气压引入的标准不确定度分量

固定点	$\mathrm{d}T/\mathrm{d}p$（$10^{-8}K/Pa$）	标准不确定度分量 u_4/mK
锌凝固点	4.3	0.05
锡凝固点	3.3	0.04

4.2.1.3 静压修正量不准引入的标准不确定度分量 u_5

在检定二等铂电阻温度计过程中除水三相点外，锌、锡凝固点未作静压修正，金属静压修正量由温度计插入深度决定，对于水三相点进行静压修正时温度计感温元件位置可产生偏差，通常约为1cm，按均匀分布计算，由此引起的静压修正量不准引入的标准不确定度分量 u_5 为

$$u_5 = (\mathrm{d}T/\mathrm{d}l) \times \Delta l / \sqrt{3} \qquad (7)$$

式中：$\mathrm{d}T/\mathrm{d}l$——温度对深度的变化率，K/m；

Δl——温度计插入深度或感温元件位置的偏差，m。

计算结果见表4。

表4 静压修正量不准引入的标准不确定度分量

固定点	$\mathrm{d}T/\mathrm{d}l$（$10^{-3}K/m$）	标准不确定度分量 u_5/mK
锌凝固点	2.7	0.30
锡凝固点	2.2	0.20
水三相点	-0.73	0.01

4.2.2 由上级标准差值引入的标准不确定度分量 u_6

在检定二等标准铂电阻温度计的各固定点容器的使用中，定期用上级标准装置对固定点容器进行考核，由上级标准装置测量不确定度会引入标准不确定度，其在锌点、锡点对应的扩展不确定度分别为：锌点 $U = 3.6mK$（$k=2$）；锡点 $U = 2.4mK$（$k=2$）；水三相点 $U = 1.0mK$（$k=2$），符合正态分布，则由上级标准差值引入的标准不确定度分量 u_6 为：锌点 1.8mK；锡点 1.2mK；水三相点 0.5mK。

4.2.3 电测设备不确定度引入的标准不确定度分量 u_7

4.2.3.1 凝固点考虑的测量电阻比 $W(t)$ 的不确定度，电测设备的噪声、零位漂移等随机性的不确定度因素，已经包括在测量的重复性中，不再重复估算。使用的电测设备为测温电桥，根据规程规定的测温电桥的技术指标，检定二等标准铂电阻温度计的测温电桥的相对误差不大于 1×10^{-5}，本装置中使用的测温电桥的电阻比值的扩展不确定度为 $U_{rel} = 5.0 \times 10^{-7}$（$k=2$），根据测温电桥的不确定度转换为温度，则测温电桥引入的标准不确定度分量 u_7 为

$$u_7 = W(t)/[\mathrm{d}W(t)/\mathrm{d}t] \times 5.0 \times 10^{-7}/2$$

计算结果见表5。

表5 电测设备不确定度引入的标准不确定度分量

固定点	标准不确定度分量 u_7/mK
锌凝固点	0.18
锡凝固点	0.13

4.2.3.2 水三相点检定时，考虑的是测量电阻值 R_{tp} 的不确定度，电阻测量按式（8）计算：

$$R_{tp} = XR_{S20} [1 + \alpha(t-20) + \beta(t-20)^2] \tag{8}$$

式中：X——测温电桥的读数；

R_{S20}——标准电阻在20℃的电阻值；

α, β——测温电桥所配用标准电阻的温度系数；

t——标准电阻的实际温度。

由式（8）可知该项标准不确定度由测温电桥测量电阻比的不确定度 $u(X)$、标准电阻的不确定度 $u(R_{S20})$ 和标准电阻温度测量引入的不确定度 $u(t)$ 组成，各项分量彼此独立不相关。其中测温电桥的不确定度为

$$u(X) = R_{S20} \times 0.5 \times 10^{-6}/2 = 2.5 \times 10^{-5} \Omega$$

一等标准电阻的扩展不确定度为 $U = 1.5 \times 10^{-6} \Omega$（$k=3$），则

$$u(R_{S20}) = X \times 1.5 \times 10^{-6}/3 = 1.25 \times 10^{-6} \Omega$$

标准电阻实际温度测量误差引入的标准不确定度 $u(t)$ 在4.2.4中单独进行分析。

水三相点检定时的电测设备不确定度为：$\sqrt{u^2(R_X) + u^2(R_{S20})} = 2.5 \times 10^{-5} \Omega$，换算成温度值约为 $u_7 = 0.25$ mK。

4.2.4 标准电阻温度波动引入的标准不确定度分量 u_8

测温电桥所配用的标准电阻被放置在标准电阻恒温油槽中，在测量过程中，由于油槽温度的波动对标准电阻值带来一定的影响，油槽温度波动最大为0.01℃，按均匀分布计算，则

$$u_8 = \Delta R_s \times W(t)/[dW(t)/dt]/\sqrt{3}$$

式中：ΔR_s——温度最大波动度对标准电阻值影响量。

计算结果见表6。

表6 标准电阻温度波动引入的标准不确定度分量

固定点	标准不确定度分量 u_8/mK
锌凝固点	0.02
锡凝固点	0.02
水三相点	0.01

4.2.5 热传导引入的标准不确定度分量 u_9

根据温度计浸没深度曲线，计算由热传导引起的误差，按均匀分布计算，温度计从固定点容器底部上提，在（0～30）mm内，温度计在固定点容器底部向上温度变化的测量结果与静压修正理论计算的最大偏差除以 $\sqrt{3}$ 作为标准不确定度热传导引入的标准不确定度 u_9，计算结果见表7。

表7 热传导引起的标准不确定度分量

固定点	标准不确定度分量 u_9/mK
锌凝固点	0.12
锡凝固点	0.12

4.2.6 固定点温坪变化引入的标准不确定度分量 u_{10}

固定点相变温坪的变化会影响测量结果，取相变温坪的前60%的变化量，按均匀分布估算，其固定点温坪变化引入的标准不确定度分量 u_{10} 见表8。

表8　温坪变化引起的标准不确定度分量

固定点	标准不确定度分量 u_{10}/mK
锌凝固点	0.20
锡凝固点	0.20

4.2.7　水三相点引入的标准不确定度分量 u_{11}

由于水三相点容器中微量残余气体、水中杂质、水分子中氢与氧同位素成分的影响、静压修正不准、分度、传递误差等原因，都会引起实际温度与理想的水三相点温度的偏离，该偏离量经过实验分析，不超过 0.3mK，符合均匀分布，则

$$u_{11} = \frac{0.3\text{mK}}{\sqrt{3}} \approx 0.17\text{mK}$$

锌、锡点测量值由于水三相点引入的不确定度影响灵敏系数为

$$h = W(t) \times [\,\mathrm{d}W_{tp}/\mathrm{d}t\,]/[\,\mathrm{d}W(t)/\mathrm{d}t\,]$$

式中：$W(t)$——任意温度点的电阻比值。

锌点：$h = 2.9$；锡点：$h = 2.0$。

5　各标准不确定度分量汇总（见表9～表11）

表9　锌凝固点（419.527℃）各标准不确定度分量一览表

不确定度来源	标准不确定度 $u(x_i)$/mK		灵敏系数 c_i	$\lvert c_i \rvert u(x_i)$/mK
	符号	数值		
复现性	u_1	1.8		1.8
温度计自热效应	u_2	0.20		0.20
微量杂质	u_3	0.30		0.30
气压偏离大气压	u_4	0.05		0.05
静压修正量不准	u_5	0.30		0.30
上级标准差值引入	u_6	1.8	1.0	1.8
电测设备不确定度	u_7	0.18		0.18
标准电阻温度波动	u_8	0.02		0.02
热传导	u_9	0.12		0.12
固定点温坪变化	u_{10}	0.20		0.20
水三相点影响	u_{11}	0.17	-2.9	0.49

表10　锡凝固点（231.928℃）各标准不确定度分量一览表

不确定度来源	标准不确定度 $u(x_i)$/mK		灵敏系数 c_i	$|c_i|u(x_i)$/mK
	符号	数值		
复现性	u_1	1.3		1.3
温度计自热效应	u_2	0.20		0.20
微量杂质	u_3	0.30		0.30
气压偏离大气压	u_4	0.04		0.04
静压修正量不准	u_5	0.20		0.20
上级标准差值引入	u_6	1.2	1.0	1.2
电测设备不确定度	u_7	0.16		0.16
标准电阻温度波动	u_8	0.02		0.02
热传导	u_9	0.12		0.12
固定点温坪变化	u_{10}	0.20		0.20
水三相点影响	u_{11}	0.17	-2.0	0.34

表11　水三相点（0.01℃）标准不确定度一览表

不确定度来源	标准不确定度 $u(x_i)$/mK		灵敏系数 c_i	$|c_i|u(x_i)$/mK
	符号	数值		
复现性	u_1	0.42		0.42
温度计自热效应	u_2	0.20		0.20
微量杂质	u_3	0.10		0.10
静压修正量不准	u_5	0.01	1.0	0.01
上级标准差值引入	u_6	0.5		0.5
电测设备不确定度	u_7	0.25		0.25
标准电阻温度波动	u_8	0.01		0.01

6　合成标准不确定度计算

以上各项标准不确定度分量不相关，则各固定点的合成标准不确定度为

$$u_c = \sqrt{\sum_{i=1}^n c_i^2 u_i^2(x_i)}$$

锌点：$u_c=2.65$mK；锡点：$u_c=1.87$mK；水三相点：$u_c=0.74$mK。

7　扩展不确定度评定

按包含概率 $p=0.95$，取包含因子 $k=2$，则扩展不确定度为

锌点（419.527℃）：$U=k·u_c=2\times2.65\approx5.3$mK

锡点（231.928℃）：$U=k·u_c=2\times1.87\approx3.7$mK

水三相点（0.01℃）：$U=k·u_c=2\times0.74\approx1.5$mK

十、检定或校准结果的验证

采用传递比较法对测量结果进行验证。选取一支二等标准铂电阻温度计（编号：96091）在本单位一等铂电阻温度计标准装置上，分别在锌凝固点、锡凝固点、水三相点对其进行检定，并将该温度计送检至某单位铂电阻温度计工作基准装置，与本单位检定结果进行比对，数据如下。

测量点	本单位数据		×××院数据		$\|y_{lab}-y_{ref}\|$ /mK	$\sqrt{U_{lab}^2+U_{ref}^2}$ /mK
	y_{lab}	$U_{lab}(k=2)$/mK	y_{ref}	$U_{ref}(k=2)$/mK		
锌凝固点 W_{Zn}	2.568713	5.3	2.568719	3.6	1.7	6.4
锡凝固点 W_{Sn}	1.892673	3.7	1.892678	2.3	1.4	4.4
水三相点 R_{tp}/Ω	25.36808	1.5	25.36815	1.0	0.7	1.8

测量结果均满足 $\|y_{lab}-y_{ref}\|\leqslant\sqrt{U_{lab}^2+U_{ref}^2}$，故本装置通过验证，符合要求。

十一、结论

　　经实验验证，本装置符合国家计量检定系统表和国家计量检定规程的要求，可以开展二等标准铂电阻温度计的量值传递、检定工作。

十二、附加说明

示例 3.2 二等铂电阻温度计标准装置

计量标准考核（复查）申请书

[   ] 量标   证字第   号

计量标准名称 __二等铂电阻温度计标准装置__

计量标准代码 _____**04113803**_____

建标单位名称 _____

组织机构代码 _____

单 位 地 址 _____

邮 政 编 码 _____

计量标准负责人及电话 _____

计量标准管理部门联系人及电话 _____

年   月   日

说　明

1. 申请新建计量标准考核，建标单位应当提供以下资料：

1）《计量标准考核（复查）申请书》原件一式两份和电子版一份；

2）《计量标准技术报告》原件一份；

3）计量标准器及主要配套设备有效的检定或校准证书复印件一套；

4）开展检定或校准项目的原始记录及相应的模拟检定或校准证书复印件两套；

5）检定或校准人员能力证明复印件一套；

6）可以证明计量标准具有相应测量能力的其他技术资料（如果适用）复印件一套。

2. 申请计量标准复查考核，建标单位应当提供以下资料：

1）《计量标准考核（复查）申请书》原件一式两份和电子版一份；

2）《计量标准考核证书》原件一份；

3）《计量标准技术报告》原件一份；

4）《计量标准考核证书》有效期内计量标准器及主要配套设备连续、有效的检定或校准证书复印件一套；

5）随机抽取该计量标准近期开展检定或校准工作的原始记录及相应的检定或校准证书复印件两套；

6）《计量标准考核证书》有效期内连续的《检定或校准结果的重复性试验记录》复印件一套；

7）《计量标准考核证书》有效期内连续的《计量标准的稳定性考核记录》复印件一套；

8）检定或校准人员能力证明复印件一套；

9）计量标准更换申报表（如果适用）复印件一份；

10）计量标准封存（或撤销）申报表（如果适用）复印件一份；

11）可以证明计量标准具有相应测量能力的其他技术资料（如果适用）复印件一套。

3.《计量标准考核（复查）申请书》采用计算机打印，并使用 A4 纸。

注：新建计量标准申请考核时不必填写"计量标准考核证书号"。

计量标准名称	二等铂电阻温度计标准装置			计量标准考核证书号			
保存地点				计量标准原值（万元）			
计量标准类别	☑ 社会公用 ☑ 计量授权		□ 部门最高 □ 计量授权		□ 企事业最高 □ 计量授权		
测量范围	（-189.3442~300）℃						
不确定度或准确度等级或最大允许误差	二等标准						

	名　称	型　号	测量范围	不确定度或准确度等级或最大允许误差	制造厂及出厂编号	检定周期或复校间隔	末次检定或校准日期	检定或校准机构及证书号
计量标准器	标准铂电阻温度计		（-189.3442~419.527）℃	二等		2年		
	标准铂电阻温度计		（-189.3442~419.527）℃	二等		2年		
主要配套设备	测温仪		（0~400）Ω	$U_{rel}=2.5\times10^{-5}$ （$k=2$）		1年		
	标准水槽		室温~95℃	最大温差： 0.01℃ 温度波动性： 0.020℃/10min		2年		
	标准油槽		（90~300）℃	最大温差： 0.02℃ 温度波动性： 0.025℃/10min		2年		
	制冷恒温槽		（-80~80）℃	最大温差： 0.01℃ 温度波动性： 0.025℃/10min		2年		
	氮点比较槽		-196℃	孔间温差：1mK		2年		
	水三相点		0.01℃	$U=1.4$mK （$k=2$）		2年		

序号	项目	要　　求	实际情况	结论
1	温度	(15～35)℃	(15～35)℃	合格
2	湿度	30%RH～80%RH	30%RH～80%RH	合格
3				
4				
5				
6				
7				
8				

环境条件及设施

姓　名	性别	年龄	从事本项目年限	学　历	能力证明名称及编号	核准的检定或校准项目

检定或校准人员

	序号	名　称	是否具备	备注
文件集登记	1	计量标准考核证书（如果适用）	否	新建
	2	社会公用计量标准证书（如果适用）	否	新建
	3	计量标准考核（复查）申请书	是	
	4	计量标准技术报告	是	
	5	检定或校准结果的重复性试验记录	是	
	6	计量标准的稳定性考核记录	是	
	7	计量标准更换申请表（如果适用）	否	新建
	8	计量标准封存（或撤销）申报表（如果适用）	否	新建
	9	计量标准履历书	是	
	10	国家计量检定系统表（如果适用）	是	
	11	计量检定规程或计量技术规范	是	
	12	计量标准操作程序	是	
	13	计量标准器及主要配套设备使用说明书（如果适用）	是	
	14	计量标准器及主要配套设备的检定或校准证书	是	
	15	检定或校准人员能力证明	是	
	16	实验室的相关管理制度		
	16.1	实验室岗位管理制度	是	
	16.2	计量标准使用维护管理制度	是	
	16.3	量值溯源管理制度	是	
	16.4	环境条件及设施管理制度	是	
	16.5	计量检定规程或计量技术规范管理制度	是	
	16.6	原始记录及证书管理制度	是	
	16.7	事故报告管理制度	是	
	16.8	计量标准文件集管理制度	是	
	17	开展检定或校准工作的原始记录及相应的检定或校准证书副本	是	
	18	可以证明计量标准具有相应测量能力的其他技术资料（如果适用）		
	18.1	检定或校准结果的不确定度评定报告	是	
	18.2	计量比对报告	否	新建
	18.3	研制或改造计量标准的技术鉴定或验收资料	否	非自研

	名　称	测量范围	不确定度或准确度 等级或最大允许误差	所依据的计量检定规程 或计量技术规范的编号及名称
开 展 的 检 定 或 校 准 项 目	工业铂热电阻	$(-196 \sim 300)\,℃$	AA 级及以下	JJG 229—2010 《工业铂、铜热电阻》
	工业铜热电阻	$(-50 \sim 150)\,℃$	MPE：$\pm(0.30 + 0.006\,|t|)\,℃$	JJG 229—2010 《工业铂、铜热电阻》
	标准水银温度计	$(-60 \sim 300)\,℃$	$U = (0.03 \sim 0.05)\,℃$ $(k = 2)$	JJG 161—2010 《标准水银温度计》

建标单位意见	负责人签字：　　　　　　（公章） 年　　月　　日
建标单位 主管部门意见	（公章） 年　　月　　日
主持考核的 人民政府计量 行政部门意见	（公章） 年　　月　　日
组织考核的 人民政府计量 行政部门意见	（公章） 年　　月　　日

计 量 标 准 技 术 报 告

计量标准名称　__二等铂电阻温度计标准装置__

计量标准负责人　_____

建标单位名称　_____

填 写 日 期　_____

目　录

一、建立计量标准的目的

　　标准铂电阻温度计是 1990 年国际温标（ITS—90）定义的内插仪器，是接触测温领域重要的标准器，可直接用于准确度要求较高的温度测量，也可作为标准水银温度计、工业热电阻、精密温度计等大量温度传感器的标准器使用。建立二等铂电阻温度计标准装置，可以开展工业铂、铜热电阻，标准水银温度计，工作用玻璃液体温度计、标准铜－铜镍热电偶，工作用铜－铜镍热电偶等计量器具的量值传递工作，满足各级计量检定机构及企、事业单位的检定、校准需求，确保量值传递准确可靠。

二、计量标准的工作原理及其组成

　　整套装置由标准器和主要配套设备组成。标准器为二等标准铂电阻温度计，测温范围为（－189.3442～300）℃，主要配套设备为电测设备和恒温槽。

　　用该标准装置开展量值传递和校准工作主要采用比较法。依据相关的检定规程或技术规范的要求，将恒温槽控制在需要检定或校准的温度点，将二等标准铂电阻温度计和被检的计量器具按要求插入恒温槽。待温度稳定后，分别读取标准器和被检的读数，并依据相关的规程和技术规范进行数据处理。工作原理如图 1 所示。

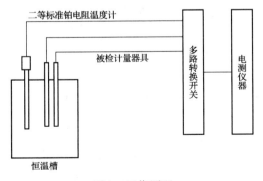

图 1　工作原理

三、计量标准器及主要配套设备

	名　称	型　号	测量范围	不确定度 或准确度等级 或最大允许误差	制造厂及 出厂编号	检定周 期或复 校间隔	检定或 校准机构
计 量 标 准 器	标准铂电阻 温度计		(-189.3442 ~ 419.527)℃	二等		2 年	
	标准铂电阻 温度计		(-189.3442 ~ 419.527)℃	二等		2 年	
主 要 配 套 设 备	测温仪		(0 ~ 400) Ω	$U_{rel} = 2.5 \times 10^{-5}$ $(k = 2)$		1 年	
	标准水槽		室温 ~ 95℃	最大温差: 0.01℃ 温度波动性: 0.020℃/10min		2 年	
	标准油槽		(90 ~ 300)℃	最大温差: 0.02℃ 温度波动性: 0.025℃/10min		2 年	
	制冷恒温槽		(-80 ~ 80)℃	最大温差: 0.01℃ 温度波动性: 0.025℃/10min		2 年	
	氮点比较槽		-196℃	孔间温差: 1mK		2 年	
	水三相点		0.01℃	$U = 1.4mK$ $(k = 2)$		2 年	

四、计量标准的主要技术指标

测量范围：（－189.3442～300）℃
准确度等级：二等标准

五、环境条件

序号	项目	要　　求	实际情况	结论
1	温度	（15～35）℃	（15～35）℃	合格
2	湿度	30% RH～80% RH	30% RH～80% RH	合格
3				
4				
5				
6				

六、计量标准的量值溯源和传递框图

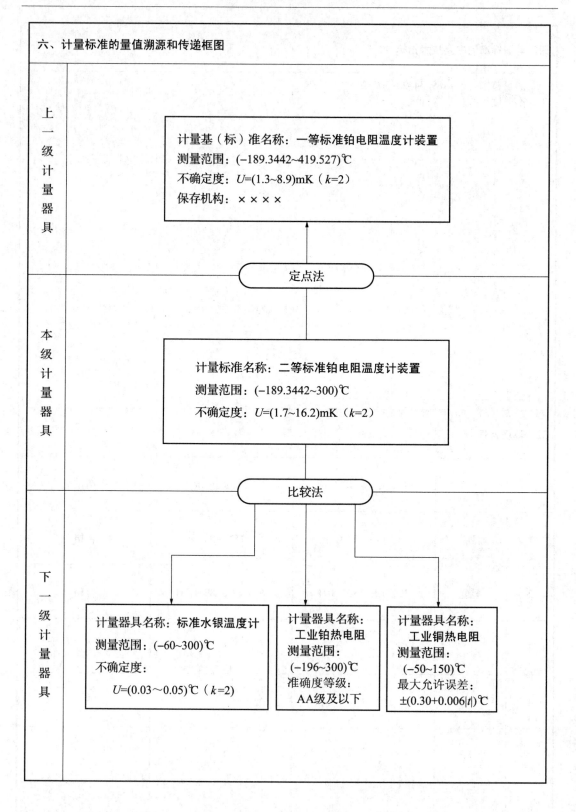

上一级计量器具

计量基（标）准名称：**一等标准铂电阻温度计装置**
测量范围：(-189.3442~419.527)℃
不确定度：U=(1.3~8.9)mK（k=2）
保存机构：××××

定点法

本级计量器具

计量标准名称：**二等标准铂电阻温度计装置**
测量范围：(-189.3442~300)℃
不确定度：U=(1.7~16.2)mK（k=2）

比较法

下一级计量器具

计量器具名称：**标准水银温度计**
测量范围：(-60~300)℃
不确定度：
　　U=(0.03~0.05)℃（k=2）

计量器具名称：
工业铂热电阻
测量范围：
(-196~300)℃
准确度等级：
AA级及以下

计量器具名称：
工业铜热电阻
测量范围：
(-50~150)℃
最大允许误差：
±(0.30+0.006|t|)℃

七、计量标准的稳定性考核

　　采用水三相点对标准器二等标准铂电阻温度计进行稳定性考核，每隔一段时间测量二等标准铂电阻温度计水三相点值，测量结果之间的最大差值的绝对值作为其稳定性数据，数据如下。

二等铂电阻温度计标准装置的稳定性考核记录

考核时间	2017 年 1 月 5 日	2017 年 3 月 2 日	2017 年 5 月 3 日	2017 年 7 月 4 日
核查标准	名称：标准铂电阻温度计　　　型号：WZPB　　编号：45011			
测量条件	水三相点	水三相点	水三相点	水三相点
测量次数	测得值/Ω	测得值/Ω	测得值/Ω	测得值/Ω
1	24. 68540	24. 68545	24. 68541	24. 68533
相邻两次变化量 $\mid y_i - y_{i-1} \mid$	—	0. 00005Ω 0. 5mK	0. 00004Ω 0. 4mK	0. 00008Ω 0. 8mK
最大变化量 $\overline{y}_{imax} - \overline{y}_{imin}$	0. 00012Ω 1. 2mK			
允许变化量	10mK/2 年			
结　　论	符合要求			
考核人员	×　×　×			

八、检定或校准结果的重复性试验

在重复性测量条件下，用编号为0113的二等标准铂电阻温度计作标准器，对被检的工业铂电阻温度计分别在0℃和100℃进行10次独立重复测量，试验数据如下。

二等铂电阻温度计标准装置的检定或校准结果的重复性试验记录

试验时间	2017 年 10 月 12 日			2017 年 10 月 12 日		
被测对象	名　称	型　号	编　号	名　称	型　号	编　号
	工业铂电阻温度计	Pt100	05111	工业铂电阻温度计	Pt100	05111
测量条件	0℃			100℃		
测量次数	测得值/Ω			测得值/Ω		
1	99.9740			138.4930		
2	99.9738			138.4935		
3	99.9742			138.4928		
4	99.9730			138.4940		
5	99.9739			138.4932		
6	99.9748			138.4938		
7	99.9751			138.4945		
8	99.9738			138.4929		
9	99.9737			138.4937		
10	99.9732			138.4940		
$\bar{y}$	99.9740			138.4935		
$s(y_i) = \sqrt{\dfrac{\sum_{i=1}^{n}(y_i-\bar{y})^2}{n-1}}$	0.00064Ω　1.6mK			0.00059Ω　1.5mK		
结　论	符合要求			符合要求		
试验人员	×××			×××		

九、检定或校准结果的不确定度评定

1　概述

工业铂热电阻具有性能稳定、灵敏度高、准确度高等优点，是中低温区常用的一种温度计量器具，广泛应用于石油化工、医疗卫生、航空航天等领域。下面以二等铂电阻温度计标准装置检定或校准 A 级工业铂热电阻为例进行不确定度分析。

1.1　测量依据：JJG 229—2010《工业铂、铜热电阻》。

1.2　计量标准：计量标准设备为二等铂电阻温度计标准装置，温度测量范围（ $-189.3442 \sim 419.527$ ）℃，计量标准器和配套设备主要技术指标见表1。

表1　计量标准器和配套设备技术指标

序号	设备名称	技术指标
1	二等标准铂电阻温度计	测量范围：（ $-189.3442 \sim 419.527$ ）℃ 标称值：100Ω
2	制冷恒温槽	最大温差：0.01℃ 温度波动性：0.025℃/10min
3	恒温油槽	最大温差：0.02℃ 温度波动性：0.025℃/10min
4	测温仪	测量范围：（ $0 \sim 400$ ）Ω 不确定度：$U_{rel} = 2.5 \times 10-5$（$k=2$）

其中二等标准铂电阻温度计的 R_{tp}，0℃、100℃电阻比值及电阻比值随温度的变化率见表2。

表2　二等标准铂电阻温度计信息

R_{tp}/Ω	0℃		100℃	
	W_0^S	$(\mathrm{d}W_t^S/\mathrm{d}t)_{t=0}$	W_{100}^S	$(\mathrm{d}W_t^S/\mathrm{d}t)_{t=100}$
100.0254	0.999960	0.00398741	1.392639	0.00386663

1.3　测量方法：采用比较法进行测量。将二等标准铂电阻温度计与被检的工业铂电阻同置于0℃和100℃温度点附近的恒温槽中，待槽温稳定后，测量标准与被检的值，由标准算出实际温度，然后通过公式计算出被检的实际值 R_0'、R_{100}'。

2　测量模型

检定点0℃，被检铂热电阻测量误差的测量模型为

$$\Delta t_0 = \frac{R_i - R_0}{(\mathrm{d}R/\mathrm{d}t)_{t=0}} - \left(\frac{R_i^*}{R_{tp}} - W_0^S\right) \Big/ (\mathrm{d}W_t^S/\mathrm{d}t)_{t=0} \tag{1}$$

检定点100℃，被检铂热电阻测量误差的测量模型为

$$\Delta t_{100} = \frac{R_h - R_{100}}{(\mathrm{d}R/\mathrm{d}t)_{t=100}} - \left(\frac{R_h^*}{R_{tp}} - W_{100}^S\right) \Big/ (\mathrm{d}W_t^S/\mathrm{d}t)_{t=100} \tag{2}$$

式中：Δt_0、Δt_{100}——被检样品在0℃、100℃点的示值偏差值，℃；

R_i、R_h——被检样品在0℃、100℃点的测量值，Ω；

R_i^*、R_h^*——标准铂电阻在0℃、100℃点的测量值，Ω；

R_{tp}——标准铂电阻温度计证书值，Ω；

R_0、R_{100}——被检样品在 0℃、100℃时的标称值，分别为 100.00Ω、138.51Ω；

W_0^S、W_{100}^S——标准铂电阻在 0℃、100℃时与水三相点温度时的电阻比；

$(\mathrm{d}R/\mathrm{d}t)_{t=0}$、$(\mathrm{d}R/\mathrm{d}t)_{t=100}$——被检样品在 0℃、100℃点电阻值对温度的变化率（Ω/℃），其值分别为 0.39083、0.37928；

$(\mathrm{d}W_i^S/\mathrm{d}t)_{t=0}$、$(\mathrm{d}W_t^S/\mathrm{d}t)_{t=100}$——标准铂电阻的电阻比对温度的变化率。

3　不确定度来源及合成方差

从上述测量模型中可以看出，0℃点的输入变量有：R_i、R_i^*、R_{tp} 和 W_0^S；100℃点的输入变量有：R_h、R_h^*、R_{tp} 和 W_{100}^S。

对测量模型式（1）全微分得

$$\mathrm{d}(\Delta t_0) = \frac{\mathrm{d}R_i}{(\mathrm{d}R/\mathrm{d}t)_{t=0}} - \frac{\mathrm{d}R_i^*}{R_{tp}(\mathrm{d}W_t^S/\mathrm{d}t)_{t=0}} + \frac{R_i^* \, \mathrm{d}R_{tp}}{R_{tp}^2(\mathrm{d}W_t^S/\mathrm{d}t)_{t=0}} + \frac{\mathrm{d}W_0^S}{(\mathrm{d}W_t^S/\mathrm{d}t)_{t=0}} \tag{3}$$

对测量模型式（2）全微分得

$$\mathrm{d}(\Delta t_{100}) = \frac{\mathrm{d}R_h}{(\mathrm{d}R/\mathrm{d}t)_{t=100}} - \frac{\mathrm{d}R_h^*}{R_{tp}(\mathrm{d}W_t^S/\mathrm{d}t)_{t=100}} + \frac{R_h^* \, \mathrm{d}R_{tp}}{R_{tp}^2(\mathrm{d}W_t^S/\mathrm{d}t)_{t=100}} + \frac{\mathrm{d}W_{100}^S}{(\mathrm{d}W_t^S/\mathrm{d}t)_{t=100}} \tag{4}$$

在测量过程中，由于 R_i 和 R_i^*、R_h 和 R_h^* 采用同一电测设备分别在同一时间、同一温场条件下测得，因此 R_i 和 R_i^*、R_h 和 R_h^* 分别相关，根据不确定度的传播律，0℃和100℃点的合成标准不确定度为

$$u_c(\Delta t) = \sqrt{c_1^2 u^2(R) + c_2^2 u^2(R^*) + c_3^2 u^2(R_{tp}) + c_4^2 u^2(W_t^S) + 2r(R, R^*)c_1 u(R)c_2 u(R^*) + \cdots} \tag{5}$$

0℃点各分量的灵敏系数为

$$c_1 = \frac{\partial f}{\partial R_i} \approx 2.56 \text{℃/Ω} \qquad c_2 = \frac{\partial f}{\partial R_i^*} \approx -2.51 \text{℃/Ω} \qquad c_3 = \frac{\partial f}{\partial R_{tp}} \approx 2.51 \text{℃/Ω} \qquad c_4 = \frac{\partial f}{\partial W_0^S} \approx 251 \text{℃}$$

0℃点 R_i 和 R_i^* 相关系数采用经验公式近似估计得

$$r(R_i, R_i^*) = \frac{u(R_i)R_{tp}(\mathrm{d}W_t^S/\mathrm{d}t)_{t=0}}{u(R_i^*)(\mathrm{d}R/\mathrm{d}t)_{t=0}} \approx 1.02\frac{u(R_i)}{u(R_i^*)}$$

100℃点各分量的灵敏系数为

$$c_1 = \frac{\partial f}{\partial R_h} \approx 2.64 \text{℃/Ω} \qquad c_2 = \frac{\partial f}{\partial R_h^*} \approx -2.59 \text{℃/Ω} \qquad c_3 = \frac{\partial f}{\partial R_{tp}} \approx 3.58 \text{℃/Ω} \qquad c_4 = \frac{\partial f}{\partial W_{100}^S} \approx 259 \text{℃}$$

100℃点 R_h 和 R_h^* 相关系数采用经验公式近似估计得

$$r(R_h, R_h^*) = \frac{u(R_h)R_{tp}(\mathrm{d}W_t^S/\mathrm{d}t)_{t=100}}{u(R_h^*)(\mathrm{d}R/\mathrm{d}t)_{t=100}} \approx 1.02\frac{u(R_i)}{u(R_i^*)}$$

4　各输入量的标准不确定度分量评定

4.1　被检的测量重复性引入的标准不确定度分量 u_{i1} 和 u_{h1}

对被检工业铂电阻在 0℃进行 10 次等精度重复测量，测得被检工业铂电阻数据见表 3。

表3　工业铂电阻重复性测量数据

测量次数	测得值/Ω	
	0℃	100℃
1	100.011	138.573
2	100.012	138.575
3	100.011	138.576

续表

测量次数	测得值/Ω	
	0℃	100℃
4	100.012	138.579
5	100.011	138.574
6	100.013	138.576
7	100.013	138.574
8	100.013	138.575
9	100.011	138.577
10	100.012	138.578
$\bar{x}$	100.012	138.576
$s(x) = \sqrt{\dfrac{\sum\limits_{i=1}^{n}(x_i - \bar{x})^2}{n-1}}$	$8.8 \times 10^{-4}\,\Omega$	$1.9 \times 10^{-3}\,\Omega$

实际测量时，以测得值的 4 次平均值为测量结果，则该项标准的不确定度为

$$u_{i1} = s(x) = 0.88\,\text{m}\Omega$$

换算成温度为

$$u_{i1} = 0.88/0.39083 = 2.25\,\text{mK}$$

同理得

$$u_{h1} = 5.01\,\text{mK}$$

4.2　恒温槽的温场均匀性引入的标准不确定分量 u_{i2} 和 u_{h2}

（1）制冷恒温槽插孔之间的温场均匀性不超过 0.01℃，其半宽区间为 0.005℃，均匀分布，则

$$u_{i2} = \frac{0.005}{\sqrt{3}}\,℃ = 2.89\,\text{mK}$$

（2）恒温油槽插孔之间的温场均匀性不超过 0.01℃，其半宽区间为 0.005℃，均匀分布，则

$$u_{h2} = \frac{0.005}{\sqrt{3}}\,℃ = 2.89\,\text{mK}$$

4.3　恒温槽的温场波动引入的标准不确定分量 u_{i3} 和 h_{h3}

（1）制冷恒温槽温度波动不超过 ±0.01℃/10min，其半宽区间为 0.01℃，均匀分布，则

$$u_{i3} = \frac{0.01}{\sqrt{3}}\,℃ = 5.77\,\text{mK}$$

（2）恒温油槽温度波动不超过 ±0.01℃/10min，其半宽区间为 0.01℃，均匀分布，则

$$u_{h3} = \frac{0.01}{\sqrt{3}}\,℃ = 5.77\,\text{mK}$$

4.4　转换开关的寄生电势引入的标准不确定度分量

转换开关接触电势通常 ≤0.4μV，测量过程中工作电流为 1mA，则换算为电阻为 0.4mΩ，按均匀分布处理。对标准铂电阻温度计的影响为：$\dfrac{0.0004/100.0254}{0.00398741} \approx 1.0\,\text{mK}$，对被检热电阻影响为：

$\dfrac{0.0004}{0.0039083} \approx 1.0\,\text{mK}$，因此忽略不计。

4.5 被检自热引入的标准不确定度分量 u_{i4} 和 u_{h4}

电测设备供感温元件的测量电流为 1mA，根据实际经验感温元件一般有约 $2m\Omega$ 的影响。均匀分布处理，$u_R = 2/\sqrt{3}m\Omega = 1.15m\Omega$，换算成温度为

$$u_{i4} = = 2.94mK$$

$$u_{h4} = 3.03mK$$

4.6 标准铂电阻温度计 R_{tp} 稳定性引入的标准不确定度分量 $u(R_{tp})$

二等标准铂电阻温度计在 R_{tp} 在检定周期内变化不超过 $\pm 10mK$，按均匀分布估计，取包含因子 $k = \sqrt{3}$，则

$$u(R_{tp}) = \frac{10}{\sqrt{3}} \times 0.39884 = 2.30m\Omega$$

4.7 标准铂电阻温度计 W_0^S 和 W_{100}^S 引入的标准不确定度分量 $u(W_0^S)$ 和 $u(W_{100}^S)$

根据标准铂电阻温度计检定规程对二等标准铂电阻温度计的稳定性要求，W_0^S 和 W_{100}^S 在周期内变化分别不超过 $\pm 10mK$ 和 $\pm 14mK$，按均匀分布估计，取包含因子 $k = \sqrt{3}$，则

$$u(W_0^S) = \frac{10 \times 10^{-3}}{\sqrt{3}} \times 0.00398741 = 0.0000230$$

$$u(W_{100}^S) = \frac{14 \times 10^{-3}}{\sqrt{3}} \times 0.0038663 = 0.0000313$$

4.8 电测设备引入的标准不确定度分量 $u(R_i)$、$u(R_i^*)$ 和 $u(R_h)$、$u(R_h^*)$

电测设备在测量过程中引入的不确定度为：$U_{rel} = 2.5 \times 10^{-5}$（$k = 2$）。在 0℃，电测设备对被检的影响为：$u(R_i) = \frac{U_{rel}}{2} \times R_i \approx 1.25m\Omega$；对标准的影响：$u(R_i^*) = \frac{U_{rel}}{2} \times R_i^* \approx 1.25m\Omega$，在测量过程中 R_i 和 R_i^* 相关，且相关系数为：$r(R_i, R_i^*) = 1.02 \frac{u(R_i)}{u(R_i^*)} = 1.04$。在 100℃，电测设备对被检的影响为：$u(R_h) = \frac{U_{rel}}{2} \times R_h \approx 1.73m\Omega$，对标准的影响为：$u(R_h^*) = \frac{U_{rel}}{2} \times R_h^* \approx 1.74m\Omega$，在测量过程中 R_i 和 R_i^* 相关，且相关系数为：$r(R_h, R_h^*) = 1.02 \frac{u(R_h)}{u(R_h^*)} = 1.03$。

5 各标准不确定度分量汇总（见表4、表5）

表4　0℃各标准不确定度分量汇总

不确定度来源	标准不确定度 $u(x_i)$		灵敏系数 c_i	相关系数	$\|c_i\|u(x_i)$
	符号	数值			
重复性	u_{i1}	2.25mK	1	0	2.25mK
恒温槽均匀性	u_{i2}	2.89mK	1	0	2.89mK
恒温槽波动性	u_{i3}	5.77mK	1	0	5.77mK
被检自热	u_{i4}	2.94mK	1	0	2.94mK
标准器 R_{tp}	$u(R_{tp})$	2.30mΩ	2.51℃/Ω	0	5.77mK
标准器 W_0^S	$u(W_0^S)$	0.0000230	251℃	0	5.77mK
电测设备	$u(R_i)$	1.25mΩ	2.56℃/Ω	1.04	3.20mK
	$u(R_i^*)$	1.25mΩ	-2.51℃/Ω		3.13mK

表5 100℃各标准不确定度分量汇总

不确定度来源	标准不确定度 $u(x_i)$		灵敏系数 c_i	相关系数	$|c_i|u(x_i)$
	符号	数值			
重复性	u_{h1}	5.01mK	1	0	5.01mK
恒温槽均匀性	u_{h2}	2.89mK	1	0	2.89mK
恒温槽波动性	u_{h3}	5.77mK	1	0	5.77mK
被检自热	u_{h4}	3.03mK	1	0	3.03mK
标准器 R_{tp}	$u(R_{tp})$	2.30mΩ	3.58℃/Ω	0	8.23mK
标准器 W_{100}^S	$u(W_{100}^S)$	0.0000313	259℃	0	8.11mK
电测设备	$u(R_h)$	1.73mΩ	2.64℃/Ω	1.03	4.56mK
	$u(R_h^*)$	1.74mΩ	-2.59℃/Ω		4.48mK

6 合成标准不确定度计算

根据式（5）计算0℃点和100℃点的合成标准不确定度为

$$u_c(\Delta t_0) = 11.0\text{mK}$$

$$u_c(\Delta t_{100}) = 14.4\text{mK}$$

7 扩展不确定度评定

取包含因子 $k=2$，则扩展不确定度为

0℃时：$U = k \cdot u_c(\Delta t_0) = 2 \times 11.0 = 22\text{mK}$

100℃时：$U = k \cdot u_c(\Delta t_{100}) = 2 \times 14.4 \approx 29\text{mK}$

十、检定或校准结果的验证

采用传递比较法对测量结果进行验证。选取一支工业铂电阻温度计（型号：Pt100，编号：A1003）在本单位二等铂电阻温度计标准装置上，分别在0℃、100℃点对其进行检定，并将该工业铂电阻温度计送检至某单位，与本单位检定结果进行比对，数据如下。

测量点 ℃	本单位数据		某单位数据		$\|y_{lab}-y_{ref}\|$ mK	$\sqrt{U_{lab}^2+U_{ref}^2}$ mK
	y_{lab} Ω	U_{lab}（$k=2$） mK	y_{ref} Ω	U_{ref}（$k=2$） mK		
0	100.027	22	100.024	23	7.7	31.8
100	138.574	29	138.575	30	2.6	41.0

测量结果均满足 $\|y_{lab}-y_{ref}\| \leqslant \sqrt{U_{lab}^2+U_{ref}^2}$，故本装置通过验证，符合要求。

十一、结论

　　经实验验证，本装置符合国家计量检定系统表和国家计量检定规程的要求，可以开展相应的检定及校准工作。

十二、附加说明

示例 3.3　一等铂铑 10-铂热电偶标准装置

计量标准考核（复查）申请书

[　] 量标　　证字第　　号

计量标准名称　<u>一等铂铑 10-铂热电偶标准装置</u>

计量标准代码　<u>　　　04113211　　　</u>

建标单位名称　<u>　　　　　　　　　　　</u>

组织机构代码　<u>　　　　　　　　　　．　</u>

单 位 地 址　<u>　　　　　　　　　　　</u>

邮 政 编 码　<u>　　　　　　　　　　　</u>

计量标准负责人及电话　<u>　　　　　　　　</u>

计量标准管理部门联系人及电话　<u>　　　　　</u>

年　　　月　　　日

说　　明

1. 申请新建计量标准考核，建标单位应当提供以下资料：

1）《计量标准考核（复查）申请书》原件一式两份和电子版一份；

2）《计量标准技术报告》原件一份；

3）计量标准器及主要配套设备有效的检定或校准证书复印件一套；

4）开展检定或校准项目的原始记录及相应的模拟检定或校准证书复印件两套；

5）检定或校准人员能力证明复印件一套；

6）可以证明计量标准具有相应测量能力的其他技术资料（如果适用）复印件一套。

2. 申请计量标准复查考核，建标单位应当提供以下资料：

1）《计量标准考核（复查）申请书》原件一式两份和电子版一份；

2）《计量标准考核证书》原件一份；

3）《计量标准技术报告》原件一份；

4）《计量标准考核证书》有效期内计量标准器及主要配套设备连续、有效的检定或校准证书复印件一套；

5）随机抽取该计量标准近期开展检定或校准工作的原始记录及相应的检定或校准证书复印件两套；

6）《计量标准考核证书》有效期内连续的《检定或校准结果的重复性试验记录》复印件一套；

7）《计量标准考核证书》有效期内连续的《计量标准的稳定性考核记录》复印件一套；

8）检定或校准人员能力证明复印件一套；

9）计量标准更换申报表（如果适用）复印件一份；

10）计量标准封存（或撤销）申报表（如果适用）复印件一份；

11）可以证明计量标准具有相应测量能力的其他技术资料（如果适用）复印件一套。

3.《计量标准考核（复查）申请书》采用计算机打印，并使用 A4 纸。

注：新建计量标准申请考核时不必填写"计量标准考核证书号"。

计量标准 名　称	一等铂铑 10-铂热电偶标准装置			计量标准 考核证书号			
保存地点				计量标准 原值（万元）			
计量标准 类　别	☑ 社会公用 ☑ 计量授权		□ 部门最高 □ 计量授权		□ 企事业最高 □ 计量授权		
测量范围	(419.527 ~ 1084.62)℃						
不确定度或 准确度等级或 最大允许误差	一等						

	名　称	型　号	测量范围	不确定度 或准确度等级 或最大允许误差	制造厂及 出厂编号	检定周 期或复 校间隔	末次检 定或校 准日期	检定或校 准机构及 证书号
计量标准器	标准铂铑 10- 铂热电偶		(419.527 ~ 1084.62)℃	一等		1 年		
	标准铂铑 10- 铂热电偶		(419.527 ~ 1084.62)℃	一等		1 年		
主要配套设备	数字多用表		(0 ~ 200)mV	0.005 级		1 年		
	热电偶卧式 检定炉		(300 ~ 1100)℃	温度最高点 ±20mm 内, 温度变化梯度 ≤0.4℃/10mm		1 年		
	热电偶卧式 检定炉		(300 ~ 1200)℃	有效工作区域: 轴向 30mm 内, 任意两点温差 绝对值≤0.5℃； 径向半径不小 于 14mm 范围内, 任意两点温差 绝对值≤0.25℃		1 年		
	热电偶卧式 退火炉		1100℃	具有(1100±20)℃ 的均匀温场, 均匀温场长度 ≥400mm		1 年		
	转换开关		—	各路寄生电势及 各路寄生电势 之差≤0.4μV		1 年		

	序号	项目	要　　求	实　际　情　况	结论
环境条件及设施	1	温度	(23±3)℃	(23±2)℃	合格
	2	湿度	<80% RH	<80% RH	合格
	3				
	4				
	5				
	6				
	7				
	8				

	姓　名	性别	年龄	从事本项目年限	学　历	能力证明名称及编号	核准的检定或校准项目
检定或校准人员							

	序号	名　称	是否具备	备注
文件集登记	1	计量标准考核证书（如果适用）	否	新建
	2	社会公用计量标准证书（如果适用）	否	新建
	3	计量标准考核（复查）申请书	是	
	4	计量标准技术报告	是	
	5	检定或校准结果的重复性试验记录	是	
	6	计量标准的稳定性考核记录	是	
	7	计量标准更换申请表（如果适用）	是	
	8	计量标准封存（或撤销）申报表（如果适用）	否	新建
	9	计量标准履历书	否	新建
	10	国家计量检定系统表（如果适用）	是	
	11	计量检定规程或计量技术规范	是	
	12	计量标准操作程序	是	
	13	计量标准器及主要配套设备使用说明书（如果适用）	是	
	14	计量标准器及主要配套设备的检定或校准证书	是	
	15	检定或校准人员能力证明	是	
	16	实验室的相关管理制度		
	16.1	实验室岗位管理制度	是	
	16.2	计量标准使用维护管理制度	是	
	16.3	量值溯源管理制度	是	
	16.4	环境条件及设施管理制度	是	
	16.5	计量检定规程或计量技术规范管理制度	是	
	16.6	原始记录及证书管理制度	是	
	16.7	事故报告管理制度	是	
	16.8	计量标准文件集管理制度	是	
	17	开展检定或校准工作的原始记录及相应的检定或校准证书副本	是	
	18	可以证明计量标准具有相应测量能力的其他技术资料（如果适用）		
	18.1	检定或校准结果的不确定度评定报告	是	
	18.2	计量比对报告	否	新建
	18.3	研制或改造计量标准的技术鉴定或验收资料	否	非自研

	名　　称	测量范围	不确定度或准确度 等级或最大允许误差	所依据的计量检定规程 或计量技术规范的编号及名称
开 展 的 检 定 或 校 准 项 目	标准铂铑 10- 铂热电偶	(419.527 ~ 1084.62)℃	二等	JJG 75—1995 《标准铂铑 10-铂热电偶》
	工作用铂铑 10- 铂热电偶、工作用 铂铑 13-铂热电偶	(419.527 ~ 1084.62)℃	Ⅰ级、Ⅱ级	JJG 141—2013 《工作用贵金属热电偶》
	廉金属热电偶	(300 ~ 1200)℃	1 级、2 级	JJF 1637—2017 《廉金属热电偶校准规范》
	铠装热电偶	(300 ~ 1100)℃	1 级、2 级	JJF 1262—2010 《铠装热电偶校准规范》

建标单位意见	 　　　　　　　　　　　　负责人签字：　　　　　（公章） 　　　　　　　　　　　　　　　　年　　月　　日
建标单位 主管部门意见	 　　　　　　　　　　　　　　　　　　　　（公章） 　　　　　　　　　　　　　　　　年　　月　　日
主持考核的 人民政府计量 行政部门意见	 　　　　　　　　　　　　　　　　　　　　（公章） 　　　　　　　　　　　　　　　　年　　月　　日
组织考核的 人民政府计量 行政部门意见	 　　　　　　　　　　　　　　　　　　　　（公章） 　　　　　　　　　　　　　　　　年　　月　　日

计 量 标 准 技 术 报 告

计量标准名称　　一等铂铑 10-铂热电偶标准装置　

计量标准负责人　　　　　　　　　　　　　　　　

建标单位名称　　　　　　　　　　　　　　　　　

填 写 日 期

目 录

一、建立计量标准的目的

热电偶是测温领域中用途最广泛的温度传感器之一。在 ITS—90 温标中，温度范围为(419.527～1084.62)℃时，一等标准铂铑 10-铂热电偶是仅次于标准组热电偶的最高标准器。一等铂铑 10-铂热电偶标准装置担负着热电偶量值传递工作，用于溯源二等铂铑 10-铂热电偶、工作用铂铑 10-铂热电偶、工作用铂铑 13-铂热电偶、廉金属热电偶、铠装热电偶等计量器具。

同时，计量部门将二等铂铑 10-铂热电偶作为溯源 2 级铠装热电偶和 2 级廉金属热电偶标准器使用。企、事业现场中可以直接使用工作用铂铑 10-铂热电偶、工作用铂铑 13-铂热电偶、廉金属热电偶、铠装热电偶等仪器测量温度示值。

所以，一等铂铑 10-铂热电偶标准装置是热电偶传递系统中的重要标准装置，其传递量值的准确性直接关系到温度测量的正确性。因此，建立一等铂铑 10-铂热电偶标准装置对温标的传递具有重要意义，是社会工业生产、医疗卫生温度测量方面的重要保障。

二、计量标准的工作原理及其组成

温度测量是通过测量物质的某一种随冷热程度产生单位变化的物理特性来实现的。温度计量就是利用各种物质的这种特性研究测量温度的技术。如图 1 所示，热电偶是一种由两种不同的金属丝在其一端互相焊接成的测温元件。它是通过测量热电偶输出的热电势值变化达到测量温度的目的。

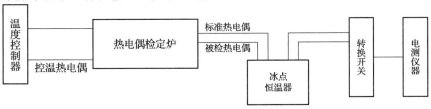

图 1　工作原理

一等标准铂铑 10-铂热电偶的测温范围为(419.527～1084.62)℃，开展的检定和校准项目是二等标准铂铑 10-铂热电偶，工作用铂铑 10-铂热电偶，工作用铂铑 13-铂热电偶，廉金属热电偶，铠装热电偶。选定检定或者校准的方法为比较法。根据 JJG 75—1995《标准铂铑 10-铂热电偶》、JJG 141—2013《工作用贵金属热电偶》、JJF 1637—2017《廉金属热电偶校准规范》和 JJF 1262—2010《铠装热电偶校准规范》的技术要求，标准装置由一等标准铂铑 10-铂热电偶、电测仪器、热电偶检定炉、冰点恒温器、转换开关组成。

采用比较法测量，测量时把被测热电偶与标准热电偶捆扎在一起，放入检定炉内。使其与标准处于相同温度，测量其与标准热电偶的偏差电势，通过下式计算在检定温度点上的热电势值而达到分度的目的。

$$E_{被} = E_{标} + \Delta E$$

式中：$E_{被}$——被测热偶在测量温度点上的电势值；

$E_{标}$——标准热偶在测量温度点上的热电势值（证书值）；

ΔE——测量时测得的被测热电偶与标准热电偶的热电势平均值之差。

三、计量标准器及主要配套设备

	名　称	型　号	测量范围	不确定度 或准确度等级 或最大允许误差	制造厂及 出厂编号	检定周 期或复 校间隔	检定或 校准机构
计 量 标 准 器	标准铂铑 10- 铂热电偶		(419.527 ~ 1084.62)℃	一等		1 年	
	标准铂铑 10- 铂热电偶		(419.527 ~ 1084.62)℃	一等		1 年	
主 要 配 套 设 备	数字多用表		(0 ~ 200)mV	0.005 级		1 年	
	热电偶卧式 检定炉		(300 ~ 1100)℃	温度最高点 ±20mm 内, 温度变化梯度 ≤0.4℃/10mm		1 年	
	热电偶卧式 检定炉		(300 ~ 1200)℃	有效工作区域:轴 向 30mm 内,任意 两点温差绝对值 ≤0.5℃;径向半径 不小于 14mm 范围 内,任意两点温差 绝对值≤0.25℃		1 年	
	热电偶卧式 退火炉		1100℃	具有(1100 ±20)℃ 的均匀温场, 均匀温场长度 ≥400mm		1 年	
	转换开关		—	各路寄生电势及 各路寄生电势 之差≤0.4μV		1 年	

四、计量标准的主要技术指标

测量范围:$(419.527 \sim 1084.62)$ ℃

扩展不确定度:$U = (0.4 \sim 0.6)$ ℃ $\quad (k = 2.85)$

五、环境条件

序号	项目	要 求	实 际 情 况	结论
1	温度	(23 ± 3) ℃	(23 ± 2) ℃	合格
2	湿度	$< 80\%$ RH	$< 80\%$ RH	合格
3				
4				
5				
6				

六、计量标准的量值溯源和传递框图

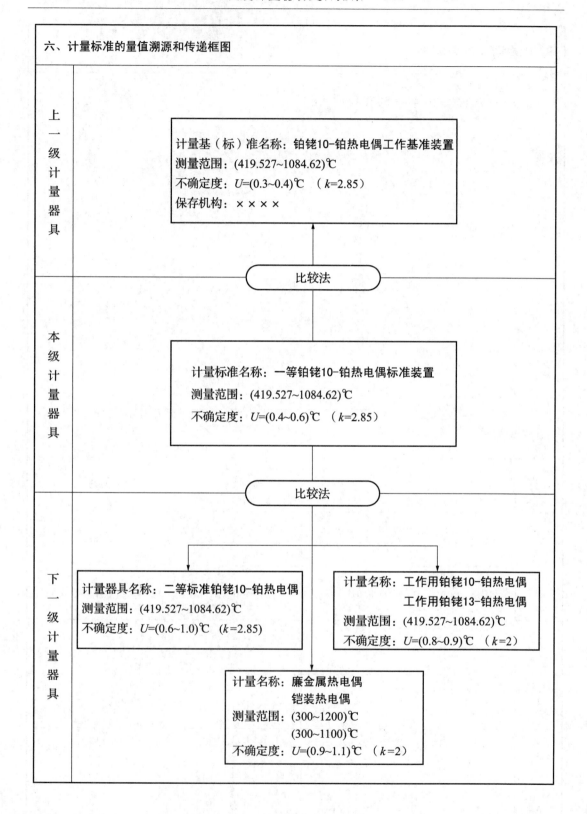

上一级计量器具

计量基（标）准名称：铂铑10-铂热电偶工作基准装置
测量范围：(419.527~1084.62)℃
不确定度：U=(0.3~0.4)℃　（k=2.85）
保存机构：××××

比较法

本级计量器具

计量标准名称：一等铂铑10-铂热电偶标准装置
测量范围：(419.527~1084.62)℃
不确定度：U=(0.4~0.6)℃　（k=2.85）

比较法

下一级计量器具

计量器具名称：二等标准铂铑10-铂热电偶
测量范围：(419.527~1084.62)℃
不确定度：U=(0.6~1.0)℃　（k=2.85）

计量名称：工作用铂铑10-铂热电偶
　　　　　工作用铂铑13-铂热电偶
测量范围：(419.527~1084.62)℃
不确定度：U=(0.8~0.9)℃　（k=2）

计量名称：廉金属热电偶
　　　　　铠装热电偶
测量范围：(300~1200)℃
　　　　　(300~1100)℃
不确定度：U=(0.9~1.1)℃　（k=2）

七、计量标准的稳定性考核

<table>
<tr><th colspan="5" align="center">一等铂铑10-铂热电偶标准装置的稳定性考核记录</th></tr>
<tr><td>考核时间</td><td>2017 年 4 月 7 日</td><td>2017 年 5 月 9 日</td><td>2017 年 6 月 18 日</td><td>2017 年 7 月 30 日</td></tr>
<tr><td>核查标准</td><td colspan="4">名称：一等铂铑10-铂热电偶　　型号：铂铑10-铂　　编号：83102</td></tr>
<tr><td>测量条件</td><td>22℃；65% RH</td><td>21℃；60% RH</td><td>21℃；58% RH</td><td>21℃；62% RH</td></tr>
<tr><td>测量次数</td><td>测得值/mV</td><td>测得值/mV</td><td>测得值/mV</td><td>测得值/mV</td></tr>
<tr><td>1</td><td>10.5778</td><td>10.5770</td><td>10.5769</td><td>10.5773</td></tr>
<tr><td>2</td><td>10.5777</td><td>10.5770</td><td>10.5768</td><td>10.5773</td></tr>
<tr><td>3</td><td>10.5777</td><td>10.5779</td><td>10.5768</td><td>10.5775</td></tr>
<tr><td>4</td><td>10.5776</td><td>10.5779</td><td>10.5767</td><td>10.5777</td></tr>
<tr><td>5</td><td>10.5776</td><td>10.5779</td><td>10.5766</td><td>10.5777</td></tr>
<tr><td>6</td><td>10.5775</td><td>10.5778</td><td>10.5766</td><td>10.5778</td></tr>
<tr><td>7</td><td>10.5774</td><td>10.5778</td><td>10.5765</td><td>10.5772</td></tr>
<tr><td>8</td><td>10.5774</td><td>10.5777</td><td>10.5764</td><td>10.5776</td></tr>
<tr><td>9</td><td>10.5773</td><td>10.5776</td><td>10.5764</td><td>10.5774</td></tr>
<tr><td>10</td><td>10.5772</td><td>10.5776</td><td>10.5763</td><td>10.5772</td></tr>
<tr><td>$\bar{y}_i$</td><td>10.5775</td><td>10.5776</td><td>10.5766</td><td>10.5775</td></tr>
<tr><td>变化量 $|\bar{y}_i - \bar{y}_{i-1}|$</td><td>—</td><td>0.0001mV</td><td>0.0010mV</td><td>0.0009mV</td></tr>
<tr><td>允许变化量</td><td>—</td><td>0.0030mV</td><td>0.0030mV</td><td>0.0030mV</td></tr>
<tr><td>结　　论</td><td>—</td><td>符合要求</td><td>符合要求</td><td>符合要求</td></tr>
<tr><td>考核人员</td><td>×××</td><td>×××</td><td>×××</td><td>×××</td></tr>
</table>

八、检定或校准结果的重复性试验

一等铂铑 10-铂热电偶标准装置的检定或校准结果的重复性试验记录

试验时间	2017 年 5 月 10 日			2017 年 6 月 15 日		
被测对象	名　称	型　号	编　号	名　称	型　号	编　号
	二等铂铑 10-铂热电偶	铂铑 10-铂	S14-4297	二等铂铑 10-铂热电偶	铂铑 10-铂	S14-4297
测量条件	21℃；66% RH			21℃；62% RH		
测量次数	测得值/mV			测得值/mV		
1	10.574			10.578		
2	10.573			10.568		
3	10.573			10.577		
4	10.572			10.578		
5	10.573			10.577		
6	10.574			10.578		
7	10.575			10.576		
8	10.573			10.576		
9	10.575			10.578		
10	10.575			10.577		
$\bar{y}$	10.574			10.577		
$s(y_i) = \sqrt{\dfrac{\sum\limits_{i=1}^{n}(y_i - \bar{y})^2}{n-1}}$	0.001 mV			0.001 mV		
结　论	符合要求			符合要求		
试验人员	× × ×			× × ×		

九、检定或校准结果的不确定度评定

1 概述

采用标准铂铑 10-铂热电偶标准装置溯源热电偶，均是将标准器和被检热电偶的测量端置于检定炉中，参考端置于冰点恒温器中，采用比较法进行检定。下面以在铜点（1084.62℃）检定二等标准铂铑 10-铂热电偶为例，进行不确定度分析。

计量标准器、主要配套设备及技术指标见表 1。

表 1   计量标准器和配套设备技术指标

序号	设 备 名 称	技 术 指 标	
1	一等铂铑 10-铂热电偶	测量范围： （419.527 ~ 1084.62）℃	其年热电势变化（不稳定性）： ±5μV
2	检定炉	炉温最高点 ±20mm 内，温度梯度≤0.4℃/10mm 的温场。 升温至设定温度时炉温场变化小于 0.1℃/min 时，开始测量	
3	电测设备	0.005 级，分辨力不低于 0.1μV	
4	转换开关	寄生电动势不大于 0.4μV	
5	冰点恒温器	所有热电偶参考端和铜导线的接点相互温差≤0.05℃	

2 测量模型

被检铂铑 10-铂热电偶的测量模型为

$$E_{被}(t) = E_{标证}(t) + [e_P(t) - e_N(t)] \tag{1}$$

式中：$E_{被}(t)$——被检热电偶在各检定点上的热电动势，mV；

　　　$E_{标证}(t)$——标准热电偶证书上给出的热电动势值，mV；

　　　$e_P(t)$——分度时，被检热电偶正极与标准热电偶正极间产生的热电动势，mV；

　　　$e_N(t)$——分度时，被检热电偶负极与标准热电偶负极间产生的热电动势，mV。

3 合成方差及灵敏系数

$$u_c^2 = c_1^2 u^2(E_{标证}) + c_2^2 u^2(e_P) + c_3^2 u^2(e_N) \tag{2}$$

式中：c_1、c_2、c_3——灵敏系数，$c_1 = 1$，$c_2 = 1$，$c_3 = -1$；

　　　u_c——被检热电偶分度结果的合成标准不确定度；

　　$u(E_{标证})$——标准热电偶证书值有关的标准不确定度分量；

　　$u(e_P)$——分度时，被检热电偶正极与标准热电偶正极间偏差有关的标准不确定度分量；

　　$u(e_N)$——分度时，被检热电偶负极与标准热电偶负极间偏差有关的标准不确定度分量。

4 各输入量的标准不确定度分量评定

4.1 标准热电偶证书值有关的标准不确定度分量 $u(E_{标证})$

（1）标准热电偶在各固定点分度值引入的标准不确定度分量 $u_1(E_{标证})$

由标准热电偶测量结果的不确定度分析报告可知，在铜点为 $U(E_{标证铜}) = 0.57℃$（$k = 2.85$）。服从正态分布，其对应的标准不确定度分量为

$$u_1(E_{标证}) = 2.360μV$$

（2）标准热电偶年不稳定性引入的标准不确定度分量 $u_2(E_{标证})$

实验室实际测得标准铜点变换为 $4.9\mu V$，包含因子 $k_{标证}=3$，半宽度 $a_{标证}=4.9\mu V$，则

$$u_2(E_{标证})=4.9/3=1.633\mu V$$

以上各项彼此独立不相关，则

$$u(E_{标证})=\sqrt{u_1^2(E_{标证})+u_2^2(E_{标证})}=2.870\mu V$$

4.2 分度时，被检热电偶正极与标准热电偶正极间偏差有关的标准不确定度分量 $u(e_P)$

4.2.1 对被检、标准热电偶正极间所产生热电动势的测量重复性引入的标准不确定度分量 $u_1(e_P)$

标准不确定度 $u_1(e_P)$ 采用 A 类方法进行评定。

将一支被检热电偶用一支标准热电偶作为测量标准，对它在铜点时被检、标准热电偶正极间产生的热电势 $e_P(t)$ 进行 10 次等精度重复测量，测得数据（单位：μV）：2.7、2.5、2.6、2.5、2.6、2.6、2.6、2.4、2.7、2.5。可得

$$\bar{e}_P(t')\approx 2.6\mu V$$

单次实验标准差为

$$s=\sqrt{\frac{\sum_{i=1}^{n}\left[e_{P_i}(t')-\bar{e}_P(t')\right]^2}{n=1}}\approx 0.095\mu V$$

实际测量时，测量次数为 4 次，以测得值的平均值为测量结果，则该结果的标准不确定度为

$$u_1(e_P)=u_1(\bar{e}_P)=\frac{s}{\sqrt{k}}=\frac{0.095}{2}\approx 0.048\mu V$$

4.2.2 数字多用表测量误差引入的标准不确定度分量 $u_2(e_P)$

测量时，测量仪器为 KEI 181 数字多用表，其年最大允许误差为 ±（0.0014% 读数 + 0.00025% 量程）。该标准不确定度分量是由电测示值误差以及正反向测量误差引起的，因微小而忽略。

4.2.3 检定炉温场均匀性（分布不均）引入的标准不确定度分量 $u_3(e_P)$

该标准不确定度分量是由标准与被检热电偶工作端接触差异以及在检定炉工作温场中放置不重复性引起的，采用 B 类方法进行评定。由 JJG 75—1995 中 8.3 的要求可知，在炉温最高点 ±20mm 内，分度炉温度梯度为 ≤0.4℃/cm，由经验可得：因捆扎和热电偶在检定炉工作温场中放置不重复性引起测量结果变化 ≤±3.54μV，在区间内可认为服从正态分布，取包含因子 $k=3$，半宽度为 $3.54\mu V$，则

$$u_3(e_P)=3.54/3\approx 1.180\mu V$$

4.2.4 测量回路寄生电势引入的标准不确定度 $u_4(e_P)$

用 B 类方法进行评定。转换开关最大寄生电动势不大于 0.4μV，区间半宽度为 0.4μV，按均匀分布处理，则

$$u_4(e_P)=0.4/\sqrt{3}\approx 0.231\mu V$$

4.2.5 被检热电偶参考端温度均匀性（分布不均）引入的标准不确定度分量 $u_5(e_P)$

用 B 类方法进行评定。由经验和试验可知：被检热电偶参考端为（0±0.04）℃，区间半宽度为 0.04℃，换算成电势值为 0.472μV，按均匀分布处理，则

$$u_5(e_P)=0.472/\sqrt{3}\approx 0.272\mu V$$

4.2.6 炉温变化引入的标准不确定度分量 $u_6(e_P)$

该标准不确定度分量是由炉温变化率引起的，测量时炉温可控制在 0.1℃/min，用 B 类方法进行评定。按均匀分布计算，则

$$u_6(e_P)=\frac{1.18}{\sqrt{3}}\approx 0.681\mu V$$

以上各项彼此独立不相关，则

$$u(e_P) = \sqrt{u_1^2(e_P) + u_2^2(e_P) + u_3^2(e_P) + u_4^2(e_P) + u_5^2(e_P) + u_6^2(e_P)}$$

$$= \sqrt{0.048^2 + 1.180^2 + 0.231^2 + 0.272^2 + 0.681^2} \approx 1.409\mu V$$

4.3　分度时，被检热电偶负极与标准热电偶负极间偏差有关的不确定度分量 $u(e_N)$

由于各输入量测量时的测量方式、使用设备、结果大小范围的情况类似，故 $u(e_N)$ 的评定方法与 $u(e_P)$ 一致，数据相同。

5　各标准不确定度分量汇总（见表 2 ~ 表 4）

表 2　二等标准铂铑 10-铂各标准不确定度分量一览表（铜点）

	符　号	不确定度来源	类别	分布	标准不确定度值 $u(x_i)/\mu V$	灵敏系数 c_i
铜点	$u(E_{标证})$				2.870	1
	$u_1(E_{标证})$	铜点标准偶不确定度	B	正态	2.360	
	$u_2(E_{标证})$	标准偶年不稳定性	B	正态	1.633	
	$u(e_P)$				1.409	1
	$u_1(e_P)$	测量重复性	A	t	0.048	
	$u_3(e_P)$	检定炉温场均匀性	B	正态	1.180	
	$u_4(e_P)$	测量回路寄生电势	B	均匀	0.231	
	$u_5(e_P)$	参考端温度均匀性	B	均匀	0.272	
	$u_6(e_P)$	炉温变化	B	均匀	0.681	
	$u(e_N)$				1.409	-1
	$u_1(e_N)$	测量重复性	A	t	0.048	
	$u_3(e_N)$	检定炉温场均匀性	B	正态	1.180	
	$u_4(e_N)$	测量回路寄生电势	B	均匀	0.231	
	$u_5(e_N)$	参考端温度均匀性	B	均匀	0.272	
	$u_6(e_N)$	炉温变化	B	均匀	0.681	

表 3　二等标准铂铑 10-铂各标准不确定度分量一览表（锌点）

	符　号	不确定度来源	类别	分布	标准不确定度值 $u(x_i)/\mu V$	灵敏系数 c_i
锌点	$u(E_{标证锌})$				1.359	1
	$u_1(E_{标证锌})$	锌点标准偶不确定度	B	正态	1.352	
	$u_2(E_{标证锌})$	标准偶年不稳定性	B	正态	0.133	
	$u(e_{P锌})$				1.159	1
	$u_1(e_{P锌})$	测量重复性	A	t	0.048	
	$u_3(e_{P锌})$	检定炉温场均匀性	B	正态	0.964	

续表

符　　号	不确定度来源	类别	分布	标准不确定度值 $u(x_i)/\mu V$	灵敏系数 c_i
$u_4(e_{P锌})$	测量回路寄生电势	B	均匀	0.231	
$u_5(e_{P锌})$	参考端温度均匀性	B	均匀	0.223	1
$u_6(e_{P锌})$	炉温变化	B	均匀	0.556	
$u(e_{N锌})$				1.159	−1
$u_1(e_{N锌})$	测量重复性	A	t	0.048	
$u_3(e_{N锌})$	检定炉温场均匀性	B	正态	0.964	
$u_4(e_{N锌})$	测量回路寄生电势	B	均匀	0.231	
$u_5(e_{N锌})$	参考端温度均匀性	B	均匀	0.223	
$u_6(e_{N锌})$	炉温变化	B	均匀	0.556	

（注：首列为"锌点"，跨多行）

表4　二等标准铂铑 10-铂各标准不确定度分量一览表（铝点）

符　　号	不确定度来源	类别	分布	标准不确定度值 $u(x_i)/\mu V$	灵敏系数 c_i
$u(E_{标证铝})$				1.943	1
$u_1(E_{标证铝})$	铝点标准偶不确定度	B	正态	1.825	
$u_2(E_{标证铝})$	标准偶年不稳定性	B	正态	0.667	
$u(e_{P铝})$				1.247	1
$u_1(e_{P铝})$	测量重复性	A	t	0.048	
$u_3(e_{P铝})$	检定炉温场均匀性	B	正态	1.040	
$u_4(e_{P铝})$	测量回路寄生电势	B	均匀	0.231	
$u_5(e_{P铝})$	参考端温度均匀性	B	均匀	0.240	
$u_6(e_{P铝})$	炉温变化	B	均匀	0.600	
$u(e_{N铝})$				1.247	−1
$u_1(e_{N铝})$	测量重复性	A	t	0.048	
$u_3(e_{N铝})$	检定炉温场均匀性	B	正态	1.040	
$u_4(e_{N铝})$	测量回路寄生电势	B	均匀	0.231	
$u_5(e_{N铝})$	参考端温度均匀性	B	均匀	0.240	
$u_6(e_{N铝})$	炉温变化	B	均匀	0.600	

（注：首列为"铝点"，跨多行）

6　合成标准不确定度计算

以上各输入量的标准不确定度分量彼此独立不相关，则其铜点的合成标准不确定度为

$$u_c = \sqrt{\sum_{i=1}^{n} c_i^2 u_i^2} = \sqrt{2.870^2 + 1.409^2 + 1.409^2} \approx 4.282 \mu V$$

7 扩展不确定度评定

取包含因子 $k = 2.85$，则扩展不确定度为

$$U = k \cdot u_c = 2.85 \times 4.282 = 12.204 \mu V$$

换算成温度为

$$U = \frac{12.204 \mu V}{11.80 \mu V/℃} \approx 1.0 ℃$$

根据表3、表4可以求得锌点（419.527℃）扩展不确定度为 $U = 0.6℃$ （$k = 2.85$），铝点（660.323℃）扩展不确定度为 $U = 0.8℃$ （$k = 2.85$）。得到二等标准铂铑10-铂热电偶在三个固定点热电动势的分度结果的扩展不确定度范围为

$$U = (0.6 \sim 1.0)℃ \quad (k = 2.85)$$

十、检定或校准结果的验证

采用传递比较法对测量结果进行验证。用编号为 2002-06 的热电偶标准组与编号为 83102 一等标准热电偶分别检定一支二等标准热电偶（编号为 S14-4297），检定数据如下。

测量点/℃	本　装　置		标准组装置		$\|y_{lab}-y_{ref}\|$ /mV	$\sqrt{U_{lab}^2+U_{ref}^2}$ /℃
	y_{lab}/mV	U_{lab}（$k=2.85$）/℃	y_{ref}/mV	U_{ref}（$k=2.85$）/℃		
锌点（419.527）	3.445	0.6	3.444	0.4	0.001	0.7
铝点（660.323）	5.858	0.8	5.857	0.5	0.001	0.9
铜点（1084.62）	10.577	1.0	10.575	0.6	0.002	1.2

测量结果均满足 $|y_{lab}-y_{ref}| \leqslant \sqrt{U_{lab}+U_{ref}}$，故本装置通过验证，符合要求。

十一、结论

　　经实验验证，本装置符合国家计量检定系统表和国家计量检定规程的要求，可以开展相应的检定及校准工作。

十二、附加说明

示例 3.4　二等铂铑 30-铂铑 6 热电偶标准装置

计量标准考核（复查）申请书

[　　]　量标　　　证字第　　　号

计量标准名称　二等铂铑 30-铂铑 6 热电偶标准装置

计量标准代码＿＿＿＿＿＿＿04113223＿＿＿＿＿＿＿

建标单位名称＿＿＿＿＿＿＿＿＿＿＿＿＿＿＿＿＿＿

组织机构代码＿＿＿＿＿＿＿＿＿＿＿＿＿＿＿＿＿＿

单 位 地 址＿＿＿＿＿＿＿＿＿＿＿＿＿＿＿＿＿＿

邮 政 编 码＿＿＿＿＿＿＿＿＿＿＿＿＿＿＿＿＿＿

计量标准负责人及电话＿＿＿＿＿＿＿＿＿＿＿＿＿

计量标准管理部门联系人及电话＿＿＿＿＿＿＿＿＿

年　　　月　　　日

说　明

1. 申请新建计量标准考核，建标单位应当提供以下资料：

1）《计量标准考核（复查）申请书》原件一式两份和电子版一份；

2）《计量标准技术报告》原件一份；

3）计量标准器及主要配套设备有效的检定或校准证书复印件一套；

4）开展检定或校准项目的原始记录及相应的模拟检定或校准证书复印件两套；

5）检定或校准人员能力证明复印件一套；

6）可以证明计量标准具有相应测量能力的其他技术资料（如果适用）复印件一套。

2. 申请计量标准复查考核，建标单位应当提供以下资料：

1）《计量标准考核（复查）申请书》原件一式两份和电子版一份；

2）《计量标准考核证书》原件一份；

3）《计量标准技术报告》原件一份；

4）《计量标准考核证书》有效期内计量标准器及主要配套设备连续、有效的检定或校准证书复印件一套；

5）随机抽取该计量标准近期开展检定或校准工作的原始记录及相应的检定或校准证书复印件两套；

6）《计量标准考核证书》有效期内连续的《检定或校准结果的重复性试验记录》复印件一套；

7）《计量标准考核证书》有效期内连续的《计量标准的稳定性考核记录》复印件一套；

8）检定或校准人员能力证明复印件一套；

9）《计量标准更换申报表》（如果适用）复印件一份；

10）《计量标准封存（或撤销）申报表》（如果适用）复印件一份；

11）可以证明计量标准具有相应测量能力的其他技术资料（如果适用）复印件一套。

3.《计量标准考核（复查）申请书》采用计算机打印，并使用 A4 纸。

注：新建计量标准申请考核时不必填写"计量标准考核证书号"。

计量标准 名　称	二等铂铑 30-铂铑 6 热电偶标准装置			计量标准 考核证书号		
保存地点				计量标准 原值（万元）		
计量标准 类　别	☑ 社会公用 □ 计量授权		□ 部门最高 □ 计量授权		□ 企事业最高 □ 计量授权	
测量范围	（1100～1500）℃					
不确定度或 准确度等级或 最大允许误差	二等					

	名　称	型　号	测量范围	不确定度 或准确度等级 或最大允许误差	制造厂及 出厂编号	检定周期 或复校间隔	末次检定或校准日期	检定或校准机构及证书号
计量标准器	标准铂铑 30-铂铑 6 热电偶	B	（1100～1500）℃	二等		1 年		
	标准铂铑 30-铂铑 6 热电偶	B	（1100～1500）℃	二等		1 年		
主要配套设备	数字多用表		（0～100）mV	±（0.005% 读数 +0.002% 量程）		1 年		
	热电偶检定炉		（1000～1600）℃	温度最高点 ±20mm 内，温度变化梯度 ≤0.5℃/10mm		1 年		
	多路转换开关		—	各路寄生电势及各路寄生电势之差 <0.4μV		1 年		
	退火炉		（300～1200）℃	具有（1100±20）℃ 的均匀温场，均匀温场长度 ≥400mm		1 年		

	序号	项目	要　　求	实 际 情 况	结论
环境条件及设施	1	温度	(23±3)℃	(23±2)℃	合格
	2	湿度	≤80% RH	30% RH ~ 50% RH	合格
	3				
	4				
	5				
	6				
	7				
	8				

	姓　名	性别	年龄	从事本项目年限	学　历	能力证明名称及编号	核准的检定或校准项目
检定或校准人员							

	序号	名　　　称	是否具备	备　注
文件集登记	1	计量标准考核证书（如果适用）	否	新建
	2	社会公用计量标准证书（如果适用）	否	新建
	3	计量标准考核（复查）申请书	是	
	4	计量标准技术报告	是	
	5	检定或校准结果的重复性试验记录	是	
	6	计量标准的稳定性考核记录	是	
	7	计量标准更换申报表（如果适用）	否	新建
	8	计量标准封存（或撤销）申报表（如果适用）	否	新建
	9	计量标准履历书	是	
	10	国家计量检定系统表（如果适用）	是	
	11	计量检定规程或计量技术规范	是	
	12	计量标准操作程序	是	
	13	计量标准器及主要配套设备使用说明书（如果适用）	是	
	14	计量标准器及主要配套设备的检定或校准证书	是	
	15	检定或校准人员能力证明	是	
	16	实验室的相关管理制度		
	16.1	实验室岗位管理制度	是	
	16.2	计量标准使用维护管理制度	是	
	16.3	量值溯源管理制度	是	
	16.4	环境条件及设施管理制度	是	
	16.5	计量检定规程或计量技术规范管理制度	是	
	16.6	原始记录及证书管理制度	是	
	16.7	事故报告管理制度	是	
	16.8	计量标准文件集管理制度	是	
	17	开展检定或校准工作的原始记录及相应的检定或校准证书副本	是	
	18	可以证明计量标准具有相应测量能力的其他技术资料（如果适用）		
	18.1	检定或校准结果的不确定度评定报告	是	
	18.2	计量比对报告	否	新建
	18.3	研制或改造计量标准的技术鉴定或验收资料	否	非自研

	名　　称	测量范围	不确定度或准确度 等级或最大允许误差	所依据的计量检定规程 或计量技术规范的编号及名称
开 展 的 检 定 或 校 准 项 目	工作用铂铑30- 铂铑6热电偶	(1100～1500)℃	Ⅲ级	JJG 141—2013 《工作用贵金属热电偶》

建标单位意见	负责人签字：　　　　　（公章） 　　　　　　　　　　　年　月　日
建标单位 主管部门意见	（公章） 　　　　　　　　年　月　日
主持考核的 人民政府计量 行政部门意见	（公章） 　　　　　　　　年　月　日
组织考核的 人民政府计量 行政部门意见	（公章） 　　　　　　　　年　月　日

计 量 标 准 技 术 报 告

计量标准名称　<u>二等铂铑 30-铂铑 6 热电偶标准装置</u>

计量标准负责人　_____

建标单位名称　_____

填 写 日 期　_____

目　录

一、建立计量标准的目的

　　建立二等铂铑 30-铂铑 6 热电偶标准装置的目的是为了开展工作用铂铑 30-铂铑 6 热电偶的量值传递工作，从而能够保证本地区（1100~1500）℃温度范围内的量值统一、准确、可靠。

二、计量标准的工作原理及其组成

　　1. 工作原理

　　本计量标准采用双极比较法对工作用铂铑 30-铂铑 6 热电偶进行检定。将被检的工作用铂铑 30-铂铑 6 热电偶和标准铂铑 30-铂铑 6 热电偶按规程要求捆扎，将热电偶测量端置于热电偶检定炉最高温场中心，将热电偶的参考端通过转换开关连接至数字多用表，当炉温升至检定点温度且符合检定规程规定的读数要求后，用数字多用表依次测量标准及被检热电偶的热电动势，最后依据检定规程中的计算公式得出被检热电偶的热电动势值及误差。

　　2. 组成

　　本计量标准装置由标准铂铑 30-铂铑 6 热电偶、数字多用表、热电偶检定炉、多路转换开关、参考端恒温器、退火炉和热电偶通电退火装置等设备组成。

三、计量标准器及主要配套设备

	名　称	型　号	测量范围	不确定度 或准确度等级 或最大允许误差	制造厂及 出厂编号	检定周 期或复 校间隔	检定或 校准机构
计 量 标 准 器	标准铂铑30- 铂铑6 热电偶	B	（1100～ 1500）℃	二等		1 年	
	标准铂铑30- 铂铑6 热电偶	B	（1100～ 1500）℃	二等		1 年	
主 要 配 套 设 备	数字多用表		（0～100）mV	±（0.005% 读数 + 0.002% 量程）		1 年	
	热电偶 检定炉		（1000～ 1600）℃	温度最高点 ±20mm 内， 温度变化梯度 ≤0.5℃/10mm		1 年	
	多路转换 开关		—	各路寄生电势 及各路寄生 电势之差 <0.4μV		1 年	
	退火炉		（300～1200）℃	具有（1100±20）℃ 的均匀温场， 均匀温场长度 ≥400mm		1 年	

四、计量标准的主要技术指标

测量范围：（1100~1500）℃
准确度等级：二等

五、环境条件

序号	项目	要　　求	实际情况	结论
1	温度	（23±3）℃	（23±2）℃	合格
2	湿度	≤80% RH	30% RH~50% RH	合格
3				
4				
5				
6				

六、计量标准的量值溯源和传递框图

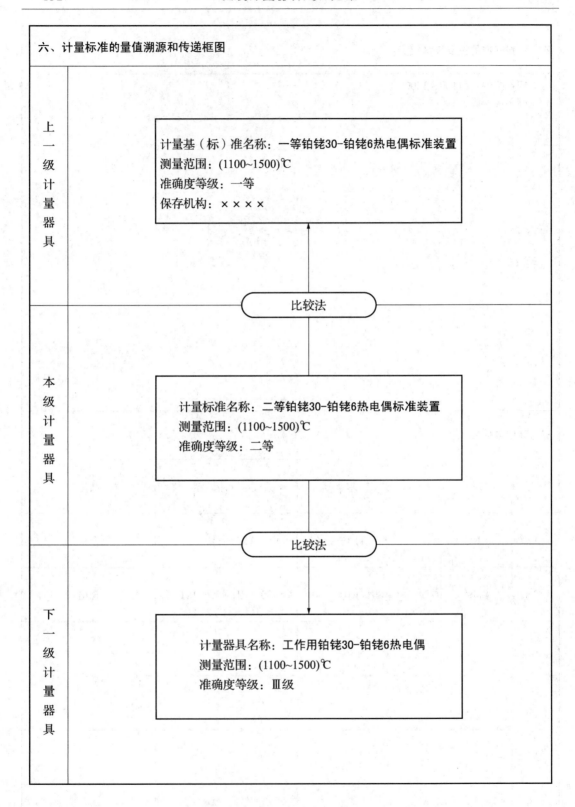

上一级计量器具

计量基（标）准名称：**一等铂铑30-铂铑6热电偶标准装置**
测量范围：(1100~1500)℃
准确度等级：一等
保存机构：××××

比较法

本级计量器具

计量标准名称：**二等铂铑30-铂铑6热电偶标准装置**
测量范围：(1100~1500)℃
准确度等级：二等

比较法

下一级计量器具

计量器具名称：**工作用铂铑30-铂铑6热电偶**
测量范围：(1100~1500)℃
准确度等级：Ⅲ级

七、计量标准的稳定性考核

使用本装置中的一支二等标准铂铑 30-铂铑 6 热电偶作为标准器，另一支二等标准铂铑 30-铂铑 6 热电偶作为核查标准（被检热电偶），在 1500℃ 重复测量 10 次，取算术平均值作为测量结果，相邻两年的测量结果之差作为该时间段内计量标准的稳定性。连续三年的测量结果如下。

二等铂铑 30-铂铑 6 热电偶标准装置的稳定性考核记录

考核时间	2015 年 9 月	2016 年 9 月	2017 年 9 月
核查标准	名称：二等标准铂铑 30-铂铑 6 热电偶 型号：B　编号：×××		
测量次数	测得值/mV	测得值/mV	测得值/mV
1	10.073	10.071	10.066
2	10.075	10.070	10.065
3	10.072	10.069	10.067
4	10.074	10.068	10.067
5	10.075	10.068	10.067
6	10.074	10.070	10.066
7	10.072	10.071	10.067
8	10.073	10.069	10.068
9	10.073	10.068	10.067
10	10.072	10.068	10.067
$\bar{y}_i$	10.0733	10.0692	10.0667
变化量 $|\bar{y}_i-\bar{y}_{i-1}|$	—	0.0041mV	0.0025mV
允许变化量	—	0.010mV	0.010mV
结　论	—	符合要求	符合要求
考核人员	×××	×××	×××

八、检定或校准结果的重复性试验

使用本装置中的一支二等标准铂铑 30-铂铑 6 热电偶作为标准器，选一支常规工作用铂铑 30-铂铑 6 热电偶作为被测对象，在重复性测量条件下，在 1500℃重复测量 10 次，结果如下。

二等铂铑 30-铂铑 6 热电偶标准装置的检定或校准结果的重复性试验记录

试验时间	2017 年 9 月 21 日		
被测对象	名　称	型　号	编　号
	二等标准铂铑 30-铂铑 6 热电偶	B	× × ×
测量条件	1500℃		
测量次数	测得值/mV		
1	10. 073		
2	10. 074		
3	10. 075		
4	10. 074		
5	10. 073		
6	10. 075		
7	10. 074		
8	10. 075		
9	10. 072		
10	10. 074		
$\bar{y}$	10. 0739		
$s(y_i) = \sqrt{\dfrac{\sum\limits_{i=1}^{n}(y_i - \bar{y})^2}{n-1}}$	1.0×10^{-3} mV		
结　　论	符合要求		
试验人员	× × ×		

九、检定或校准结果的不确定度评定

1　概述

1.1　测量依据：按照 JJG 141—2013《工作用贵金属热电偶》，二等标准铂铑 30-铂铑 6 热电偶作为标准器，对工作用铂铑 30-铂铑 6 热电偶在（1100 ~ 1500）℃ 范围内采用双极法进行分度。分度点为 1100℃、1300℃、1500℃，并在此基础上进行不确定度评定。

1.2　检定对象：工作用铂铑 30-铂铑 6 热电偶的检定点及最大允许误差见表 1。

表 1　检定点及最大允许误差

检定点/℃	Ⅲ级/μV
1100	±54
1300	±71
1500	±87

铂铑 30-铂铑 6 热电偶各检定点的微分热电势为：$S_{1100℃} = 9.77 \mu V/℃$，$S_{1300℃} = 10.87 \mu V/℃$，$S_{1500℃} = 11.56 \mu V/℃$。

1.3　测量标准：二等标准铂铑 30-铂铑 6 热电偶的主要技术指标见表 2。

表 2　计量标准器技术指标

标准名称	测量范围	技术指标
二等标准铂铑 30-铂铑 6 热电偶	（1100 ~ 1500）℃	$U = 3.2℃$　（$k = 2$）

1.4　电测设备：数字多用表，测量范围为（0 ~ 100）mV，分辨力为 0.1μV，MPE：±（0.005% 读数 + 0.002% 量程）。

1.5　测量方法：将二等标准铂铑 30-铂铑 6 热电偶（以下简称标准热电偶）和工作用铂铑 30-铂铑 6 热电偶（以下简称被检热电偶）捆扎后放入管式检定炉，用双极比较法在 1100℃、1300℃、1500℃ 三个温度点进行检定。分别计算算术平均值，最后得到被检热电偶在各温度点的热电势值。

2　测量模型

检定点测量结果的测量模型为

$$E_t = E_{证} + (\overline{E}_{被} - \overline{E}_{标}) \tag{1}$$

式中：E_t——被检热电偶在检定点上的热电动势值，mV；

$E_{证}$——标准热电偶证书上给出的热电动势值，mV；

$\overline{E}_{被}$——被检热电偶测得的热电动势算术平均值，mV；

$\overline{E}_{标}$——标准热电偶测得的热电动势算术平均值，mV。

3　合成方差及灵敏系数

$\overline{E}_{被}$ 和 $\overline{E}_{标}$ 是用一台数字多用表同一时间同一条件下测得，故两组测量数据具有相关性，根据不确定度传播率得到：

$$u_c^2(y) = c_1^2 u^2(E_{证}) + c_2^2 u^2(\overline{E}_{被}) + c_3^2 u^2(\overline{E}_{标}) + 2r(\overline{E}_{被}, \overline{E}_{标}) c_2 u(\overline{E}_{被}) c_3 u(\overline{E}_{标}) \tag{2}$$

式中，灵敏系数：$c_1 = \dfrac{\partial E_t}{\partial E_{证}} = 1$；$c_2 = \dfrac{\partial E_t}{\partial \overline{E}_{被}} = 1$；$c_3 = \dfrac{\partial E_t}{\partial \overline{E}_{标}} = -1$。相关系数：$r(\overline{E}_{被}, \overline{E}_{标}) = (-1 ~ 1)$。

4　各输入量的标准不确定度分量评定

4.1　测量重复性引入的标准不确定度分量 u_a

用 A 类方法进行评定。因在三个温度点检定时，测量重复性情况大致相同，故对其在任一检定点进行重复性分析，可代表其在其他温度点重复性情况，现以 1500℃ 点测量为例分析。

将一支Ⅲ级工作用铂铑 30-铂铑 6 热电偶用一支二等标准铂铑 30-铂铑 6 热电偶作为标准对它在 1500℃ 的热电动势重复测量 10 次，测得数据为（单位：mV）：10.072、10.073、10.075、10.072、10.073、10.074、10.073、10.073、10.075、10.072。则单次实验标准差为

$$s_1 = \sqrt{\frac{\sum_{i=1}^{10}(y_i-\bar{y})^2}{10-1}} = 0.0011\text{mV}$$

同样方法，将另外 5 支Ⅲ级工作用铂铑 30-铂铑 6 热电偶分别用二等标准铂铑 30-铂铑 6 热电偶作为标准对它在 1500℃ 的热电动势重复测量，获得 5 组数据的单次实验标准差分别为：$s_2 = 0.0012\text{mV}$、$s_3 = 0.0013\text{mV}$、$s_4 = 0.0012\text{mV}$、$s_5 = 0.0014\text{mV}$、$s_6 = 0.0014\text{mV}$，合并实验标准偏差 s_p 为

$$s_p = \sqrt{\frac{\sum_{j=1}^{6}s_j^2}{6}} = 1.3\mu\text{V}$$

实际测量以 4 次测量值的平均值作为测量结果，则

$$u_a = \frac{s_p}{\sqrt{4}} = 0.65\mu\text{V}$$

电测设备的测量分辨力为 $0.1\mu\text{V}$，由其引入的标准不确定度分量为

$$u_b = 0.1/2\sqrt{3} = 0.029\mu\text{V}$$

u_b 与 u_a 相比很小，因此只考虑重复性引入的标准不确定度分量。

4.2　标准热电偶引入的标准不确定度分量 u_1

用 B 类方法进行评定。

（1）标准热电偶分度结果引入的不确定度分量 u_{11}

二等标准铂铑 30-铂铑 6 热电偶在 $(1100\sim1500)℃$ 范围的扩展不确定度为 $U=3.2℃$（$k=2$），因此其对应的标准不确定度为 $u_{11}=1.6℃$，经计算得

$$u_{11}(1100℃) = 1.6℃ \times S_{1100℃} = 15.63\mu\text{V}$$
$$u_{11}(1300℃) = 1.6℃ \times S_{1300℃} = 17.39\mu\text{V}$$
$$u_{11}(1500℃) = 1.6℃ \times S_{1500℃} = 18.50\mu\text{V}$$

（2）标准热电偶年稳定度引入的不确定度分量 u_{12}

根据 JJG 167—1995《标准铂铑 30-铂铑 6 热电偶》中对二等标准铂铑 30-铂铑 6 热电偶年稳定性的要求，其年稳定性为 $\pm18\mu\text{V}$，按均匀分布，取包含因子 $k=\sqrt{3}$，半宽度 $a=18\mu\text{V}$，则

$$u_{12} = 18/\sqrt{3} = 10.39\mu\text{V}$$

标准热电偶在 1100℃、1300℃、1500℃ 引入的标准不确定度分量分别为

$$u_1(1100℃) = \sqrt{u_{11}^2(1100℃)+u_{12}^2} = \sqrt{15.63^2+10.39^2} = 18.77\mu\text{V}$$
$$u_1(1300℃) = \sqrt{u_{11}^2(1300℃)+u_{12}^2} = \sqrt{17.39^2+10.39^2} = 20.26\mu\text{V}$$
$$u_1(1500℃) = \sqrt{u_{11}^2(1500℃)+u_{12}^2} = \sqrt{18.50^2+10.39^2} = 21.22\mu\text{V}$$

4.3　电测设备对被检偶引入的标准不确定度分量 u_2

用 B 类方法进行评定。测量仪器数字多用表，量程范围(0 ~ 100)mV，其年允许基本误差为 ±(0.005% 读数 + 0.002% 量程)，区间半宽度 a 为 (0.005% 读数 + 0.002% 量程)，按均匀分布处理，取包含因子 $k = \sqrt{3}$，$u_2(t) = a/\sqrt{3}$，测量值近似取检定温度点的分度值，铂铑 30-铂铑 6 热电偶在三个检定点分度表上的热电势分别为：5.780mV，7.848mV，10.099mV，经计算得

$$u_2(1100℃) = 1.32\mu V$$

$$u_2(1300℃) = 1.38\mu V$$

$$u_2(1500℃) = 1.44\mu V$$

4.4　电测设备对标准偶引入的标准不确定度分量 u_3

用 B 类方法进行评定。标准热电偶与被检偶同分度号，用同一数字多用表测量，故评估算法与 4.3 相同。经计算得

$$u_3(1100℃) = 1.32\mu V$$

$$u_3(1300℃) = 1.38\mu V$$

$$u_3(1500℃) = 1.44\mu V$$

4.5　测量回路寄生电势引入的标准不确定度分量 u_4

用 B 类方法进行评定。检定规程规定，转换开关各路之间最大寄生电动势之差小于 0.4μV，标准热电偶与被检热电偶测量回路因寄生电动势差变化带来的影响小于 0.4μV，取区间半宽度 $a = 0.4\mu V$，按均匀分布处理，取包含因子 $k = \sqrt{3}$，则

$$u_4 = a/\sqrt{3} = 0.23\mu V$$

4.6　热电偶参考端温差引入的标准不确定度分量 u_5

用 B 类方法进行评定。由经验和试验可知：铂铑 30-铂铑 6 热电偶在(0 ~ 40)℃ 范围内热电动势的变化非常小，因此热电偶参考端温差对不确定度的影响很小，可忽略不计，即

$$u_5 = 0\mu V$$

4.7　炉温变化引入的标准不确定度分量 u_6

用 B 类方法进行评定。采用双极比较法检定时，热电偶时炉温变化应小于 0.2℃/min，设每次测量标准与被检偶时的炉温变化差不超过 0.2℃，区间半宽度 $a = 0.1℃$，按均匀分布处理，取包含因子 $k = \sqrt{3}$，则

$$u_6 = 0.1℃/\sqrt{3} = 0.058℃$$

故

$$u_6(1100℃) = 0.058℃ \times S_{1100℃} = 0.57\mu V$$

$$u_6(1300℃) = 0.058℃ \times S_{1300℃} = 0.63\mu V$$

$$u_6(1500℃) = 0.058℃ \times S_{1500℃} = 0.67\mu V$$

5　各标准不确定度分量汇总

标准不确定度分量 u_a、u_1、u_4、u_5、u_6 彼此独立不相关，且灵敏系数为 1。引入不确定度分量 u_2 和 u_3 的两个输入量 $\overline{E}_被$ 和 $\overline{E}_标$ 强相关，$\overline{E}_被$ 变化 $\Delta E_被$ 会使 $\overline{E}_标$ 等量变化 $\Delta E_标$，则两者的相关系数估计为

$$r(\overline{E}_被, \overline{E}_标) = \frac{u_2 \times \Delta E_标}{u_3 \times \Delta E_被} \approx 1$$

影响各温度点检定结果的不确定度分量及评估值见表 3。

表3　各标准不确定度分量汇总

符号	不确定度来源	标准不确定度值 $u(x_i)/\mu V$	相关系数	灵敏系数 c_i	$\lvert c_i \rvert u(x_i)/\mu V$
u_a	测量重复性	0.65	0	1	0.65
u_1	标准热电偶	18.77 20.26 21.22	0	1	18.77 20.26 21.22
u_2	电测仪器	1.32 1.38 1.44	1	1	1.32 1.38 1.44
u_3	电测仪器	1.32 1.38 1.44	1	-1	1.32 1.38 1.44
u_4	寄生电势	0.23	0	1	0.23
u_5	参考端温差	0	0	1	0
u_6	炉温变化	0.57 0.63 0.67	0	1	0.57 0.63 0.67

6　合成标准不确定度计算

合成标准不确定度为

$$u_c = \sqrt{c_a^2 u_a^2 + c_1^2 u_1^2 + c_2^2 u_2^2 + c_3^2 u_3^2 + 2rc_2 c_3 u_2 u_3 + c_4^2 u_4^2 + c_5^2 u_5^2 + c_6^2 u_6^2}$$

因为 u_2、u_3 两不确定度分量大小相等，且正强相关，相关系数为1，两个分量的灵敏系数均为1，但符号相反，因此由 u_2、u_3 及协方差引入的不确定度相互抵消。合成标准不确定度变为

$$u_c = \sqrt{c_a^2 u_a^2 + c_1^2 u_1^2 + c_4^2 u_4^2 + c_5^2 u_5^2 + c_6^2 u_6^2}$$

1100℃点：

$$u_c(1100℃) = \sqrt{0.65^2 + 18.77^2 + 0.23^2 + 0^2 + 0.57^2} = 18.79\mu V$$

1300℃点：

$$u_c(1300℃) = \sqrt{0.65^2 + 20.26^2 + 0.23^2 + 0^2 + 0.63^2} = 20.28\mu V$$

1500℃点：

$$u_c(1500℃) = \sqrt{0.65^2 + 21.22^2 + 0.23^2 + 0^2 + 0.67^2} = 21.24\mu V$$

7　扩展不确定度评定

按包含概率 $p = 0.95$，取包含因子 $k = 2$，则扩展不确定度为

1100℃点：$U = k \cdot u_c = 2 \times 18.79 = 37.58\mu V$，相当于 3.8℃；

1300℃点：$U = k \cdot u_c = 2 \times 20.28 = 40.56\mu V$，相当于 3.7℃；

1500℃点：$U = k \cdot u_c = 2 \times 21.24 = 42.48\mu V$，相当于 3.7℃。

十、检定或校准结果的验证

采用传递比较法对测量结果进行验证。选择一支工作用铂铑 30-铂铑 6 热电偶分别利用本装置和一等铂铑 30-铂铑 6 热电偶标准装置进行检定，测量结果如下。

测量点 ℃	y_{lab} mV	$U_{lab}(k=2)$ ℃	y_{ref} mV	$U_{ref}(k=2)$ ℃	$\lvert y_{lab}-y_{ref}\rvert$		$\sqrt{U_{lab}^2+U_{ref}^2}$ ℃
					mV	℃	
1100	5.806	3.8	5.817	2.9	0.011	1.1	4.78
1300	7.870	3.7	7.884	2.8	0.014	1.3	4.64
1500	10.125	3.7	10.139	2.8	0.014	1.2	4.64

测量结果均满足 $\lvert y_{lab}-y_{ref}\rvert \leqslant \sqrt{U_{lab}^2+U_{ref}^2}$，故本装置通过验证，符合要求。

十一、结论

    经实验验证,本装置符合国家计量检定系统表和国家计量检定规程的要求,可以开展Ⅲ级工作用铂铑 30-铂铑 6 热电偶的检定工作。

十二、附加说明

示例 3.5 工作用辐射温度计检定装置

计量标准考核（复查）申请书

[   ] 量标   证字第   号

计量标准名称　__工作用辐射温度计检定装置__

计量标准代码　_____04118320_____

建标单位名称　_____

组织机构代码　_____

单 位 地 址　_____

邮 政 编 码　_____

计量标准负责人及电话_____

计量标准管理部门联系人及电话_____

年　　月　　日

说　明

1. 申请新建计量标准考核，建标单位应当提供以下资料：

1）《计量标准考核（复查）申请书》原件一式两份和电子版一份；

2）《计量标准技术报告》原件一份；

3）计量标准器及主要配套设备有效的检定或校准证书复印件一套；

4）开展检定或校准项目的原始记录及相应的模拟检定或校准证书复印件两套；

5）检定或校准人员能力证明复印件一套；

6）可以证明计量标准具有相应测量能力的其他技术资料（如果适用）复印件一套。

2. 申请计量标准复查考核，建标单位应当提供以下资料：

1）《计量标准考核（复查）申请书》原件一式两份和电子版一份；

2）《计量标准考核证书》原件一份；

3）《计量标准技术报告》原件一份；

4）《计量标准考核证书》有效期内计量标准器及主要配套设备连续、有效的检定或校准证书复印件一套；

5）随机抽取该计量标准近期开展检定或校准工作的原始记录及相应的检定或校准证书复印件两套；

6）《计量标准考核证书》有效期内连续的《检定或校准结果的重复性试验记录》复印件一套；

7）《计量标准考核证书》有效期内连续的《计量标准的稳定性考核记录》复印件一套；

8）检定或校准人员能力证明复印件一套；

9）计量标准更换申报表（如果适用）复印件一份；

10）计量标准封存（或撤销）申报表（如果适用）复印件一份；

11）可以证明计量标准具有相应测量能力的其他技术资料（如果适用）复印件一套。

3.《计量标准考核（复查）申请书》采用计算机打印，并使用 A4 纸。

注：新建计量标准申请考核时不必填写"计量标准考核证书号"。

计量标准名 称	工作用辐射温度计检定装置			计量标准考核证书号				
保存地点				计量标准原值（万元）				
计量标准类 别	☑ 社会公用 □ 计量授权		□ 部门最高 □ 计量授权		□ 企事业最高 □ 计量授权			
测量范围	（－20～2200）℃							
不确定度或准确度等级或最大允许误差	$U =$ （1.4～6.5）℃ （$k=2$）							

	名 称	型 号	测量范围	不确定度或准确度等级或最大允许误差	制造厂及出厂编号	检定周期或复校间隔	末次检定或校准日期	检定或校准机构及证书号
计量标准器	标准铂铑10-铂热电偶		（300～1300）℃	二等		1年		
	高精度数字多用表		（0～100）mV	0.005级		1年		
	标准辐射温度计		（－50～1000）℃	$U=(0.2～1.6)$℃ （$k=2$）		1年		
	标准光电高温计		（800～3200）℃	$U=(1.2～5.9)$℃ （$k=2$）		1年		
主要配套设备	黑体辐射源		（－20～150）℃	均匀性:不大于 ± （0.15℃与0.15% t 的大者） 稳定性:不大于（0.1℃与0.1% t 的大者）		1年		
	黑体辐射源		（600～3000）℃			1年		
	黑体辐射源		（30～550）℃			1年		
	黑体辐射源		（200～1150）℃			1年		
	黑体辐射源		（800～1600）℃			1年		
	兆欧表		（0～∞）MΩ	10级		1年		

	序号	项目	要　求	实 际 情 况	结论
环境条件及设施	1	温度	(18～25)℃	(18～25)℃	合格
	2	湿度	20% RH～85% RH	45% RH～75% RH	合格
	3				
	4				
	5				
	6				
	7				
	8				

	姓　名	性别	年龄	从事本项目年限	学　历	能力证明名称及编号	核准的检定或校准项目
检定或校准人员							

	序号	名　称	是否具备	备注
文件集登记	1	计量标准考核证书（如果适用）	否	新建
	2	社会公用计量标准证书（如果适用）	否	新建
	3	计量标准考核（复查）申请书	是	
	4	计量标准技术报告	是	
	5	检定或校准结果的重复性试验记录	是	
	6	计量标准的稳定性考核记录	是	
	7	计量标准更换申请表（如果适用）	否	新建
	8	计量标准封存（或撤销）申报表（如果适用）	否	新建
	9	计量标准履历书	是	
	10	国家计量检定系统表（如果适用）	是	
	11	计量检定规程或计量技术规范	是	
	12	计量标准操作程序	是	
	13	计量标准器及主要配套设备使用说明书（如果适用）	是	
	14	计量标准器及主要配套设备的检定或校准证书	是	
	15	检定或校准人员能力证明	是	
	16	实验室的相关管理制度		
	16.1	实验室岗位管理制度	是	
	16.2	计量标准使用维护管理制度	是	
	16.3	量值溯源管理制度	是	
	16.4	环境条件及设施管理制度	是	
	16.5	计量检定规程或计量技术规范管理制度	是	
	16.6	原始记录及证书管理制度	是	
	16.7	事故报告管理制度	是	
	16.8	计量标准文件集管理制度	是	
	17	开展检定或校准工作的原始记录及相应的检定或校准证书副本	是	
	18	可以证明计量标准具有相应测量能力的其他技术资料（如果适用）		
	18.1	检定或校准结果的不确定度评定报告	是	
	18.2	计量比对报告	否	新建
	18.3	研制或改造计量标准的技术鉴定或验收资料	否	非自研

	名　　称	测量范围	不确定度或准确度 等级或最大允许误差	所依据的计量检定规程 或计量技术规范的编号及名称
开展的检定或校准项目	工作用辐射 温度计	（−20～2200）℃	±1% 读数或 ±1℃ 及以下（取大者）	JJG 856—2015 《工作用辐射温度计》

建标单位意见	负责人签字：　　　　　　（公章） 　　　　　　年　　月　　日
建标单位 主管部门意见	（公章） 　　　　　　年　　月　　日
主持考核的 人民政府计量 行政部门意见	（公章） 　　　　　　年　　月　　日
组织考核的 人民政府计量 行政部门意见	（公章） 　　　　　　年　　月　　日

计 量 标 准 技 术 报 告

计量标准名称　__工作用辐射温度计检定装置__

计量标准负责人_____

建标单位名称_____

填 写 日 期_____

目　录

一、建立计量标准的目的

最近几年，辐射测温技术发展迅速，红外辐射温度计、黑体辐射源等辐射测温设备越来越广泛地应用于各行各业，从传统的炼钢、电力、化工等行业到新兴的电子、能源、环保等行业，再到关乎每个人健康的医疗、卫生、防疫等，可以说在我们生活的周边，辐射测温技术的应用随处可见。

尤其最近几年，随着国家检定规程的重新修订，辐射温度计性能不断完善，功能不断增强，品种不断增多，适用范围不断扩大，对我们日常的检定校准工作提出了更高的要求。为了使工作用辐射温度计在测量过程中得到准确一致的测量结果，保证生产和科研工作的正常进行，建立一个能统一量值的工作用辐射温度计检定装置，负责本地区工厂、企业、事业单位工作用辐射温度计的周期检定，确保其量值传递的准确可靠。

二、计量标准的工作原理及其组成

计量标准的主要工作原理：通过比较测量的方法得到被检定工作用辐射温度计的固有误差，判定其是否符合技术指标的要求。

计量标准的组成有以下三种形式：

（1）由黑体辐射源独立组成，以黑体辐射源的亮度温度作为标准温度值，通过溯源黑体辐射源的亮度温度保证量值的准确可靠；

（2）由标准热电偶或者标准铂电阻温度计、数字多用表、黑体辐射源组成，以接触测温得到的温度值作为标准值，通过溯源接触温度计保证量值的准确可靠；

（3）由标准辐射温度计与黑体辐射源组成，以标准辐射温度计在相应工作波长下测得的辐射温度作为标准温度，通过溯源标准辐射温度计保证量值的准确可靠。

三种组成形式如图1所示。

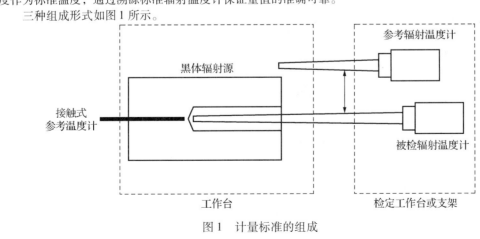

图1 计量标准的组成

三、计量标准器及主要配套设备

	名　称	型　号	测量范围	不确定度 或准确度等级 或最大允许误差	制造厂及 出厂编号	检定周 期或复 校间隔	检定或 校准机构
计量标准器	标准铂铑10-铂热电偶		(300~1300)℃	二等		1年	
	高精度数字多用表		(0~100)mV	0.005级		1年	
	标准辐射温度计		(−50~1000)℃	$U=(0.2~1.6)℃$ $(k=2)$		1年	
	标准光电高温计		(800~3200)℃	$U=(1.2~5.9)℃$ $(k=2)$		1年	
主要配套设备	黑体辐射源		(−20~150)℃	均匀性：不大于±(0.15℃与0.15% t 的大者) 稳定性：不大于(0.1℃与0.1% t 的大者)		1年	
	黑体辐射源		(600~3000)℃			1年	
	黑体辐射源		(30~550)℃			1年	
	黑体辐射源		(200~1150)℃			1年	
	黑体辐射源		(800~1600)℃			1年	
	兆欧表		(0~∞)MΩ	10级		1年	

四、计量标准的主要技术指标

1. 标准铂铑 10-铂热电偶
   测量范围：$(300 \sim 1300)$℃；准确度等级：二等。
2. 高精度数字多用表
   测量范围：$(0 \sim 100)$mV；准确度等级：0.005 级。
3. 标准辐射温度计
   测量范围：$(-50 \sim 1000)$℃；不确定度：$U = (0.2 \sim 1.6)$℃ $(k = 2)$。
4. 标准光电高温计
   测量范围：$(800 \sim 3200)$℃，不确定度：$U = (1.2 \sim 5.9)$℃ $(k = 2)$。
5. 黑体辐射源
   M340：温度范围为 $(-20 \sim 150)$℃，均匀性不大于 $\pm(0.15℃$ 与 $0.15\% \, t$ 的大者)，稳定性不大于 $(0.1℃$ 与 $0.1\% \, t$ 的大者)；
   M390：温度范围为 $(600 \sim 3000)$℃，均匀性不大于 $\pm(0.15℃$ 与 $0.15\% \, t$ 的大者)，稳定性不大于 $(0.1℃$ 与 $0.1\% \, t$ 的大者)；
   M300：温度范围为 $(200 \sim 1150)$℃，均匀性不大于 $\pm(0.15℃$ 与 $0.15\% \, t$ 的大者)，稳定性不大于 $(0.1℃$ 与 $0.1\% \, t$ 的大者)；
   R550：温度范围为 $(30 \sim 550)$℃，均匀性不大于 $\pm(0.15℃$ 与 $0.15\% \, t$ 的大者)，稳定性不大于 $(0.1℃$ 与 $0.1\% \, t$ 的大者)；
   R-1600：温度范围为 $(800 \sim 1600)$℃，均匀性不大于 $\pm(0.15℃$ 与 $0.15\% \, t$ 的大者)，稳定性不大于 $(0.1℃$ 与 $0.1\% \, t$ 的大者)。

五、环境条件

序号	项目	要　　求	实际情况	结论
1	温度	$(18 \sim 25)$℃	$(18 \sim 25)$℃	合格
2	湿度	20% RH ~ 85% RH	45% RH ~ 75% RH	合格
3				
4				
5				
6				

六、计量标准的量值溯源和传递框图

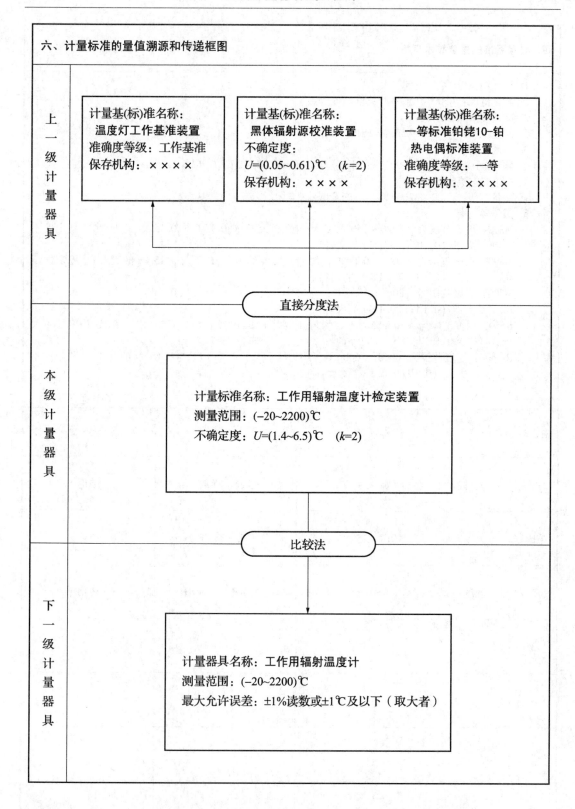

上一级计量器具

计量基(标)准名称：
温度灯工作基准装置
准确度等级：工作基准
保存机构：××××

计量基(标)准名称：
黑体辐射源校准装置
不确定度：
U=(0.05~0.61)℃   (k=2)
保存机构：××××

计量基(标)准名称：
一等标准铂铑10-铂
热电偶标准装置
准确度等级：一等
保存机构：××××

直接分度法

本级计量器具

计量标准名称：工作用辐射温度计检定装置
测量范围：(−20~2200)℃
不确定度：U=(1.4~6.5)℃   (k=2)

比较法

下一级计量器具

计量器具名称：工作辐射温度计
测量范围：(−20~2200)℃
最大允许误差：±1%读数或±1℃及以下（取大者）

七、计量标准的稳定性考核

工作用辐射温度计检定装置的稳定性考核记录

考核时间	2017 年 1 月 21 日
核查标准	名称：标准辐射温度计　　型号：TRTIV.82　　编号：3276
测量条件	将黑体辐射源的控制温度设定在 800℃，待温度稳定后，用 TRTIV.82 分别进行重复性条件下的测量，测量次数为 10 次，得到一组测量列，取其平均值作为测量结果。与上年度相比，计算两次测量结果的差值即为年稳定性
测量次数	测得值/℃
1	793.1
2	793.2
3	793.4
4	793.3
5	793.3
6	793.2
7	793.1
8	793.2
9	793.3
10	793.4
$\bar{y}_i$	793.25
变化量 $|\bar{y}_i - \bar{y}_{i-1}|$	上年度校准证书值为 793.5℃ $|793.25 - 793.5| = 0.25℃$
允许变化量	1.9℃
结　论	符合要求
考核人员	×××

八、检定或校准结果的重复性试验

工作用辐射温度计检定装置的检定或校准结果的重复性试验记录

试验时间	2017 年 1 月 21 日		
被测对象	名　称	型　号	编　号
	工作用辐射温度计	RAYMX4C	111
测量条件	温度：23.4℃；湿度：60% RH		
测量次数	测得值/℃		
1	799.1		
2	799.2		
3	799.4		
4	799.3		
5	799.3		
6	799.2		
7	799.1		
8	799.2		
9	799.3		
10	799.4		
$\bar{y}$	799.25		
$s(y_i) = \sqrt{\dfrac{\sum\limits_{i=1}^{n}(y_i - \bar{y})^2}{n-1}}$	0.11℃		
结　论	符合要求		
试验人员	×　×　×		

九、检定或校准结果的不确定度评定

1. 概述

1.1　测量依据：JJG 856—2015《工作用辐射温度计》。

1.2　测量仪器：参考辐射温度计（以下简称参考温度计），包括光电高温计、辐射温度计。

　　注：本示例采用上述测量仪器进行评定，也可以采用标准热电偶、标准铂电阻与数字多用表组成
　　　　的测量仪器进行评定，也可以采用黑体辐射源整体溯源的方式进行评定，各实验室可根据自
　　　　身情况进行评定。

1.3　被测对象：工作用辐射温度计（以下简称温度计），总的测量范围为($-20 \sim 2200$)℃，分辨力
为 0.1℃ 或 1℃。

1.4　测量方法：将标准黑体辐射源的控制温度调整在所需的校准温度点上，待温度充分稳定后，按
"标准—被校—被校—标准"的顺序依次测量参考温度计和温度计的显示值，取两次测量的平均值计
算温度计的固有误差。

2　测量模型

　　固有误差为温度计测量理想黑体示值与理想黑体温度的差，考虑全方面的影响因素，测量模型为

$$\Delta t = (\Delta t_T - \Delta t_S) - \Delta t_{TS} - (\Delta t_{T\varepsilon} - \Delta t_{S\varepsilon}) - (\Delta t_{TW} - \Delta t_{SW}) \tag{1}$$

式中：Δt——温度计在校准点 t_N 处的固有误差，℃；

　　　Δt_T——温度计读数 t_T 相对于校准点 t_N 的温度偏差，℃；

　　　Δt_S——辐射源校准量（通常为亮度温度）t_S 相对于校准点 t_N 的温度偏差，℃；

　　　Δt_{TS}——温度计瞄准区域与参考温度计测温区域之间的温度偏差，℃；

　　　$\Delta t_{T\varepsilon}$——辐射源发射率偏离 1 引入的温度计的示值误差，℃；

　　　$\Delta t_{S\varepsilon}$——以参考辐射源校准量或参考温度计示值表示的辐射源实际温度因辐射源发射率偏离 1 引
入的误差，℃；

　　　Δt_{TW}——高温黑体辐射源窗口引入的温度计的窗口误差，℃；

　　　Δt_{SW}——高温黑体辐射源窗口引入的参考温度计的窗口误差，℃。

针对本实验室实际情况以及式（1），分以下两种情况进行不确定度的评定。

（1）以($8 \sim 14$)μm 波段光谱范围的辐射温度计为参考温度计，校准同波段范围的温度计

该种情况下，辐射源发射率偏离 1 引入的温度计的示值误差 $\Delta t_{T\varepsilon}$ 以及以参考辐射源校准量或参考
温度计示值表示的辐射源实际温度因辐射源发射率偏离 1 引入的偏差 $\Delta t_{S\varepsilon}$ 均为 0；另外，在该情况
下，辐射源为中低温辐射源，辐射源腔口没有加装窗口玻璃，故 Δt_{TW} 与 Δt_{SW} 也为 0，故测量模型为

$$\Delta t = (\Delta t_T - \Delta t_S) - \Delta t_{TS} \tag{2}$$

（2）以 0.66μm 波段光谱范围的光电高温计为参考温度计，校准不同波段范围的温度计

该种情况下，辐射源腔口没有加装窗口玻璃，故 Δt_{TW} 与 Δt_{SW} 也为 0，故测量模型为

$$\Delta t = (\Delta t_T - \Delta t_S) - \Delta t_{TS} - (\Delta t_{T\varepsilon} - \Delta t_{S\varepsilon}) \tag{3}$$

3　合成方差及灵敏系数

　　式（1）为温差的代数和公式，且等号右侧各项的系数绝对值均为 1，因此与之对应的温度不确
定度分量的灵敏系数的绝对值也为 1。影响固有误差的不确定度因素中，同一辐射发射率对参考温度
计与温度计示值的影响，同一窗口的吸收对参考温度计和温度计的影响，应按照完全相关的分量处
理，分别采用算术相减合成方法。故各不相关分量的合成标准不确定度为

$$u^2(\Delta t) = u^2(\Delta t_S) + u^2(\Delta t_T) + u^2(\Delta t_{TS}) + [u(\Delta t_{T\varepsilon}) - u(\Delta t_{S\varepsilon})]^2 + [u(\Delta t_{TW}) - u(\Delta t_{SW})]^2 + u^2(\Delta t_{OP})$$
$$\tag{4}$$

式中：$u(\Delta t_{OP})$——操作和测量条件影响等引入的标准不确定度，℃。

式（2）和式（3）可按同样的方法计算合成标准不确定度。

4　各输入量的标准不确定度分量来源

4.1　输入量 Δt_{S} 引入的标准不确定度分量 $u(\Delta t_{\mathrm{S}})$

输入量 Δt_{S} 引入的标准不确定度分量 $u(\Delta t_{\mathrm{S}})$ 由以下五个分量构成：

（1）参考温度计校准不确定度引入的标准不确定度分量 $u_1(\Delta t_{\mathrm{S}})$；

（2）参考温度计在校准周期内的稳定性引入的标准不确定度分量 $u_2(\Delta t_{\mathrm{S}})$；

（3）参考温度计分辨力引入的标准不确定度分量可忽略；

（4）参考温度计测量辐射源温度的重复性引入的标准不确定度分量 $u_3(\Delta t_{\mathrm{S}})$；

（5）辐射源短期稳定性引入的标准不确定度分量 $u_4(\Delta t_{\mathrm{S}})$。

4.2　输入量 Δt_{T} 引入的标准不确定度分量 $u(\Delta t_{\mathrm{T}})$

输入量 Δt_{T} 引入的标准不确定度分量 $u(\Delta t_{\mathrm{T}})$ 由以下两个分量构成：

（1）温度计测量辐射源温度的重复性引入的标准不确定度分量 $u_1(\Delta t_{\mathrm{T}})$；

（2）温度计分辨力引入的标准不确定度分量 $u_2(\Delta t_{\mathrm{T}})$。

4.3　输入量 Δt_{TS} 引入的标准不确定度分量 $u(\Delta t_{\mathrm{TS}})$

输入量 Δt_{TS} 引入的标准不确定度分量 $u(\Delta t_{\mathrm{TS}})$ 主要为辐射源温度均匀性引入。

4.4　输入量 $\Delta t_{\mathrm{T}\varepsilon} - \Delta t_{\mathrm{S}\varepsilon}$ 引入的标准不确定度 $u(\Delta t_{\mathrm{V}\varepsilon})$

输入量 $\Delta t_{\mathrm{T}\varepsilon} - \Delta t_{\mathrm{S}\varepsilon}$ 引入的标准不确定度分量 $u(\Delta t_{\mathrm{V}\varepsilon})$ 主要为辐射源发射率修正的不确定度对固有误差的影响引入。如果参考温度计与温度计的名义波段相同，$\Delta t_{\mathrm{V}\varepsilon} = 0^\circ\!C$，故 $u(\Delta t_{\mathrm{V}\varepsilon}) = 0^\circ\!C$；如果参考温度计与温度计的名义波段不同，则需要计算相应的标准不确定度。

4.5　输入量 $\Delta t_{\mathrm{TW}} - \Delta t_{\mathrm{SW}}$ 引入的标准不确定度分量 $u(\Delta t_{\mathrm{W}})$

输入量 $\Delta t_{\mathrm{TW}} - \Delta t_{\mathrm{SW}}$ 引入的标准不确定度分量 $u(\Delta t_{\mathrm{W}})$ 主要为辐射源窗口吸收对参考温度计与温度计的影响引入，如果没有窗口，则 $u(\Delta t_{\mathrm{W}}) = u(\Delta t_{\mathrm{TW}}) - u(\Delta t_{\mathrm{SW}}) = 0^\circ\!C$。

4.6　输入量 Δt_{OP} 引入的标准不确定度分量 $u(\Delta t_{\mathrm{OP}})$

输入量 Δt_{OP} 引入的标准不确定度分量 $u(\Delta t_{\mathrm{OP}})$ 主要来自于人员操作和测量条件影响两个方面。

5　各输入量的标准不确定度分量评定

5.1　以$(8 \sim 14)\,\mu\mathrm{m}$ 波段光谱范围的辐射温度计为参考温度计，校准同波段范围的温度计

以辐射温度计 TRTIV 为参考温度计，测量范围为 $(-50 \sim 1000)^\circ\!C$，配以相应测量范围的辐射源。

5.1.1　输入量 Δt_{S} 引入的标准不确定度分量 $u(\Delta t_{\mathrm{S}})$

（1）参考温度计校准不确定度引入的标准不确定度分量 $u_1(\Delta t_{\mathrm{S}})$

由参考温度计国家院校准时提供的不确定度得来，包含因子 $k = 2$，为正态分布，故由此引入的标准不确定度 $u_1(\Delta t_{\mathrm{S}})$ 见表1。

表1　参考温度计 TRTIV 校准时的不确定度以及由此引入的标准不确定度 $u_1(\Delta t_{\mathrm{S}})$

温度点/℃	扩展不确定度($k=2$)/℃	标准不确定度 $u_1(\Delta t_{\mathrm{S}})$/℃
-50.0	0.6	0.3
-30.0	0.5	0.25
-10.0	0.4	0.2
0.0	0.3	0.15
30.0	0.2	0.1
50.0	0.2	0.1

续表

温度点/℃	扩展不确定度$(k=2)$/℃	标准不确定度 $u_1(\Delta t_S)$/℃
100.0	0.2	0.1
150.0	0.2	0.1
200.0	0.2	0.1
300.0	0.6	0.3
400.0	0.8	0.4
500.0	0.9	0.45
600.0	1.0	0.5
700.0	1.2	0.6
800.0	1.3	0.65
900.0	1.5	0.75
1000.0	1.6	0.8

（2）参考温度计在校准周期内的稳定性引入的标准不确定度分量 $u_2(\Delta t_S)$

参考温度计说明书中给出年稳定性为 0.1% FS，在连续两个校准周期内，在各点上的最大值为 0.7℃。年稳定性取 1.0℃，为均匀分布，包含因子 $k=\sqrt{3}$，则

$$u_2(\Delta t_S) = 1.0/\sqrt{3} = 0.58℃$$

（3）参考温度计测量辐射源温度的重复性引入的标准不确定度分量 $u_3(\Delta t_S)$

将辐射源的温度控制在 200℃温度点上，用参考温度计 TRTIV 分别进行重复性条件下的测量，共测量 10 次，每次测量得到的测量值 t_{Si} 见表 2。

表2　参考温度计 TRTIV 的测量值

测量次数	1	2	3	4	5	6	7	8	9	10
测量值/℃	198.8	198.6	198.7	198.7	198.6	198.7	198.7	198.6	198.8	198.8

平均值 $\bar{t}_S = 198.7℃$，则单次实验标准偏差为

$$s = \sqrt{\frac{\sum_{i=1}^{n}(t_{Si} - \bar{t}_S)}{n-1}} = 0.08℃$$

实际测量情况是在重复性条件下连续测量 2 次，以 2 次测量的平均值作为测量结果，为正态分布，则

$$u_3(\Delta t_S) = s/\sqrt{2} = 0.06℃$$

（4）辐射源短期稳定性引入的标准不确定度分量 $u_4(\Delta t_S)$

辐射源短期稳定性由辐射源校准时的校准证书中得到，测量范围在（-40～1000）℃的辐射源共由 3 台组成，在校准证书中选取短期稳定性最大辐射源的数据，短期稳定性取 0.3℃，为均匀分布，包含因子 $k=\sqrt{3}$，则

$$u_4(\Delta t_S) = 0.3/\sqrt{3} = 0.17℃$$

$u_1(\Delta t_S)$、$u_2(\Delta t_S)$、$u_3(\Delta t_S)$、$u_4(\Delta t_S)$ 彼此独立不相关，因此 $u(\Delta t_S)$ 可按式（5）计算：

$$u(\Delta t_S) = \sqrt{u_1^2(\Delta t_S) + u_2^2(\Delta t_S) + u_3^2(\Delta t_S) + u_4^2(\Delta t_S)} \qquad (5)$$

由于实验室现有辐射源测量范围为(-40 ~ 1000)℃，故标准不确定度 $u(\Delta t_S)$ 见表3。

表3　标准不确定度 $u(\Delta t_S)$

温度点/℃	标准不确定度 $u(\Delta t_S)$/℃
-20.0	0.66
0.0	0.63
50.0	0.62
100.0	0.62
150.0	0.62
200.0	0.62
250.0	0.64
300.0	0.68
400.0	0.73
500.0	0.76
600.0	0.79
700.0	0.85
800.0	0.89
900.0	0.97
1000.0	1.00

5.1.2　输入量 Δt_T 引入的标准不确定度分量 $u(\Delta t_T)$

（1）温度计测量辐射源温度的重复性引入的标准不确定度分量 $u_1(\Delta t_T)$

将辐射源的温度控制在200℃温度点上，用温度计 Raytek MX2（分辨力为0.1℃）以及 Raytek 3ILRSC/L2U（分辨力为1℃）分别进行重复性条件下的测量，共测量10次，每次测量得到的测量值 t_{Ti} 见表4。

表4　温度计 Raytek MX2 以及 Raytek 3ILRSC/L2U 系列的测量值

测量次数	1	2	3	4	5	6	7	8	9	10
MX2 测量值/℃	199.5	199.6	199.4	199.7	199.5	199.4	199.7	199.6	199.5	199.7
3I 系列测量值/℃	200	201	200	199	200	199	200	200	201	200
MX2（分辨力为0.1℃）	平均值: $\bar{t}_T = 199.56$℃；单次实验标准偏差: $s = \sqrt{\dfrac{\sum\limits_{i=1}^{n}(t_{Ti} - \bar{t}_T)}{n-1}} = 0.12$℃									
3ILRSC/L2U（分辨力为1℃）	平均值: $\bar{t}_T = 200$℃；单次实验标准偏差: $s = \sqrt{\dfrac{\sum\limits_{i=1}^{n}(t_{Ti} - \bar{t}_T)}{n-1}} = 0.67$℃									

实际测量情况是在重复性条件下连续测量 2 次，以 2 次测量的平均值作为测量结果，为正态分布，则

分辨力为 0.1℃：$u_1(\Delta t_T) = s/\sqrt{2} = 0.08℃$

分辨力为 1℃：$u_1(\Delta t_T) = s/\sqrt{2} = 0.47℃$

（2）温度计分辨力引入的标准不确定度分量 $u_2(\Delta t_T)$

可以采用 B 类方法进行评定。由温度计分辨力为 0.1℃ 以及 1℃ 导致的示值误差区间半宽为温度计显示分辨力值的 1/2。其分布为均匀分布，包含因子 $k = \sqrt{3}$。则

分辨力为 0.1℃：$u_2(\Delta t_T) = 0.05/\sqrt{3} = 0.03℃$

分辨力为 1℃：$u_2(\Delta t_T) = 0.5/\sqrt{3} = 0.29℃$

$u_1(\Delta t_T)$ 和 $u_2(\Delta t_T)$ 彼此独立不相关，则

$$u(\Delta t_T) = \sqrt{u_1^2(\Delta t_T) + u_2^2(\Delta t_T)} \qquad (6)$$

故在实验室测量范围（$-20 \sim 1000$）℃ 内，可以将标准不确定 $u(\Delta t_T)$ 按以下数值给出：

分辨力为 0.1℃：$u(\Delta t_T) = 0.09℃$

分辨力为 1℃：$u(\Delta t_T) = 0.55℃$

5.1.3　输入量 Δt_{TS} 引入的标准不确定度分量 $u(\Delta t_{TS})$

辐射源均匀性由辐射源校准时的校准证书中得到，测量范围在（$-20 \sim 1000$）℃ 的辐射源共由 3 台组成，在校准证书中选取均匀性最大的辐射源的数据，均匀性取 0.5℃，为均匀分布，包含因子 $k = \sqrt{3}$，则

$$u(\Delta t_{TS}) = 0.5/\sqrt{3} = 0.29℃$$

5.1.4　输入量 $\Delta t_{T\varepsilon} - \Delta t_{S\varepsilon}$ 以及输入量 $\Delta t_{TW} - \Delta t_{SW}$ 引入的标准不确定度分量 $u(\Delta t_{V\varepsilon})$ 和 $u(\Delta t_W)$

输入量 $\Delta t_{T\varepsilon} - \Delta t_{S\varepsilon}$ 以及输入量 $\Delta t_{TW} - \Delta t_{SW}$ 引入的标准不确定度分量 $u(\Delta t_{V\varepsilon})$ 和 $u(\Delta t_W)$ 均为 0。

5.1.5　输入量 Δt_{OP} 引入的标准不确定度分量 $u(\Delta t_{OP})$

人员操作影响包含校准过程中的靶底瞄准、距离确定、数据处理等方面的影响，测量条件影响主要为环境温度的影响，在评定中这方面的影响取 0.1℃，为均匀分布，包含因子 $k = \sqrt{3}$，则

$$u(\Delta t_{OP}) = 0.1/\sqrt{3} = 0.06℃$$

5.2　以 0.66μm 波段光谱范围的光电高温计为参考温度计，校准不同波段范围的温度计

以光电高温计 RT 9032 为参考温度计，测量范围为（$800 \sim 3200$）℃，配以相应测量范围的辐射源。

5.2.1　输入量 Δt_S 引入的标准不确定度分量 $u(\Delta t_S)$

（1）参考温度计校准不确定度引入的标准不确定度分量 $u_1(\Delta t_S)$

由参考温度计国家院校准时提供的不确定度得到，包含因子 $k = 2$，为正态分布，故由此引入的标准不确定度 $u_1(\Delta t_S)$ 见表 5。

表 5　参考温度计 RT 9032 检定时的不确定度以及由此引入的标准不确定度 $u_1(\Delta t_S)$

温度点/℃	扩展不确定度（$k=2$）/℃	标准不确定度 $u_1(\Delta t_S)$/℃
800.0	0.8	0.4
900.0	0.7	0.35
1000.0	0.6	0.3
1100.0	0.6	0.3
1200.0	0.6	0.3

续表

温度点/℃	扩展不确定度（$k=2$）/℃	标准不确定度 $u_1(\Delta t_S)$ /℃
1300.0	0.7	0.35
1400.0	0.7	0.35
1500.0	0.7	0.35
1600.0	0.7	0.35
1700.0	0.8	0.4
1800.0	0.8	0.4
1900.0	0.9	0.45
2000.0	1.0	0.5
2100.0	1.2	0.6
2200.0	1.6	0.8

（2）参考温度计在校准周期内的稳定性引入的标准不确定度分量 $u_2(\Delta t_S)$

参考温度计说明书中给出年稳定性的不确定度为 $U=2.4℃$（$k=2$），连续两个校准周期的检定结果是在调整之后给出的，没有参考的价值，故年稳定性取 1.2℃，包含因子 $k=\sqrt{3}$，则

$$u_2(\Delta t_S)=1.2/\sqrt{3}=0.69℃$$

（3）参考温度计测量辐射源温度的重复性引入的标准不确定度分量 $u_3(\Delta t_S)$

将辐射源的温度控制在 1500℃温度点上，用参考温度计 RT 9032 分别进行重复性条件下的测量，共测量 10 次，每次测量得到的测量值 t_{Si} 见表6。

表6　参考温度计 RT 9032 的测量值

测量次数	1	2	3	4	5	6	7	8	9	10
测量值/℃	1505.6	1505.8	1506.3	1505.9	1506.6	1505.7	1506.1	1505.8	1505.3	1505.8

平均值 $\bar{t}_S=1505.9℃$，则单次实验标准偏差为

$$s=\sqrt{\frac{\sum_{i=1}^{n}(t_{Si}-\bar{t}_S)}{n-1}}0.37℃$$

实际测量情况是在重复性条件下连续测量 2 次，以 2 次测量的平均值作为测量结果，为正态分布，则

$$u_3(\Delta t_S)=s/\sqrt{2}=0.18℃$$

（4）辐射源短期稳定性引入的标准不确定度分量 $u_4(\Delta t_S)$

辐射源短期稳定性由辐射源校准时的校准证书中得到，测量范围在（800～2200）℃的辐射源共由 2 台组成，在校准证书中选取短期稳定性最大辐射源的数据，短期稳定性取 1.0℃，为均匀分布，包含因子 k 取 $\sqrt{3}$，则

$$u_4(\Delta t_S)=1.0/\sqrt{3}=0.58℃$$

$u_1(\Delta t_S)$、$u_2(\Delta t_S)$、$u_3(\Delta t_S)$、$u_4(\Delta t_S)$ 彼此独立不相关，因此 $u(\Delta t_S)$ 可按式（7）计算：

$$u(\Delta t_S)=\sqrt{u_1^2(\Delta t_S)+u_2^2(\Delta t_S)+u_3^2(\Delta t_S)+u_4^2(\Delta t_S)} \tag{7}$$

由于实验室现有辐射源测量范围为(800~2200)℃，故标准不确定度 $u(\Delta t_S)$ 见表7。

表7　标准不确定度 $u(\Delta t_S)$

温度点/℃	标准不确定度 $u(\Delta t_S)$/℃
800.0	1.00
900.0	0.98
1000.0	0.97
1100.0	0.97
1200.0	0.97
1300.0	0.98
1400.0	0.98
1500.0	0.98
1600.0	0.98
1700.0	1.00
1800.0	1.00
1900.0	1.02
2000.0	1.05
2100.0	1.10
2200.0	1.22

5.2.2　输入量 Δt_T 引入的标准不确定度分量 $u(\Delta t_T)$

（1）温度计测量辐射源温度的重复性引入的标准不确定度分量 $u_1(\Delta t_T)$

在(−20~2200)℃的测量范围内，温度计的分辨力基本为0.1℃与1℃两类，并且0.1℃分辨力的温度计的工作波段基本为中长波波段，有(8~14)μm、(6~18)μm 等，其中以(8~14)μm 为最多，测量范围基本为(−50~1600)℃，其中(−20~1000)℃范围的不确定度可以参照4.1，本节的评定针对测量范围为(1100~1600)℃，工作波段为(8~14)μm 的温度计；1℃分辨力的温度计的工作波段基本为单波短波段，有4.0μm、1.0μm、0.9μm、0.66μm 等，其中以0.9μm 为最多，本章节的评定针对测量范围为(800~2200)℃，工作波段为0.9μm 的温度计。

将辐射源的温度控制在1500℃温度点上，用温度计 AR 872A + [分辨力为0.1℃，工作波段(8~14)μm] 以及 Raytek 3I1ML3U（分辨力为1℃，工作波段为0.9μm）分别进行重复性条件下的测量，共测量10次，每次测量得到的测量值 t_{Ti} 见表8。

表8　温度计 AR 872A + 以及 Raytek 3I 系列的测量值

测量次数	1	2	3	4	5	6	7	8	9	10
872A + 测量值/℃	1510.8	1510.6	1509.4	1510.7	1510.5	1510.4	1510.7	1509.6	1510.5	1510.7
3I 系列测量值/℃	1505	1506	1504	1505	1506	1505	1504	1505	1504	1506
872A +（分辨力为0.1℃）	平均值 $\bar{t}_T$：1510.4℃；单次实验标准偏差：$s = \sqrt{\dfrac{\sum\limits_{i=1}^{n}(t_{Ti} - \bar{t}_T)}{n-1}} = 0.49$℃									

续表

3I1ML3U（分辨力为1℃）	平均值 $\bar{t}_T$：1505℃；单次实验标准偏差：$s = \sqrt{\dfrac{\sum\limits_{i=1}^{n}(t_{Ti} - \bar{t}_T)}{n-1}} = 0.82℃$

实际测量情况是在重复性条件下连续测量 2 次，以 2 次测量的平均值作为测量结果，为正态分布，则

分辨力为 0.1℃：$u_1(\Delta t_T) = s/\sqrt{2} = 0.35℃$

分辨力为 1℃：$u_1(\Delta t_T) = s/\sqrt{2} = 0.58℃$

（2）温度计分辨力引入的标准不确定度分量 $u_2(\Delta t_T)$

可以采用 B 类方法进行评定。由温度计分辨力为 0.1℃ 以及 1℃ 导致的示值误差区间半宽为温度计显示分辨力值的 1/2。其分布为均匀分布，包含因子 $k = \sqrt{3}$，则

分辨力为 0.1℃：$u_2(\Delta t_T) = 0.05/\sqrt{3} = 0.03℃$

分辨力为 1℃：$u_2(\Delta t_T) = 0.5/\sqrt{3} = 0.29℃$

$u_1(\Delta t_T)$ 和 $u_2(\Delta t_T)$ 彼此独立不相关，则

$$u(\Delta t_T) = \sqrt{u_1^2(\Delta t_T) + u_2^2(\Delta t_T)} \tag{8}$$

故在实验室测量范围（800～2200）℃内，可以将标准不确定 $u(\Delta t_T)$ 按以下数值给出：

分辨力为 0.1℃：$u(\Delta t_T) = 0.35℃$

分辨力为 1℃：$u(\Delta t_T) = 0.65℃$

5.2.3　输入量 Δt_{TS} 引入的标准不确定度分量 $u(\Delta t_{TS})$

辐射源均匀性由辐射源校准时的校准证书中得到，测量范围在（800～2200）℃的辐射源共由 2 台组成，在校准证书中选取均匀性最大的辐射源的数据，均匀性取 0.5℃，为均匀分布，包含因子 $k = \sqrt{3}$，则

$$u(\Delta t_{TS}) = 0.5/\sqrt{3} = 0.29℃$$

5.2.4　输入量 $\Delta t_{T\varepsilon} - \Delta t_{S\varepsilon}$ 引入的标准不确定度分量 $u(\Delta t_{V\varepsilon})$

测量范围在（800～2200）℃的辐射源共由 2 台组成，低温辐射源发射率 ε 取 0.995，高温辐射源发射率 $\varepsilon = 0.99$，故辐射源发射率修正的不确定度对固有误差的影响引入的不确定度 $u(\Delta t_{V\varepsilon})$ 包含的分量可以分以下两种情况计算（校准点选为 1500℃）：

（1）温度计的工作波长为（8～14）μm

辐射源发射率不确定度 $[u(\varepsilon) = 0.005/\sqrt{3}]$ 对参考温度计的影响引入的不确定度 $u(\Delta t_{S\varepsilon})$ 为

$$u(\Delta t_{S\varepsilon}) = 100u(\varepsilon)|\Delta t_{V0.99}| = 0.42℃$$

辐射源发射率不确定度 $[u(\varepsilon) = 0.05/\sqrt{3}]$ 对温度计的影响引入的不确定度 $u(\Delta t_{T\varepsilon})$ 为

$$u(\Delta t_{T\varepsilon}) = 100u(\varepsilon)|\Delta t_{V0.99}| = 3.45℃$$

两者以代数和方式合成，则 $u(\Delta t_{V\varepsilon}) = 3.03℃$。

（2）温度计的工作波长为 0.9μm

辐射源发射率不确定度 $[u(\varepsilon) = 0.01/\sqrt{3}]$ 对参考温度计的影响引入的不确定度 $u(\Delta t_{S\varepsilon})$ 为

$$u(\Delta t_{S\varepsilon}) = 100u(\varepsilon)|\Delta t_{V0.99}| = 0.83℃$$

辐射源发射率不确定度 $[u(\varepsilon)=0.01/\sqrt{3}]$ 对温度计的影响引入的不确定度 $u(\Delta t_{T\varepsilon})$ 为

$$u(\Delta t_{T\varepsilon})=100u(\varepsilon)|\Delta t_{V0.99}|=1.14℃$$

两者以代数和方式合成，则 $u(\Delta t_{V\varepsilon})=0.31℃$。

5.2.5　输入量 $\Delta t_{TW}-\Delta t_{SW}$ 引入的标准不确定度分量 $u(\Delta t_W)$

输入量 $\Delta t_{TW}-\Delta t_{SW}$ 引入的标准不确定度分量 $u(\Delta t_W)$ 为0。

5.2.6　输入量 Δt_{OP} 引入的标准不确定度分量 $u(\Delta t_{OP})$

人员操作包含校准过程中的靶底瞄准、距离确定、数据处理等方面，测量条件影响主要为环境温度的影响，在评定中这方面的影响取 0.5℃，为均匀分布，包含因子 $k=\sqrt{3}$，则

$$u(\Delta t_{OP})=0.5/\sqrt{3}=0.29℃$$

6　各标准不确定度分量汇总

6.1　以 $(8～14)\mu m$ 波段光谱范围的辐射温度计为参考温度计，校准同波段范围的温度计

此类情况下，辐射源发射率偏离1引入的标准不确定度以及窗口误差引入的标准不确定度均为0，各标准不确定度汇总见表9。

表9　各标准不确定度分量汇总 [温度计工作波段 $(8～14)\mu m$]

不确定度来源		类别	$u(x_i)/℃$	分布	灵敏系数 c_i	$\|c_i\|u(x_i)$ /℃
输入量 Δt_S	校准不确定度 $u_1(\Delta t_S)$	B	见表1	均匀	-1	见表3
	校准周期内的稳定性 $u_2(\Delta t_S)$	B	0.58	均匀		
	测量重复性 $u_3(\Delta t_S)$	A	0.06	正态		
	辐射源短期稳定性 $u_4(\Delta t_S)$	B	0.17	均匀		
输入量 Δt_T	温度计测量重复性 $u_1(\Delta t_T)$	A	0.1℃时，0.08	正态	1	0.1℃时，0.09
			1℃时，0.47			
	温度计分辨力 $u_2(\Delta t_T)$	B	0.1℃时，0.03	均匀		1℃时，0.55
			1℃时，0.29			
输入量 Δt_{TS}	辐射源均匀性 $u(\Delta t_{TS})$	B	0.29	均匀	-1	0.29
输入量 $\Delta t_{T\varepsilon}-\Delta t_{S\varepsilon}$	辐射源发射率修正 $u(\Delta t_{V\varepsilon})$	B	0	均匀	-1	0
输入量 $\Delta t_{TW}-\Delta t_{SW}$	辐射源窗口误差 $u(\Delta t_W)$	B	0	均匀	-1	0
输入量 Δt_{OP}	人员操作测量条件影响 $u(\Delta t_{OP})$	B	0.06	均匀	1	0.06

6.2　以 $0.66\mu m$ 波段光谱范围的光电高温计为参考温度计，校准不同波段范围的温度计

此类情况下，辐射源发射率偏离1根据温度计的工作波段引入的标准不确定度不同，窗口误差引入的标准不确定度均为0，各标准不确定度汇总见表10和表11。

表10　各标准不确定度分量汇总［温度计工作波段(8~14)μm］

不确定度来源		类别	$u(x_i)$/℃	分布	灵敏系数 c_i	$\mid c_i\mid u(x_i)$ /℃
输入量 Δt_S	校准不确定度 $u_1(\Delta t_S)$	B	见表5	均匀	−1	见表7
	校准周期内的稳定性 $u_2(\Delta t_S)$	B	0.69	均匀		
	测量重复性 $u_3(\Delta t_S)$	A	0.18	正态		
	辐射源短期稳定性 $u_4(\Delta t_S)$	B	0.58	均匀		
输入量 Δt_T	温度计测量重复性 $u_1(\Delta t_T)$	A	0.1℃时,0.35 / 1℃时,0.58	正态	1	0.1℃时, 0.35
	温度计分辨力 $u_2(\Delta t_T)$	B	0.1℃时,0.03 / 1℃时,0.29	均匀		1℃时, 0.65
输入量 Δt_{TS}	辐射源均匀性 $u(\Delta t_{TS})$	B	0.29	均匀	−1	0.29
输入量 $\Delta t_{T\varepsilon}-\Delta t_{S\varepsilon}$	辐射源发射率修正 $u(\Delta t_{V\varepsilon})$	B	3.03	均匀	−1	3.03
输入量 $\Delta t_{TW}-\Delta t_{SW}$	辐射源窗口误差 $u(\Delta t_W)$	B	0	均匀	−1	0
输入量 Δt_{OP}	人员操作测量条件影响 $u(\Delta t_{OP})$	B	0.29	均匀	1	0.29

表11　各标准不确定度分量汇总(温度计工作波段0.9μm)

不确定度来源		类别	$u(x_i)$/℃	分布	灵敏系数 c_i	$\mid c_i\mid u(x_i)$ /℃
输入量 Δt_S	校准不确定度 $u_1(\Delta t_S)$	B	见表5	均匀	−1	见表7
	校准周期内的稳定性 $u_2(\Delta t_S)$	B	0.58	均匀		
	测量重复性 $u_3(\Delta t_S)$	A	0.06	正态		
	辐射源短期稳定性 $u_4(\Delta t_S)$	B	0.17	均匀		
输入量 Δt_T	温度计测量重复性 $u_1(\Delta t_T)$	A	0.1℃时,0.35 / 1℃时,0.58	正态	1	0.1℃时, 0.35
	温度计分辨力 $u_2(\Delta t_T)$	B	0.1℃时,0.03 / 1℃时,0.29	均匀		1℃时, 0.65
输入量 Δt_{TS}	辐射源均匀性 $u(\Delta t_{TS})$	B	0.29	均匀	−1	0.29
输入量 $\Delta t_{T\varepsilon}-\Delta t_{S\varepsilon}$	辐射源发射率修正 $u(\Delta t_{V\varepsilon})$	B	0.31	均匀	−1	0.31
输入量 $\Delta t_{TW}-\Delta t_{SW}$	辐射源窗口误差 $u(\Delta t_W)$	B	0	均匀	−1	0
输入量 Δt_{OP}	人员操作测量条件影响 $u(\Delta t_{OP})$	B	0.29	均匀	1	0.29

7　合成标准不确定度计算

输入量 $u(\Delta t_S)$、$u(\Delta t_T)$、$u(\Delta t_{TS})$、$u(\Delta t_{V\varepsilon})$、$u(\Delta t_W)$、$u(\Delta t_{OP})$ 彼此独立不相关,则合成标准不确定度可按式(9)计算:

$$u_c = \sqrt{u^2(\Delta t_S) + u^2(\Delta t_T) + u^2(\Delta t_{TS}) + u^2(\Delta t_{V\varepsilon}) + u^2(\Delta t_W) + u^2(\Delta t_{OP})} \qquad (9)$$

根据式（9）计算得到上述各情况下的合成不确定度见表12和表13。

表12　合成标准不确定度［温度计工作波段(8~14)μm］

	温度点/℃	合成不确定度 u_c/℃	
		温度计分辨力0.1℃	温度计分辨力1℃
参考温度计 TRT Ⅳ	−20.0	0.73	0.91
	0.0	0.70	0.88
	50.0	0.69	0.88
	100.0	0.69	0.88
	150.0	0.69	0.88
	200.0	0.69	0.88
	250.0	0.71	0.89
	300.0	0.75	0.92
	400.0	0.79	0.96
	500.0	0.82	0.98
	600.0	0.85	1.00
	700.0	0.90	1.05
	800.0	0.94	1.08
	900.0	1.02	1.15
	1000.0	1.05	1.18
光电高温计 RT 9032	1100.0	3.23	3.28
	1200.0	3.23	3.28
	1300.0	3.23	3.28
	1400.0	3.23	3.28
	1500.0	3.23	3.28
	1600.0	3.23	3.28

表13　合成标准不确定度（温度计工作波段0.9μm）

	温度点/℃	合成不确定度 u_c/℃	
		温度计分辨力0.1℃	温度计分辨力1℃
光电高温计 RT 9032	800.0	1.18	1.30
	900.0	1.16	1.28
	1000.0	1.15	1.28
	1100.0	1.15	1.28

续表

温度点/℃	合成不确定度 u_c/℃	
	温度计分辨力 0.1℃	温度计分辨力 1℃
1200.0	1.15	1.28
1300.0	1.16	1.28
1400.0	1.16	1.28
1500.0	1.16	1.28
1600.0	1.16	1.28
1700.0	1.18	1.30
1800.0	1.18	1.30
1900.0	1.19	1.32
2000.0	1.22	1.34
2100.0	1.26	1.38
2200.0	1.37	1.48

（光电高温计 RT 9032）

8 扩展不确定度评定

取包含因子 $k=2$，则扩展不确定度为

$$U = k \cdot u_c$$

得到上述各情况下的扩展不确定度见表 14 和表 15。

表 14　扩展不确定度［温度计工作波段 $(8 \sim 14)\,\mu m$］

温度点/℃	扩展不确定度 U/℃	
	温度计分辨力 0.1℃	温度计分辨力 1℃
-20.0	1.46	1.82
0.0	1.40	1.76
50.0	1.38	1.76
100.0	1.38	1.76
150.0	1.38	1.76
200.0	1.38	1.76
250.0	1.42	1.78
300.0	1.50	1.84
400.0	1.58	1.92
500.0	1.64	1.96
600.0	1.70	2.00
700.0	1.80	2.10

（参考温度计 TRT Ⅳ）

续表

| 参考温度计 TRT Ⅳ | 温度点/℃ | 扩展不确定度 u/℃ | |
		温度计分辨力 0.1℃	温度计分辨力 1℃
	800.0	1.88	2.16
	900.0	2.04	2.30
	1000.0	2.10	2.36
光电高温计 RT 9032	1100.0	6.46	6.56
	1200.0	6.46	6.56
	1300.0	6.46	6.56
	1400.0	6.46	6.56
	1500.0	6.46	6.56
	1600.0	6.46	6.56

表 15 扩展不确定度（温度计工作波段 0.9μm）

| | 温度点/℃ | 扩展不确定度 U/℃ | |
		温度计分辨力 0.1℃	温度计分辨力 1℃
光电高温计 RT 9032	800.0	2.36	2.60
	900.0	2.32	2.56
	1000.0	2.30	2.56
	1100.0	2.30	2.56
	1200.0	2.30	2.56
	1300.0	2.32	2.56
	1400.0	2.32	2.56
	1500.0	2.32	2.56
	1600.0	2.32	2.56
	1700.0	2.32	2.60
	1800.0	2.36	2.60
	1900.0	2.38	2.64
	2000.0	2.44	2.68
	2100.0	2.52	2.76
	2200.0	2.74	2.96

9 测量不确定度报告与表示

红外辐射温度计固有误差测量结果的不确定度可以表示成表 16 和表 17。

表 16　测量不确定度表示［温度计工作波段(8~14)μm］

	温度点/℃	扩展不确定度 U/℃		k
		温度计分辨力 0.1℃	温度计分辨力 1℃	
参考温度计 TRT IV	-20.0	1.5	2	2
	0.0	1.4	2	2
	50.0	1.4	2	2
	100.0	1.4	2	2
	150.0	1.4	2	2
	200.0	1.4	2	2
	250.0	1.5	2	2
	300.0	1.5	2	2
	400.0	1.6	2	2
	500.0	1.7	2	2
	600.0	1.7	2	2
	700.0	1.8	3	2
	800.0	1.9	3	2
	900.0	2.1	3	2
	1000.0	2.1	3	2
光电高温计 RT 9032	1100.0	6.5	7	2
	1200.0	6.5	7	2
	1300.0	6.5	7	2
	1400.0	6.5	7	2
	1500.0	6.5	7	2
	1600.0	6.5	7	2

表 17　测量不确定度表示（温度计工作波段 0.9μm）

	温度点/℃	扩展不确定度 U/℃		k
		温度计分辨力 0.1℃	温度计分辨力 1℃	
光电高温计 RT 9032	800.0	2.4	3	2
	900.0	2.4	3	2
	1000.0	2.3	3	2
	1100.0	2.3	3	2
	1200.0	2.3	3	2
	1300.0	2.4	3	2

续表

温度点/℃	扩展不确定度 U/℃		k
	温度计分辨力 0.1℃	温度计分辨力 1℃	
1400.0	2.4	3	2
1500.0	2.4	3	2
1600.0	2.4	3	2
1700.0	2.4	3	2
1800.0	2.4	3	2
1900.0	2.4	3	2
2000.0	2.5	3	2
2100.0	2.6	3	2
2200.0	2.8	3	2

光电高温计 RT 9032

十、检定或校准结果的验证

采用传递比较法对测量结果进行验证。可以采用本装置与本装置所属行政区域的上一级计量机构进行验证，也可以采用多家实验室进行比对的方式进行验证。本示例采用与上一级计量机构进行验证。测量范围为($-20 \sim 535$)℃，在50℃、200℃、400℃三个温度点进行了检定，测量结果如下。

测量点 ℃	y_{lab} ℃	U_{lab} ℃	y_{ref} ℃	U_{ref} ℃	$\mid y_{lab} - y_{ref} \mid$ ℃	$\sqrt{U_{lab}^2 + U_{ref}^2}$ ℃
50	-0.9	1.4	-1.4	1.1	0.5	1.18
200	-1.5	1.4	-2.1	1.0	0.6	1.72
400	-2.4	1.6	-3.1	1.3	0.7	2.06

测量结果均满足 $\mid y_{lab} - y_{ref} \mid \leqslant \sqrt{U_{lab}^2 + U_{ref}^2}$，故本装置通过验证，符合要求。

十一、结论

　　经实验验证，本装置符合国家计量检定系统表和国家计量检定规程的要求，可以开展工作用辐射温度计的检定工作。

十二、附加说明

示例 3.6　热像仪校准装置

计量标准考核（复查）申请书

[　　] 量标　　证字第　　　号

计量标准名称　　　　**热像仪校准装置**

计量标准代码　　　　　**04118330**

建标单位名称

组织机构代码

单 位 地 址

邮 政 编 码

计量标准负责人及电话

计量标准管理部门联系人及电话

年　　　月　　　日

说　明

1. 申请新建计量标准考核，建标单位应当提供以下资料：

1）《计量标准考核（复查）申请书》原件一式两份和电子版一份；

2）《计量标准技术报告》原件一份；

3）计量标准器及主要配套设备有效的检定或校准证书复印件一套；

4）开展检定或校准项目的原始记录及相应的模拟检定或校准证书复印件两套；

5）检定或校准人员能力证明复印件一套；

6）可以证明计量标准具有相应测量能力的其他技术资料（如果适用）复印件一套。

2. 申请计量标准复查考核，建标单位应当提供以下资料：

1）《计量标准考核（复查）申请书》原件一式两份和电子版一份；

2）《计量标准考核证书》原件一份；

3）《计量标准技术报告》原件一份；

4）《计量标准考核证书》有效期内计量标准器及主要配套设备连续、有效的检定或校准证书复印件一套；

5）随机抽取该计量标准近期开展检定或校准工作的原始记录及相应的检定或校准证书复印件两套；

6）《计量标准考核证书》有效期内连续的《检定或校准结果的重复性试验记录》复印件一套；

7）《计量标准考核证书》有效期内连续的《计量标准的稳定性考核记录》复印件一套；

8）检定或校准人员能力证明复印件一套；

9）《计量标准更换申报表》（如果适用）复印件一份；

10）《计量标准封存（或撤销）申报表》（如果适用）复印件一份；

11）可以证明计量标准具有相应测量能力的其他技术资料（如果适用）复印件一套。

3. 《计量标准考核（复查）申请书》采用计算机打印，并使用 A4 纸。

注：新建计量标准申请考核时不必填写"计量标准考核证书号"。

计量标准 名　称	热像仪校准装置				计量标准 考核证书号			
保存地点					计量标准 原值（万元）			
计量标准 类　别	☑　社会公用 □　计量授权		□　部门最高 □　计量授权			□　企事业最高 □　计量授权		
测量范围	（−20～600）℃							
不确定度或 准确度等级或 最大允许误差	$U=(0.4～2.7)$℃　（$k=2$）							

	名　称	型　号	测量范围	不确定度 或准确度等级 或最大允许误差	制造厂及 出厂编号	检定周 期或复 校间隔	末次检 定或校 准日期	检定或校 准机构及 证书号
计 量 标 准 器	标准铂电阻 温度计		（−20～600）℃	二等		2年		
	辐射温度计		（−20～600）℃	$U=(0.2～1.2)$℃ （$k=2$）		1年		
主 要 配 套 设 备	黑体辐射源		（−20～50）℃	均匀性:0.1℃ 稳定性:0.1℃ 发射率:0.995		1年		
	黑体辐射源		（50～600）℃	均匀性:0.6℃ 稳定性:0.2℃ 发射率:0.995		1年		
	面辐射源		（30～100）℃	均匀性:0.2℃ 稳定性:0.1℃ 发射率:0.97		1年		
	数字多用表		（20～1000）Ω	±0.020% 读数		1年		

序号	项目	要　　求	实 际 情 况	结论
1	温度	(23±5)℃	(18~25)℃	合格
2	湿度	≤85% RH	35% RH~75% RH	合格
3	其他	无强热辐射	无环境强热辐射	合格
4				
5				
6				
7				
8				

环境条件及设施

姓　名	性别	年龄	从事本项目年限	学　历	能力证明名称及编号	核准的检定或校准项目

检定或校准人员

	序号	名　　称	是否具备	备注
文件集登记	1	计量标准考核证书（如果适用）	否	新建
	2	社会公用计量标准证书（如果适用）	否	新建
	3	计量标准考核（复查）申请书	是	
	4	计量标准技术报告	是	
	5	检定或校准结果的重复性试验记录	是	
	6	计量标准的稳定性考核记录	是	
	7	计量标准更换申请表（如果适用）	否	新建
	8	计量标准封存（或撤销）申报表（如果适用）	否	新建
	9	计量标准履历书	是	
	10	国家计量检定系统表（如果适用）	是	
	11	计量检定规程或计量技术规范	是	
	12	计量标准操作程序	是	
	13	计量标准器及主要配套设备使用说明书（如果适用）	是	
	14	计量标准器及主要配套设备的检定或校准证书	是	
	15	检定或校准人员能力证明	是	
	16	实验室的相关管理制度		
	16.1	实验室岗位管理制度	是	
	16.2	计量标准使用维护管理制度	是	
	16.3	量值溯源管理制度	是	
	16.4	环境条件及设施管理制度	是	
	16.5	计量检定规程或计量技术规范管理制度	是	
	16.6	原始记录及证书管理制度	是	
	16.7	事故报告管理制度	是	
	16.8	计量标准文件集管理制度	是	
	17	开展检定或校准工作的原始记录及相应的检定或校准证书副本	是	
	18	可以证明计量标准具有相应测量能力的其他技术资料（如果适用）		
	18.1	检定或校准结果的不确定度评定报告	是	
	18.2	计量比对报告	否	新建
	18.3	研制或改造计量标准的技术鉴定或验收资料	否	非自研

	名　称	测量范围	不确定度或准确度 等级或最大允许误差	所依据的计量检定规程 或计量技术规范的编号及名称
开展的检定或校准项目	红外热像仪 校准	(−20 ~ 600)℃	2.0 级	JJF 1187—2008 《热像仪校准规范》

建标单位意见	负责人签字：　　　　　　（公章） 　　　　　　年　　月　　日
建标单位 主管部门意见	（公章） 　　　　　　年　　月　　日
主持考核的 人民政府计量 行政部门意见	（公章） 　　　　　　年　　月　　日
组织考核的 人民政府计量 行政部门意见	（公章） 　　　　　　年　　月　　日

计 量 标 准 技 术 报 告

计量标准名称　　　　**热像仪校准装置**　　　　

计量标准负责人　　　　　　　　　　　　　　

建标单位名称　　　　　　　　　　　　　　　

填　写　日　期

目　　录

一、建立计量标准的目的

　　随着半导体技术的发展，工业检测型红外热像仪产品品种越来越多，技术性能不断提高，同时价格也逐步降低，在国内诸多行业越来越广泛地应用，涉及冶金、化工、安全防护、工程监测、医疗卫生和科学研究等众多领域，不仅运用于图像识别和红外夜视，而且更广泛地进行热图像温度的评估和测量，解决许多常规温度计无法测量表面温度分布的技术难题。为满足企事业、科研院所及检验机构所使用的热像仪的量值校准需求，需要建立红外热像仪计量标准校准装置，该校准装置可对（－20～600）℃范围内各种型号热像仪的测量准确度、测量一致性进行测量，以保证量值的准确可靠。

二、计量标准的工作原理及其组成

　　热像仪是集光电器件、机械制造、数字化处理等多技术合成的产品，它将物体表面红外热辐射能转换成可视的伪图像，并通过对物体发射率、测量的距离和环境条件等因素进行修正，可定量测量物体表面温度及其分布。

　　热像仪校准装置通常由标准铂电阻温度计、标准辐射温度计和精密黑体辐射源组成，通过热像仪和标准温度计在设置条件下同时对黑体辐射源进行测量，采用比较方法实现温度量值传递。

三、计量标准器及主要配套设备

	名　称	型　号	测量范围	不确定度或准确度等级或最大允许误差	制造厂及出厂编号	检定周期或复校间隔	检定或校准机构
计量标准器	标准铂电阻温度计		$(-20 \sim 600)℃$	二等		2 年	
	辐射温度计		$(-20 \sim 600)℃$	$U = (0.2 \sim 1.2)℃$ $(k=2)$		1 年	
主要配套设备	黑体辐射源		$(-20 \sim 50)℃$	均匀性：0.1℃ 稳定性：0.1℃ 发射率：0.995		1 年	
	黑体辐射源		$(50 \sim 600)℃$	均匀性：0.6℃ 稳定性：0.2℃ 发射率：0.995		1 年	
	面辐射源		$(30 \sim 100)℃$	均匀性：0.2℃ 稳定性：0.1℃ 发射率：0.97		1 年	
	数字多用表		$(20 \sim 1000)\ \Omega$	±0.020% 读数		1 年	

四、计量标准的主要技术指标

1. 标准器
(1) 标准铂电阻温度计

测量范围：(-189.3442 ~ 660.323)℃；二等。

(2) 辐射温度计

测量范围：(-50 ~ 1000)℃；最大允许误差：±0.5℃($t \leqslant 100$℃) ~ ±0.5% t($t > 100$℃)。

2. 配套设备
(1) 黑体辐射源

测量范围：(-50 ~ 50)℃；发射率：0.995，稳定性：0.1℃/10min，均匀性：0.1℃。

测量范围：(50 ~ 600)℃；发射率：0.995，稳定性：0.2℃/10min，均匀性：0.6℃。

(2) 面辐射源

测量范围：(30 ~ 100)℃；发射率：0.97，稳定性：0.1℃/20min，均匀性：0.2℃。

(3) 数字多用表

直流电阻：(20 ~ 1000)Ω；MPE：±0.020% 读数。

五、环境条件

序号	项目	要　求	实际情况	结论
1	温度	(23 ± 5)℃	(18 ~ 25)℃	合格
2	湿度	<85% RH	35% RH ~ 75% RH	合格
3	其他	无强热辐射	无环境强热辐射	合格
4				
5				
6				

六、计量标准的量值溯源和传递框图

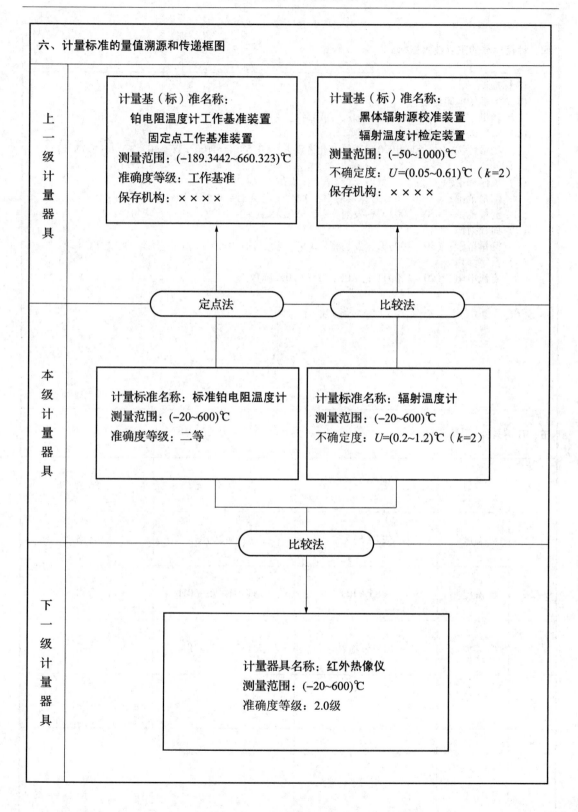

七、计量标准的稳定性考核

采用稳定性能较好的铂电阻温度计作为核查标准与辐射温度计进行比对，考查装置的整体稳定性。测量结果如下。

热像仪校准装置的稳定性考核记录

考核时间	2017 年 5 月 5 日		2017 年 5 月 9 日	
核查标准	名称：标准铂电阻温度计 型号：WZPB-2 编号：×××			
测量条件	23.2℃；36% RH		23.9℃；38% RH	
测量仪器	标准温度计	辐射温度计	标准温度计	辐射温度计
测量次数	测得值/℃	测得值/℃	测得值/℃	测得值/℃
1	97.8	97.4	97.9	97.6
2	97.8	97.4	97.9	97.6
3	97.8	97.4	97.9	97.6
4	97.8	97.4	97.9	97.6
5	97.8	97.4	97.9	97.6
6	97.8	97.4	97.9	97.6
7	97.8	97.4	97.9	97.6
8	97.8	97.4	97.9	97.6
9	97.8	97.4	97.9	97.6
10	97.8	97.4	97.9	97.6
$\bar{y}_i$	97.8	97.4	97.9	97.6
变化量 $|\bar{y}_i - \bar{y}_{i-1}|$	—	0.4℃	—	0.3℃
允许变化量	—	0.7℃	—	0.7℃
结 论	—	符合要求	—	符合要求
考核人员	×××	×××	×××	×××

八、检定或校准结果的重复性试验

选取红外热像仪,重复性条件下在50℃、300℃、600℃点进行10次重复测量,结果如下。

热像仪校准装置的检定或校准结果的重复性试验记录

试验时间	2017 年 4 月 27 日			2017 年 4 月 27 日			2017 年 4 月 27 日		
被测对象	名　称	型号	编号	名　称	型号	编号	名　称	型号	编号
	红外热像仪	×××	×××	红外热像仪	×××	×××	红外热像仪	×××	×××
试验温度点	50℃			300℃			600℃		
测量条件	19.2℃;45% RH			19.2℃;45% RH			19.2℃;45% RH		
测量次数	测得值/℃			测得值/℃			测得值/℃		
1	51.5			304.3			603.9		
2	51.4			304.4			603.8		
3	51.3			304.8			603.4		
4	51.2			305.2			601.7		
5	51.4			304.0			602.6		
6	51.1			303.8			602.4		
7	51.4			303.9			602.7		
8	51.3			303.9			602.3		
9	51.4			303.4			602.0		
10	51.6			304.3			602.1		
$\bar{y}$	51.4			304.2			602.7		
$s(y_i) = \sqrt{\dfrac{\sum\limits_{i=1}^{n}(y_i - \bar{y})^2}{n-1}}$	0.14℃			0.52℃			0.76℃		
结　　论	符合要求			符合要求			符合要求		
试验人员	×××			×××			×××		

九、检定或校准结果的不确定度评定

1 测量依据
　　JJF 1187—2008《热像仪校准规范》。

2 测量模型

$$\Delta t_i = t_i - t_{\mathrm{BB}i} \quad (i = 1, 2, \cdots, n) \tag{1}$$

式中：Δt_i——第 i 个校准温度点，热像仪的示值误差，℃；

　　　　t_i——第 i 个校准温度点，热像仪示值平均值，℃；

　　　　$t_{\mathrm{BB}i}$——黑体温度平均值。

3 灵敏系数

$$c_{t_i} = \partial(\Delta t_i)/\partial t_i = 1$$

$$c_{t_{\mathrm{BB}i}} = \partial(\Delta t_i)/\partial t_{\mathrm{BB}i} = -1$$

4 各输入量的标准不确定度分量来源

4.1 输入量 $t_{\mathrm{BB}i}$ 引入的标准不确定度分量
　　（1）黑体辐射源控温不稳定引入的标准不确定度分量 u_1；
　　（2）黑体辐射源发射率偏离 1 引入的标准不确定度分量 u_2；
　　（3）标准温度计溯源引入的标准不确定度分量 u_3；
　　（4）黑体辐射源均匀性引入的标准不确定度分量 u_4；
　　（5）电测设备引入的标准不确定度分量 u_5。

4.2 输入量 t_i 引入的标准不确定度分量
　　（1）热像仪测量重复性引入的标准不确定度分量 u_6；
　　（2）热像仪示值分辨力引入的标准不确定度分量 u_7。

4.3 影响量引入的标准不确定度分量
　　环境温湿度的影响及数字处理的舍取误差（略去）。

5 各输入量的标准不确定度分量评定
　　以测量温度点 100℃ 为例，热像仪响应波段（8 ~ 14）μm，分辨力为 0.1℃，标准器为标准铂电阻温度计。

5.1 黑体辐射源控温不稳定引入的标准不确定度分量 u_1
　　黑体辐射源控温稳定性 0.1℃/10min，以均匀分布，则

$$u_1 = 0.06℃$$

5.2 黑体辐射源发射率偏离 1 引入的标准不确定度分量 u_2
　　黑体辐射源发射率为 0.995 ± 0.005，修正量约 0.32℃，不确定度 0.005 引入的标准不确定度，按均匀分布，则

$$u_2 = 0.18℃$$

5.3 标准铂电阻温度计测量黑体温度的复现性引入的标准不确定度分量 u_3

$$u_3 = 0.05℃$$

5.4 黑体辐射源均匀性引入的标准不确定度分量 u_4
　　黑体辐射源均匀性为 0.2℃，按均匀分布，则

$$u_4 = 0.12℃$$

5.5 标准电阻温度计电测设备引入的标准不确定度分量 u_5
　　采用 2000 数字多用表，测量 $R_{\mathrm{tp}} = 25\Omega$ 标准温度计，引入的标准不确定度按均匀分布，则

$$u_5 = 0.05\text{℃}$$

5.6 热像仪测量重复性引入的标准不确定度分量 u_6

进行 10 次重复测量，数据如下（单位：℃）：

99.5　99.5　99.6　99.9　99.8　98.8　98.9　98.8　98.5　98.7

平均值为

$$\bar{t}_i = 99.2\text{℃}$$

单次测量实验标准差为

$$s(t_i) = 0.51\text{℃}$$

取 4 次平均值作为测量结果，则标准不确定度为

$$u_6 = 0.26\text{℃}$$

5.7 热像仪示值分辨力引入的标准不确定度分量 u_7

$$u_7 = 0.03\text{℃}$$

6 合成标准不确定度计算

以上分量彼此独立不相关，则合成标准不确定度为

$$u_c = \sqrt{\sum_{i=1}^{7} c_i^2 u_i^2} = 0.35\text{℃}$$

7 扩展不确定度评定

取包含因子 $k = 2$，则扩展不确定度为

$$U = k \cdot u_c = 0.7\text{℃}$$

8 其他温度点的标准不确定度（见表1）

表 1　　　　℃

符号	测量点温度						
	−20	0	50	100	200	400	600
u_1	0.06	0.06	0.06	0.06	0.12	0.23	0.35
u_2	0.15	0.06	0.08	0.18	0.37	0.75	1.19
u_3	0.05	0.05	0.05	0.05	0.10	0.20	0.30
u_4	0.06	0.06	0.06	0.12	0.17	0.23	0.35
u_5	0.04	0.04	0.04	0.05	0.05	0.07	0.09
u_6	0.36	0.35	0.24	0.26	0.30	0.40	0.45
u_7	0.03	0.03	0.03	0.03	0.03	0.03	0.03
u_c	0.40	0.37	0.27	0.35	0.53	0.94	1.40
k	2	2	2	2	2	2	2
U	0.8	0.8	0.6	0.7	1.1	1.9	2.8

十、检定或校准结果的验证

采用传递比较法对测量结果进行验证。分别采用辐射温度计和标准铂电阻温度计作标准器校准同一被校仪器，两次校准结果如下。

辐射温度计		铂电阻温度计		$\lvert y_{\mathrm{lab}} - y_{\mathrm{ref}} \rvert$ /℃	$\sqrt{U_{\mathrm{lab}}^2 + U_{\mathrm{ref}}^2}$ /℃
y_{lab}/℃	U_{lab}/℃　($k=2$)	y_{ref}/℃	U_{ref}/℃　($k=2$)		
0.3	0.5	-0.2	0.7	0.5	0.9

测量结果满足 $\lvert y_{\mathrm{lab}} - y_{\mathrm{ref}} \rvert \leqslant \sqrt{U_{\mathrm{lab}}^2 + U_{\mathrm{ref}}^2}$，故本装置通过验证，符合要求。

十一、结论

经实验验证，本装置符合国家计量检定系统表和国家计量校准规范的要求，可以开展红外热像仪的校准工作。

十二、附加说明

示例 3.7　标准水银温度计标准装置

计量标准考核（复查）申请书

〔　　〕量标　　　　证字第　　　号

计量标准名称　　**标准水银温度计标准装置**

计量标准代码　　　　**04114701**

建标单位名称＿＿＿＿＿＿＿＿＿＿＿＿＿

组织机构代码＿＿＿＿＿＿＿＿＿＿＿＿＿

单　位　地　址＿＿＿＿＿＿＿＿＿＿＿＿＿

邮　政　编　码＿＿＿＿＿＿＿＿＿＿＿＿＿

计量标准负责人及电话＿＿＿＿＿＿＿＿＿＿

计量标准管理部门联系人及电话＿＿＿＿＿＿

年　　　月　　　日

说　　明

1. 申请新建计量标准考核，建标单位应当提供以下资料：

1）《计量标准考核（复查）申请书》原件一式两份和电子版一份；

2）《计量标准技术报告》原件一份；

3）计量标准器及主要配套设备有效的检定或校准证书复印件一套；

4）开展检定或校准项目的原始记录及相应的模拟检定或校准证书复印件两套；

5）检定或校准人员能力证明复印件一套；

6）可以证明计量标准具有相应测量能力的其他技术资料（如果适用）复印件一套。

2. 申请计量标准复查考核，建标单位应当提供以下资料：

1）《计量标准考核（复查）申请书》原件一式两份和电子版一份；

2）《计量标准考核证书》原件一份；

3）《计量标准技术报告》原件一份；

4）《计量标准考核证书》有效期内计量标准器及主要配套设备连续、有效的检定或校准证书复印件一套；

5）随机抽取该计量标准近期开展检定或校准工作的原始记录及相应的检定或校准证书复印件两套；

6）《计量标准考核证书》有效期内连续的《检定或校准结果的重复性试验记录》复印件一套；

7）《计量标准考核证书》有效期内连续的《计量标准的稳定性考核记录》复印件一套；

8）检定或校准人员能力证明复印件一套；

9）计量标准更换申报表（如果适用）复印件一份；

10）计量标准封存（或撤销）申报表（如果适用）复印件一份；

11）可以证明计量标准具有相应测量能力的其他技术资料（如果适用）复印件一套。

3. 《计量标准考核（复查）申请书》采用计算机打印，并使用 A4 纸。

注：新建计量标准申请考核时不必填写"计量标准考核证书号"。

计量标准名　　称		标准水银温度计标准装置				计量标准考核证书号			
保存地点						计量标准原值（万元）			
计量标准类　　别		☑ 社会公用 □ 计量授权		□ 部门最高 □ 计量授权			□ 企事业最高 □ 计量授权		
测量范围		（−60～300）℃							
不确定度或准确度等级或最大允许误差		$U = （0.03～0.06）℃$（$k = 2$）							

计量标准器	名　　称	型　号	测量范围	不确定度或准确度等级或最大允许误差	制造厂及出厂编号	检定周期或复校间隔	末次检定或校准日期	检定或校准机构及证书号
计量标准器	标准水银温度计		（−60～300）℃	$U = （0.03～0.06）℃$（$k = 2$）		2 年		
主要配套设备	标准水槽		（室温＋10℃）～95℃	水平温差 　≤0.02℃ 最大温差 　≤0.04℃ 温度波动性 　≤0.04℃/10min		1 年		
主要配套设备	标准油槽		（90～300）℃	（90～100）℃： 水平温差 　≤0.02℃ 最大温差 　≤0.04℃ 温度波动性 　≤0.04℃/10min ＞100℃： 水平温差 　≤0.04℃ 最大温差 　≤0.08℃ 温度波动性 　≤0.10℃/10min		1 年		
主要配套设备	制冷恒温槽		−80℃～（室温＋10℃）	水平温差 　≤0.02℃ 最大温差 　≤0.04℃ 温度波动性 　≤0.04℃/10min		1 年		

	序号	项目	要　　求	实　际　情　况	结论
环境条件及设施	1	温度	(15～35)℃	(15～35)℃	合格
	2	湿度	≤85% RH	≤85% RH	合格
	3				
	4				
	5				
	6				
	7				
	8				

	姓　名	性别	年龄	从事本项目年限	学　历	能力证明名称及编号	核准的检定或校准项目
检定或校准人员							

	序号	名　称	是否具备	备注
文件集登记	1	计量标准考核证书（如果适用）	否	新建
	2	社会公用计量标准证书（如果适用）	否	新建
	3	计量标准考核（复查）申请书	是	
	4	计量标准技术报告	是	
	5	检定或校准结果的重复性试验记录	是	
	6	计量标准的稳定性考核记录	是	
	7	计量标准更换申请表（如果适用）	否	新建
	8	计量标准封存（或撤销）申报表（如果适用）	否	新建
	9	计量标准履历书	是	
	10	国家计量检定系统表（如果适用）	是	
	11	计量检定规程或计量技术规范	是	
	12	计量标准操作程序	是	
	13	计量标准器及主要配套设备使用说明书（如果适用）	是	
	14	计量标准器及主要配套设备的检定或校准证书	是	
	15	检定或校准人员能力证明	是	
	16	实验室的相关管理制度		
	16.1	实验室岗位管理制度	是	
	16.2	计量标准使用维护管理制度	是	
	16.3	量值溯源管理制度	是	
	16.4	环境条件及设施管理制度	是	
	16.5	计量检定规程或计量技术规范管理制度	是	
	16.6	原始记录及证书管理制度	是	
	16.7	事故报告管理制度	是	
	16.8	计量标准文件集管理制度	是	
	17	开展检定或校准工作的原始记录及相应的检定或校准证书副本	是	
	18	可以证明计量标准具有相应测量能力的其他技术资料（如果适用）		
	18.1	检定或校准结果的不确定度评定报告	是	
	18.2	计量比对报告	否	新建
	18.3	研制或改造计量标准的技术鉴定或验收资料	否	非自研

	名　称	测量范围	不确定度或准确度等级或最大允许误差	所依据的计量检定规程或计量技术规范的编号及名称
开展的检定或校准项目	工作用玻璃液体温度计	（-60~300）℃	MPE：±（0.20~7.5）℃	JJG 130—2011《工作用玻璃液体温度计》
	双金属温度计	（-60~300）℃	1.0级及以下	JJG 226—2001《双金属温度计》
	压力式温度计	（-60~300）℃	1.0级及以下	JJG 310—2002《压力式温度计》

建标单位意见	负责人签字：　　　　　　（公章） 年　月　日
建标单位主管部门意见	（公章） 年　月　日
主持考核的人民政府计量行政部门意见	（公章） 年　月　日
组织考核的人民政府计量行政部门意见	（公章） 年　月　日

计 量 标 准 技 术 报 告

计量标准名称　　**标准水银温度计标准装置**　　

计量标准负责人　　　　　　　　　　　　　　　

建标单位名称　　　　　　　　　　　　　　　　

填　写　日　期

目　录

一、建立计量标准的目的

　　为了保障国家计量单位制的统一和量值的准确可靠，满足本地区经济发展的需要，建立标准水银温度计标准装置，测量范围为$(-60\sim300)℃$，可以开展工作用玻璃液体温度计、压力式温度计、双金属温度计等工作用计量器具的检定校准工作，满足用户需求，保证量值传递统一，具有良好的社会效益和经济效益。

二、计量标准的工作原理及其组成

　　计量标准主要由标准水银温度计和恒温槽组成。标准水银温度计的测量范围为$(-60\sim300)℃$，恒温槽的温度范围为$(-80\sim300)℃$。

　　检定采用的方法是比较法。根据规程规定选取检定温度点，将恒温槽控制在相应的温度。标准水银温度计和被检温度计按规定浸没方式垂直插入恒温槽中，达到稳定后进行读数。分别计算标准水银温度计和各被检温度计温度示值偏差的算术平均值，按规程的数据处理方法计算检定结果。

　　该计量标准的组成和工作原理符合 JJG 130—2011《工作用玻璃液体温度计》、JJG 226—2001《双金属温度计》、JJG 310—2002《压力式温度计》的规定。

三、计量标准器及主要配套设备

	名　称	型　号	测量范围	不确定度 或准确度等级 或最大允许误差	制造厂及 出厂编号	检定周 期或复 校间隔	检定或 校准机构
计量标准器	标准水银 温度计		$(-60 \sim 300)$℃	$U = (0.03 \sim 0.06)$℃ $(k=2)$		2 年	
主要配套设备	标准水槽		（室温 +10℃） ~ 95℃	水平温差 ≤0.02℃ 最大温差 ≤0.04℃ 温度波动性 　≤0.04℃/10min		1 年	
	标准油槽		$(90 \sim 300)$℃	(90 ~ 100)℃： 水平温差 ≤0.02℃ 最大温差 ≤0.04℃ 温度波动性 　≤0.04℃/10min >100℃： 水平温差 ≤0.04℃ 最大温差 ≤0.08℃ 温度波动性 　≤0.10℃/10min		1 年	
	制冷恒温槽		-80℃ ~ （室温 +10℃）	水平温差 ≤0.02℃ 最大温差 ≤0.04℃ 温度波动性 　≤0.04℃/10min		1 年	

四、计量标准的主要技术指标

　　测量范围：$(-60 \sim 300)$℃

　　不确定度：$U = (0.03 \sim 0.06)$℃　　$(k = 2)$

五、环境条件

序号	项目	要　　求	实际情况	结论
1	温度	$(15 \sim 35)$℃	$(15 \sim 35)$℃	合格
2	湿度	≤85% RH	≤85% RH	合格
3				
4				
5				
6				

六、计量标准的量值溯源和传递框图

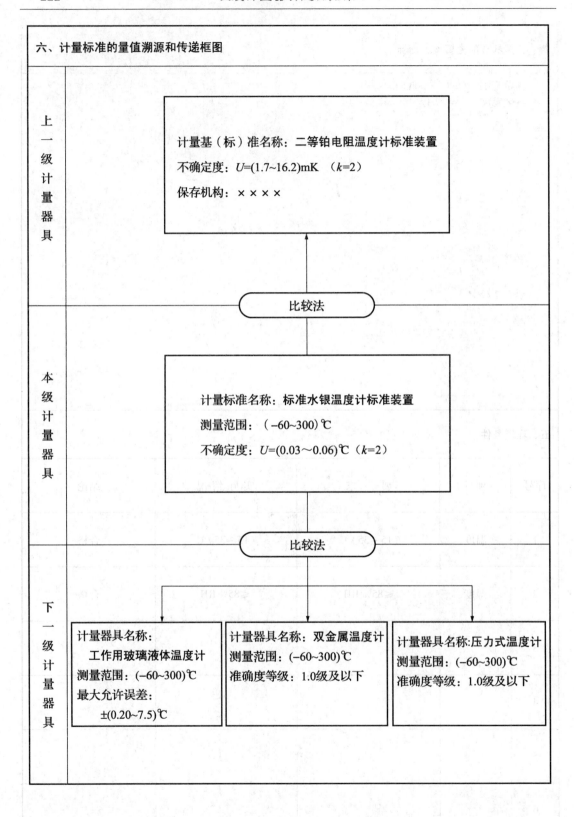

| 上一级计量器具 | 计量基（标）准名称：二等铂电阻温度计标准装置
不确定度：U=(1.7~16.2)mK　（k=2）
保存机构：××××

比较法 |
| 本级计量器具 | 计量标准名称：标准水银温度计标准装置
测量范围：（−60~300)℃
不确定度：U=(0.03～0.06)℃（k=2）

比较法 |
| 下一级计量器具 | 计量器具名称：
　　工作用玻璃液体温度计
测量范围：(−60~300)℃
最大允许误差：
　　±(0.20~7.5)℃ ／ 计量器具名称：双金属温度计
测量范围：(−60~300)℃
准确度等级：1.0级及以下 ／ 计量器具名称:压力式温度计
测量范围：(−60~300)℃
准确度等级：1.0级及以下 |

七、计量标准的稳定性考核

该计量标准的标准器标准水银温度计共8支。选取每支标准水银温度计测温范围中的一个温度点进行稳定性考核，结果如下。

标准水银温度计标准装置的稳定性考核记录

标准水银温度计编号	温度点/℃	允许变化量/℃	自我比对数据/℃					结 论	考核人员
			2017年4月17日	2017年5月9日	2017年6月8日	2017年7月3日	变化量		
04	−60	0.08	−0.04	−0.06	−0.03	−0.07	0.04	符合要求	××××
1044	−30	0.06	+0.03	+0.01	0.00	+0.02	0.03	符合要求	××××
24055	50	0.05	+0.08	+0.10	+0.09	+0.08	0.02	符合要求	××××
3196	100	0.05	−0.07	−0.05	−0.06	−0.05	0.02	符合要求	××××
4046	150	0.07	+0.10	+0.12	+0.14	+0.11	0.04	符合要求	××××
5126	200	0.07	+0.06	+0.08	+0.09	+0.05	0.04	符合要求	××××
6035	250	0.10	+0.15	+0.11	+0.10	+0.13	0.05	符合要求	××××
7130	300	0.10	−0.13	−0.17	−0.15	−0.12	0.05	符合要求	××××

八、检定或校准结果的重复性试验

选取两支日常检定的工作用玻璃水银温度计，在重复性条件下，用该计量标准在 50℃、300℃点进行 10 次重复测量。试验数据如下。

标准水银温度计标准装置的检定或校准结果的重复性试验记录

试验时间	2017 年 7 月 6 日					
	名　　称	型号	编号	名　　称	型号	编号
被测对象	工作用水银温度计	棒式	36	工作用水银温度计	棒式	258
测量条件	测量点：50℃ 环境：21℃；66% RH			测量点：300℃ 环境：22℃；66% RH		
测量次数	测得值/℃			测得值/℃		
1	+0.04			+0.11		
2	+0.05			+0.12		
3	+0.03			+0.11		
4	+0.05			+0.10		
5	+0.04			+0.11		
6	+0.03			+0.12		
7	+0.04			+0.10		
8	+0.05			+0.11		
9	+0.05			+0.12		
10	+0.04			+0.10		
$\bar{y}$	+0.04			+0.11		
$s(y_i) = \sqrt{\dfrac{\sum\limits_{i=1}^{n}(y_i - \bar{y})^2}{n-1}}$	7.9×10^{-3}℃			8.2×10^{-3}℃		
结　　论	符合要求			符合要求		
试验人员	×××			×××		

九、检定或校准结果的不确定度评定

1　概述

1.1　测量依据：JJG 130—2011《工作用玻璃液体温度计》。

1.2　被测对象：工作用玻璃液体温度计，测量范围（-60~300）℃。

1.3　计量标准的组成：计量标准主要由标准水银温度计和恒温槽组成，技术性能见表1。

表1　标准器及配套设备

序号	设备名称	技术性能			
1	标准水银温度计	测温范围：（-60~300）℃			
2	恒温槽	温度范围/℃	温度均匀性/℃		温度波动性/(℃/10min)
			工作区域水平温差	工作区域最大温差	
		-60~-30	0.05	0.10	0.10
		-30~100	0.02	0.04	0.04
		100~300	0.04	0.08	0.10

1.4　测量方法：根据规程选取检定温度点，将恒温槽控制在相应的温度。标准水银温度计和被检温度计按规定浸没方式插入恒温槽中，达到稳定后开始读数。分别计算标准水银温度计和各被检温度计温度示值偏差的算术平均值，按规程的数据处理方法计算出被检温度计的修正值。

2　测量模型

$$X = t_{s} + t_{修} - t \tag{1}$$

式中：X——被校温度计的修正值，℃；

$\quad t_{s}$——标准水银温度计示值偏差平均值，℃；

$\quad t_{修}$——标准水银温度计的示值修正值，℃；

$\quad t$——被检温度计示值偏差平均值，℃。

3　合成方差及灵敏系数

$$u^2 = c_1^2 u^2(t_s) + c_2^2 u^2(t_{修}) + c_3^2 u^2(t)$$

式中：c_1、c_2、c_3——灵敏系数，$c_1 = 1$；$c_2 = 1$；$c_3 = -1$；

$\quad u$——被检温度计的标准不确定度；

$\quad u(t_s)$——标准水银温度计引入的标准不确定度分量；

$\quad u(t_{修})$——标准水银温度计修正引入的标准不确定度分量；

$\quad u(t)$——被测温度计引入的标准不确定度分量。

4　各输入量的标准不确定度分量来源

以一支测量范围为（0~50）℃，分度值为0.1℃的工作用玻璃液体温度计为例，在50℃点进行不确定度评定。

各标准不确定度分量来源：输入量t_s引入的不确定度分量：标准水银温度计读数分辨力引入的不确定度u_1，标准水银温度计插入不垂直引入的不确定度u_2，标准水银温度计与读数装置不垂直引入的不确定度u_3，标准水银温度计露出液柱引入的不确定度u_4；输入量$t_{修}$引入的不确定度来源为标准水银温度计量值溯源引入的不确定度u_5；输入量t引入的不确定度分量：测量重复性引入的不确定度

u_6，被检温度计读数分辨力引入的不确定度 u_7，温度计刻线宽度引入的不确定度 u_8，被检温度计插入不垂直引入的不确定度 u_9，被检温度计与读数装置不垂直引入的不确定度 u_{10}，被检温度计露出液柱引入的不确定度 u_{11}，数据修约引入的不确定度 u_{12}。恒温槽温场均匀性引入的不确定度 u_{13}，恒温槽温场波动性引入的不确定度 u_{14}。

5　各输入量的标准不确定度分量评定

5.1　标准水银温度计读数分辨力引入的标准不确定度分量 u_1

标准水银温度计的分度值为 0.1℃，读数时估读至分度值的 1/10，则区间半宽度为 0.01℃，按均匀分布，则

$$u_1 = 0.01/\sqrt{3} \approx 0.006℃$$

5.2　标准水银温度计插入不垂直引入的标准不确定度分量 u_2

标准水银温度计如无法垂直插入恒温槽会对测量结果带来一定影响。通过实验，一般会引入 ±0.005℃ 的误差，则区间半宽为 0.005℃，按均匀分布，则

$$u_2 = 0.005/\sqrt{3} \approx 0.003℃$$

5.3　标准水银温度计与读数装置不垂直引入的标准不确定度分量 u_3

读数时视线应与玻璃温度计感温液柱上端面保持在同一水平面。读数装置与水银温度计不垂直会引入 ±0.005℃ 的误差，则区间半宽为 0.005℃，按均匀分布，则

$$u_3 = 0.005/\sqrt{3} \approx 0.003℃$$

5.4　标准水银温度计露出液柱引入的标准不确定度分量 u_4

根据规程的规定，标准水银温度计插入恒温槽时露出液柱高度不应超过 10mm，如不满足会带来一定的影响。由于 50℃ 接近环境温度，该影响可忽略。即

$$u_4 = 0.000℃$$

5.5　标准水银温度计量值溯源引入的标准不确定度分量 u_5

根据标准水银温度计的溯源信息可知，50℃ 示值修正值引入的扩展不确定度为 $U = 0.03℃$（$k = 2$），则

$$u_5 = 0.03/2 = 0.015℃$$

5.6　测量重复性引入的标准不确定度分量 u_6

在 50℃ 上对被检温度计进行 10 次重复测量，测量值（单位:℃）：+0.04、+0.05、+0.02、+0.05、+0.04、+0.02、+0.04、+0.05、+0.05、+0.04。实验标准偏差为 $s = 0.0115℃$。证书以 2 次算术平均值作为测量结果，则

$$u_6 = 0.008℃$$

5.7　被检温度计读数分辨力引入的标准不确定度分量 u_7

被检定或校准温度计的分辨力会对测量重复性有影响。由于重复性引入的不确定度包含了分辨力引入的不确定度，二者取较大者，因此

$$u_7 = 0.000℃$$

5.8　被检温度计刻线宽度引入的标准不确定度分量 u_8

读数时要估读到分度值的 1/10，通过实验可知当温度槽温变化 0.02℃ 左右时，被检温度计才能看到从刻线处上升或下降，温度计刻线宽度会引入 0.02℃ 的误差，区间半宽为 0.01℃，按均匀分布，则

$$u_8 = 0.01/\sqrt{3} \approx 0.006℃$$

5.9　被检温度计插入不垂直引入的标准不确定度分量 u_9

读数时视线应与玻璃温度计感温液柱上端面保持在同一水平面。读数装置与水银温度计不垂直会引入 0.01℃ 的偏差，区间半宽为 0.005℃，按均匀分布，则

$$u_9 = 0.005/\sqrt{3} \approx 0.003℃$$

5.10 被检温度计与读数装置不垂直引入的标准不确定度分量 u_{10}

读数时视线应与玻璃温度计感温液柱上端面保持在同一水平面。读数装置与水银温度计不垂直会引入 $\pm 0.005℃$ 的偏差，区间半宽为 $0.005℃$，按均匀分布，则

$$u_{10} = 0.005/\sqrt{3} \approx 0.003℃$$

5.11 被检温度计露出液柱引入的标准不确定度分量 u_{11}

按照规定，标准水银温度计插入恒温槽时露出液柱高度不应超过 10mm，如不满足会带来一定的影响。50℃ 接近环境温度，该影响可忽略。即

$$u_{11} = 0.000℃$$

5.12 数据修约引入的标准不确定度分量 u_{12}

按规程要求，分度值为 0.1℃ 的温度计修正值应修约到分度值的 1/10 位，即 0.01℃，区间半宽为 0.005℃，按均匀分布，则

$$u_{12} = 0.005/\sqrt{3} \approx 0.003℃$$

5.13 恒温槽温场均匀性引入的标准不确定度分量 u_{13}

检定时恒温槽温场均匀性不超过 0.01℃，区间半宽为 0.005℃，按均匀分布，则

$$u_{13} = 0.005/\sqrt{3} \approx 0.003℃$$

5.14 恒温槽温场波动性引入的标准不确定度分量 u_{14}

检定时 10min 内恒温槽温度波动性不超过 0.02℃，区间半宽为 0.01℃，按反正弦分布，则

$$u_{14} = 0.01/\sqrt{2} = 0.007℃$$

6 各标准不确定度分量汇总

50℃ 点各标准不确定度分量汇总见表 2。

表 2　50℃点各标准不确定度分量汇总

符号	不确定度来源	$u(x_i)/℃$	概率分布
u_1	标准水银温度计读数分辨力	0.006	均匀分布
u_2	标准水银温度计插入不垂直	0.003	均匀分布
u_3	读数装置与标准水银温度计不垂直	0.003	均匀分布
u_4	标准水银温度计露出液柱	0.000	均匀分布
u_5	标准水银温度计量值溯源	0.015	均匀分布
u_6	测量重复性	0.008	正态分布
u_7	被检温度计读数分辨力	0.000	均匀分布
u_8	被检温度计刻线宽度	0.006	均匀分布
u_9	被检温度计插入不垂直	0.003	均匀分布
u_{10}	被检温度计读数装置与不垂直	0.003	均匀分布
u_{11}	被检温度计露出液柱	0.000	均匀分布
u_{12}	数据修约引入	0.003	均匀分布
u_{13}	恒温槽温场均匀性	0.003	均匀分布
u_{14}	恒温槽温场波动性	0.007	反正弦分布

7　合成标准不确定度计算

　　因各个不确定度分量彼此独立不相关，则 50℃ 点的合成不确定度为

$$u_c = \sqrt{u_1^2 + u_2^2 + u_3^2 + u_4^2 + u_5^2 + \cdots + u_{14}^2} = 0.022℃$$

8　扩展不确定度评定

　　取包含因子 $k=2$，则扩展不确定度为

$$U = k \cdot u_c = 2 \times 0.022 = 0.044℃ \approx 0.05℃$$

9　不确定度报告

　　分度值为 0.1℃ 的工作用玻璃液体温度计其他温度点不确定度评定过程相同，不确定度结果为

$(-60 \sim 100)℃：U = 0.05℃　　(k=2)$

$(100 \sim 200)℃：U = 0.07℃　　(k=2)$

$(200 \sim 300)℃：U = 0.09℃　　(k=2)$

十、检定或校准结果的验证

采用传递比较法对测量结果进行验证。用该计量标准装置和二等铂电阻温度计标准装置同时校准一支比较稳定的工作用玻璃水银温度计，数据如下。

测量点 /℃	二等铂电阻温度计标准装置		标准水银温度计标准装置		$\|y_{ref}-y_{lab}\|$ /℃	$\sqrt{U_{ref}^2+U_{lab}^2}$ /℃
	y_{ref}/℃	U_{ref}/℃	y_{lab}/℃	U_{lab}/℃		
0.00	+0.02	0.04	+0.04	0.05	0.02	0.064
10.00	−0.08	0.04	−0.07	0.05	0.01	0.064
20.00	+0.06	0.04	+0.04	0.05	0.02	0.064
30.00	−0.01	0.04	+0.02	0.05	0.03	0.064
40.00	+0.04	0.04	+0.02	0.05	0.02	0.064
50.00	−0.10	0.04	−0.07	0.05	0.03	0.064

测量结果均满足 $|y_{lab}-y_{ref}|\leqslant\sqrt{U_{lab}^2+U_{ref}^2}$，故本装置通过验证，符合要求。

十一、结论

经实验验证，本装置符合国家计量检定系统表和国家计量检定规程的要求，可以开展工作用玻璃液体温度计、双金属温度计、压力式温度计的检定或校准工作。

十二、附加说明

示例 3.8　工业铂、铜热电阻检定装置

计量标准考核（复查）申请书

[　　]　量标　　　证字第　　　号

计量标准名称　__工业铂、铜热电阻检定装置__

计量标准代码　_____04119000_____

建标单位名称　_____

组织机构代码　_____

单 位 地 址　_____

邮 政 编 码　_____

计量标准负责人及电话_____

计量标准管理部门联系人及电话_____

年　　　月　　　日

说　明

1. 申请新建计量标准考核，建标单位应当提供以下资料：

1）《计量标准考核（复查）申请书》原件一式两份和电子版一份；

2）《计量标准技术报告》原件一份；

3）计量标准器及主要配套设备有效的检定或校准证书复印件一套；

4）开展检定或校准项目的原始记录及相应的模拟检定或校准证书复印件两套；

5）检定或校准人员能力证明复印件一套；

6）可以证明计量标准具有相应测量能力的其他技术资料（如果适用）复印件一套。

2. 申请计量标准复查考核，建标单位应当提供以下资料：

1）《计量标准考核（复查）申请书》原件一式两份和电子版一份；

2）《计量标准考核证书》原件一份；

3）《计量标准技术报告》原件一份；

4）《计量标准考核证书》有效期内计量标准器及主要配套设备连续、有效的检定或校准证书复印件一套；

5）随机抽取该计量标准近期开展检定或校准工作的原始记录及相应的检定或校准证书复印件两套；

6）《计量标准考核证书》有效期内连续的《检定或校准结果的重复性试验记录》复印件一套；

7）《计量标准考核证书》有效期内连续的《计量标准的稳定性考核记录》复印件一套；

8）检定或校准人员能力证明复印件一套；

9）计量标准更换申报表（如果适用）复印件一份；

10）计量标准封存（或撤销）申报表（如果适用）复印件一份；

11）可以证明计量标准具有相应测量能力的其他技术资料（如果适用）复印件一套。

3.《计量标准考核（复查）申请书》采用计算机打印，并使用 A4 纸。

注：新建计量标准申请考核时不必填写"计量标准考核证书号"。

计量标准 名 称	工业用铂、铜热电阻检定装置				计量标准 考核证书号			
保存地点					计量标准 原值（万元）			
计量标准 类 别	☑ 社会公用 ☐ 计量授权		☐ 部门最高 ☐ 计量授权			☐ 企事业最高 ☐ 计量授权		
测量范围	（-80~300）℃							
不确定度或 准确度等级或 最大允许误差	$U =$ （0.008~0.015）℃ （$k=2$）							

	名 称	型 号	测量范围	不确定度 或准确度等级 或最大允许误差	制造厂及 出厂编号	检定周 期或复 校间隔	末次检 定或校 准日期	检定或校 准机构及 证书号
计量标准器	标准铂电阻 温度计		（-189.3442~ 419.527）℃	二等		2年		
	标准铂电阻 温度计		（-189.3442~ 419.527）℃	二等		2年		
	标准铂电阻 温度计		（-189.3442~ 419.527）℃	二等		2年		
主要配套设备	测温电桥		（0~4000）Ω	$\pm 1.0 \times 10^{-6}$		1年		
	恒温槽		（-80~95）℃	水平温差：0.01℃ 垂直温差：0.01℃ 温度波动度： 0.01℃/10min		2年		
	恒温槽		（90~300）℃	水平温差：0.01℃ 垂直温差：0.01℃ 温度波动度： 0.01℃/10min		2年		
	恒温槽		（-5~95）℃	水平温差：0.01℃ 垂直温差：0.01℃ 温度波动度： 0.01℃/10min		2年		
	热管恒温槽		（300~500）℃	水平温差：0.03℃ 垂直温差：0.03℃ 温度波动度： 0.03℃/10min		2年		
	迷你水三相 点容器及 保温装置		0.01℃	复现性优于0.5mK， 与上级检定结果 之差优于3.0mK		1年		
	兆欧表	—		10级		1年		
	转换开关	—		0.4μV		1年		

序号	项目	要　　求	实 际 情 况	结论
1	温度	(15～35)℃	(15～35)℃	合格
2	湿度	45% RH～85% RH	45% RH～85% RH	合格
3				
4				
5				
6				
7				
8				

（环境条件及设施）

姓　名	性别	年龄	从事本项目年限	学　历	能力证明名称及编号	核准的检定或校准项目

（检定或校准人员）

	序号	名　　　称	是否具备	备　注
文件集登记	1	计量标准考核证书（如果适用）	否	新建
	2	社会公用计量标准证书（如果适用）	否	新建
	3	计量标准考核（复查）申请书	是	
	4	计量标准技术报告	是	
	5	检定或校准结果的重复性试验记录	是	
	6	计量标准的稳定性考核记录	是	
	7	计量标准更换申请表（如果适用）	否	新建
	8	计量标准封存（或撤销）申报表（如果适用）	否	新建
	9	计量标准履历书	是	
	10	国家计量检定系统表（如果适用）	是	
	11	计量检定规程或计量技术规范	是	
	12	计量标准操作程序	是	
	13	计量标准器及主要配套设备使用说明书（如果适用）	是	
	14	计量标准器及主要配套设备的检定或校准证书	是	
	15	检定或校准人员能力证明	是	
	16	实验室的相关管理制度		
	16.1	实验室岗位管理制度	是	
	16.2	计量标准使用维护管理制度	是	
	16.3	量值溯源管理制度	是	
	16.4	环境条件及设施管理制度	是	
	16.5	计量检定规程或计量技术规范管理制度	是	
	16.6	原始记录及证书管理制度	是	
	16.7	事故报告管理制度	是	
	16.8	计量标准文件集管理制度	是	
	17	开展检定或校准工作的原始记录及相应的检定或校准证书副本	是	
	18	可以证明计量标准具有相应测量能力的其他技术资料（如果适用）		
	18.1	检定或校准结果的不确定度评定报告	是	
	18.2	计量比对报告	否	新建
	18.3	研制或改造计量标准的技术鉴定或验收资料	否	非自研

	名　　称	测量范围	不确定度或准确度 等级或最大允许误差	所依据的计量检定规程 或计量技术规范的编号及名称
开 展 的 检 定 或 校 准 项 目	工业铂热电阻 工业铜热电阻	（－200～850）℃ （－50～150）℃	AA 级及以下	JJG 229—2010 《工业铂、铜热电阻》

建标单位意见	 　　　　　　　　　　　　　负责人签字：　　　　（公章） 　　　　　　　　　　　　　　　　　　年　月　日
建标单位 主管部门意见	 　　　　　　　　　　　　　　　　　　　　（公章） 　　　　　　　　　　　　　　　　　　年　月　日
主持考核的 人民政府计量 行政部门意见	 　　　　　　　　　　　　　　　　　　　　（公章） 　　　　　　　　　　　　　　　　　　年　月　日
组织考核的 人民政府计量 行政部门意见	 　　　　　　　　　　　　　　　　　　　　（公章） 　　　　　　　　　　　　　　　　　　年　月　日

计 量 标 准 技 术 报 告

计量标准名称　__工业铂、铜热电阻检定装置__

计量标准负责人　_____

建标单位名称　_____

填 写 日 期　_____

目　录

一、建立计量标准的目的

　　工业铂、铜热电阻具有准确度较高、互换性好、使用简单、成本低廉等优点，广泛应用于核能核电、石油化工、医疗卫生、交通机械等领域，直接用于产品质量的检测、检验等环节。建立工业铂、铜热电阻检定装置，可满足本地区温度计量需求，保证工业铂、铜热电阻的量值传递准确、可靠。

二、计量标准的工作原理及其组成

　　工业铂、铜热电阻检定装置是基于金属导体的电阻值随温度的增加而增加这一特性来进行温度测量的。采用比较法进行检定的。将标准器和被检铂、铜电阻温度计同时放入标准恒温槽内，通过热交换达到热平衡后按照标准—被检1—被检2—标准的顺序进行读数，取平均值作为测量结果，最终再根据相应公式进行换算、计算，由此即可计算出被检热电阻的 R_0、R_{100}、W_{100}、α 值等，并根据检定规程对被检热电阻是否合格或符合相应等级进行判断。

　　本标准装置包括三个部分：

　　（1）计量标准器：二等标准铂电阻温度计。

　　（2）各类恒温槽：低温制冷恒温槽、制热恒温槽、热管炉。

　　（3）配套设备：测温电桥、兆欧表、迷你水三相点。

三、计量标准器及主要配套设备

	名　称	型　号	测量范围	不确定度 或准确度等级 或最大允许误差	制造厂及 出厂编号	检定周 期或复 校间隔	检定或 校准机构
计量标准器	标准铂电阻 温度计		(-189.3442~ 419.527)℃	二等		2年	
	标准铂电阻 温度计		(-189.3442~ 419.527)℃	二等		2年	
	标准铂电阻 温度计		(-189.3442~ 419.527)℃	二等		2年	
主要配套设备	测温电桥		(0~4000)Ω	$\pm1.0\times10^{-6}$		1年	
	恒温槽		(-80~95)℃	水平温差：0.01℃ 垂直温差：0.01℃ 温度波动度： 0.01℃/10min		2年	
	恒温槽		(90~300)℃	水平温差：0.01℃ 垂直温差：0.01℃ 温度波动度： 0.01℃/10min		2年	
	恒温槽		(-5~95)℃	水平温差：0.01℃ 垂直温差：0.01℃ 温度波动度： 0.01℃/10min		2年	
	热管恒温槽		(300~500)℃	水平温差：0.03℃ 垂直温差：0.03℃ 温度波动度： 0.03℃/10min		2年	
	迷你水三相 点容器及 保温装置		0.01℃	复现性优于0.5mK, 与上级检定结果之 差优于3.0mK		1年	
	兆欧表		—	10级		1年	
	转换开关		—	0.4μV		1年	

四、计量标准的主要技术指标

　　测量范围：$(-189.3442 \sim 419.527)$℃
　　准确度等级：二等标准
　　装置扩展不确定度：$U = (0.008 \sim 0.015)$℃ $(k = 2)$

五、环境条件

序号	项目	要　　求	实际情况	结论
1	温度	$(15 \sim 35)$℃	$(15 \sim 35)$℃	合格
2	湿度	45% RH $\sim$ 85% RH	45% RH $\sim$ 85% RH	合格
3				
4				
5				
6				

六、计量标准的量值溯源和传递框图

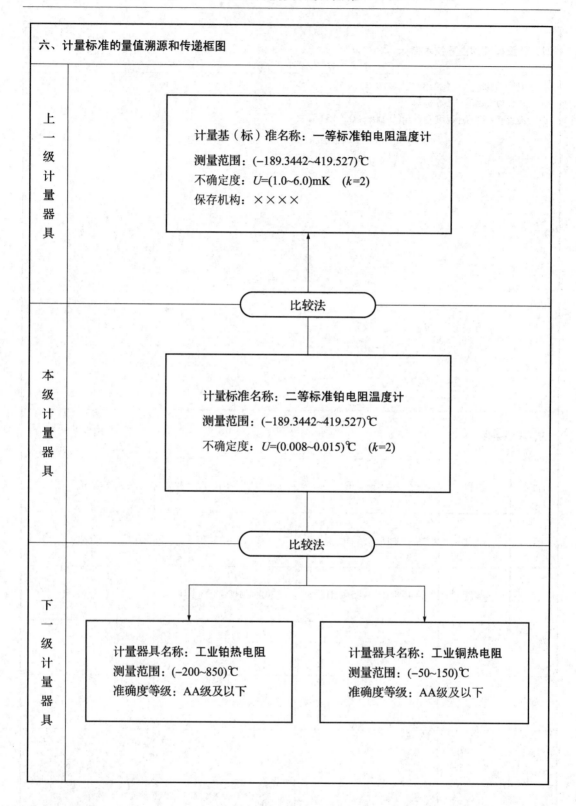

上一级计量器具

计量基（标）准名称：一等标准铂电阻温度计

测量范围：(−189.3442~419.527)℃

不确定度：U=(1.0~6.0)mK　　(k=2)

保存机构：××××

比较法

本级计量器具

计量标准名称：二等标准铂电阻温度计

测量范围：(−189.3442~419.527)℃

不确定度：U=(0.008~0.015)℃　　(k=2)

比较法

下一级计量器具

计量器具名称：工业铂热电阻

测量范围：(−200~850)℃

准确度等级：AA级及以下

计量器具名称：工业铜热电阻

测量范围：(−50~150)℃

准确度等级：AA级及以下

七、计量标准的稳定性考核

选取一支稳定的 AA 级工业铂热电阻温度计作为核查标准，在 2017 年 1 月至 2017 年 4 月，用工业铂、铜热电阻检定装置在 0℃、100℃对该工业铂电阻进行 10 次重复测量，取其平均值作为结果，测得 4 组数据。取 4 组测量结果中的最大值和最小值之差，作为工业铂、铜热电阻检定装置的稳定性，数据如下。

工业铂、铜热电阻检定装置的稳定性考核记录

考核时间	2017 年 1 月 4 日		2017 年 2 月 7 日		2017 年 3 月 5 日		2017 年 4 月 6 日	
核查标准	名称：二等标准铂电阻温度计 型号：××× 编号：×××							
测量条件	0℃	100℃	0℃	100℃	0℃	100℃	0℃	100℃
测量次数	测得值/Ω	测得值/Ω	测得值/Ω	测得值/Ω	测得值/Ω	测得值/Ω	测得值/Ω	测得值/Ω
1	100.0020	138.5265	100.0012	138.5263	100.0022	138.5265	100.0018	138.5264
2	100.0012	138.5274	100.0013	138.5275	100.0014	138.5270	100.0018	138.5267
3	100.0018	138.5276	100.0010	138.5277	100.0017	138.5271	100.0016	138.5270
4	100.0010	138.5265	100.0020	138.5278	100.0017	138.5270	100.0017	138.5274
5	100.0013	138.5280	100.0020	138.5270	100.0013	138.5280	100.0020	138.5276
6	100.0016	138.5272	100.0016	138.5278	100.0023	138.5278	100.0018	138.5265
7	100.0017	138.5278	100.0017	138.5270	100.0014	138.5270	100.0018	138.5280
8	100.0014	138.5270	100.0023	138.5265	100.0017	138.5278	100.0017	138.5272
9	100.0023	138.5278	100.0018	138.5270	100.0014	138.5270	100.0018	138.5280
10	100.0012	138.5270	100.0012	138.5277	100.0017	138.5278	100.0017	138.5278
$\bar{y}_i$	100.0016	138.5273	100.0016	138.5272	100.0017	138.5273	100.0018	138.5273
最大变化量 $\bar{y}_{imax} - \bar{y}_{imin}$	0.002℃（0℃点）				0.001℃（100℃点）			
允许变化量	0.02℃				0.03℃			
结 论	符合要求				符合要求			
考核人员	×××				×××			

八、检定或校准结果的重复性试验

　　取一支 AA 级 Pt100 铂热电阻，与标准铂电阻温度计一同插入在 100℃ 的恒温槽中进行 10 次重复性测量，数据如下。

工业铜、铂热电阻检定装置的检定或校准结果的重复性试验记录

试验时间	2017 年 1 月 12 日		
被测对象	名　称	型　号	编　号
	工业铂电阻	Pt100	×××
测量条件	100℃		
测量次数	测得值/Ω		
1	138.5265		
2	138.5274		
3	138.5276		
4	138.5265		
5	138.5280		
6	138.5272		
7	138.5278		
8	138.5270		
9	138.5278		
10	138.5270		
$\bar{y}$	138.5273		
$s(y_i) = \sqrt{\dfrac{\sum\limits_{i=1}^{n}(y_i - \bar{y})^2}{n-1}}$	0.00053Ω（0.002℃）		
结　论	符合要求		
试验人员	×××		

九、检定或校准结果的不确定度评定

1　概述

1.1　被测对象

铂热电阻 Pt100。AA 级（或 A 级、B 级及 C 级），测量点：0℃和100℃，允许偏差见表1。

表1　允许偏差

检定点/℃	允许偏差/℃			
	AA	A	B	C
0	±0.10	±0.15	±0.30	±0.6
100	±0.27	±0.35	±0.80	±1.6

1.2　测量标准

1.2.1　二等标准铂电阻温度计

二等标准铂电阻温度计证书给出的参数见表2。

表2　二等标准铂电阻温度计证书给出的（及推算出的）参数

温度点/℃	W_t^S	dW_t^S/dt
0	0.999968	0.0039898
100	1.392727	0.0038700
$R_{tp} = 24.8437\Omega$		

1.2.2　迷你水三相点装置

考虑二等标准铂电阻温度计的零位漂移和测量 AA 级铂电阻温度计的需要配置的迷你水三相点装置，满足二等要求。

1.2.3　电测设备

F700 测温电桥，测量范围$(0 \sim 4000)\Omega$，分辨力 0.1mΩ，MPE：$\pm 1.0 \times 10^{-6}$mΩ。

1.3　测量方法

用比较法进行测量。将二等标准铂电阻温度计与被检铂热电阻同时插入冰点和100℃的恒温槽中，待温度稳定后通过测量标准与被检的值由标准算出实际温度，然后通过公式计算得出被检的实际值 R'_0 和 R'_{100}。

2　测量模型

检定点为0℃时，测量误差的测量模型为

$$\Delta t_0 = \frac{R_i - R_0}{(dR/dt)_{t=0}} - \frac{W_i^S - W_0^S}{(dW_t^S/dt)_{t=0}} = \Delta t_i - \Delta t_i^* \qquad (1)$$

检定点为100℃时，测量误差的测量模型为

$$\Delta t_{100} = \frac{R_h - R_{100}}{(dR/dt)_{t=100}} - \frac{W_h^S - W_{100}^S}{(dW_t^S/dt)_{t=100}} = \Delta t_h - \Delta t_h^* \qquad (2)$$

式中：　　　　R_i、R_h——被检铂电阻在 0℃、100℃附近测量得的电阻值；

$(dR/dt)_{t=0}$、$(dR/dt)_{t=100}$——被检铂电阻在 0℃、100℃点电阻温度变化率；

$W_i^S = \dfrac{R_i^*}{R_{tp}^*}$，$W_h^S = \dfrac{R_h^*}{R_{tp}^*}$——标准铂电阻在 0℃、100℃附近的恒温槽中测得的电阻比值；

Δt_i、Δt_h——由被检铂电阻在0℃、100℃附近的恒温槽中测得的偏离0℃、100℃的温度差,℃;

Δt_i^*、Δt_h^*——由标准铂电阻在冰点槽、100℃附近的恒温槽中测得的偏离0℃、100℃的温度差,℃。

从测量模型中可以得到,0℃检定点的输入量有R_i、R_i^*、R_{tp}^*和W_0^S;100℃检定点的输入量有R_h、R_h^*、R_{tp}^*和W_{100}^S。

$(dR/dt)_{t=0}$、$(dR/dt)_{t=100}$、$(dW_t^S/dt)_{t=0}$、$(dW_t^S/dt)_{t=100}$的不确定度很小,可以忽略不计。

3　各输入量的标准不确定度分量的评定

3.1　输入量Δt_i、Δt_h引入的标准不确定度分量$u(\Delta t_i)$和$u(\Delta t_h)$

(1) 测量的重复性引入的标准不确定度分量$u(R_{i1})$和$u(R_{i2})$

按A类不确定度评定。以AA级铂热电阻的三组24次重复性试验为例。

① 检定0℃时的合并实验标准偏差s_p为

$$s_p = \sqrt{\frac{1}{3}\sum_{i=1}^{3}s_i^2} = 6.14 \times 10^{-4}\Omega$$

实际测量以4次测量值平均值为测量结果,则

$$u(R_{i1}) = \frac{s_p}{\sqrt{4}} = 3.07 \times 10^{-4}\Omega$$

换算成温度为

$$u(\Delta t_{i1}) = \frac{u(R_{i1})}{(dR/dt)_{t=0}} = \frac{3.07 \times 10^{-4}}{0.39083} = 0.79\text{mK}$$

② 检定100℃时的合并实验标准偏差s_p为

$$s_p = \sqrt{\frac{1}{3}\sum_{i=1}^{3}s_i^2} = 4.34 \times 10^{-3}\Omega$$

实际测量以4次测量值平均值为测量结果,则

$$u(R_{h1}) = \frac{s_p}{\sqrt{4}} = 2.17 \times 10^{-3}\Omega$$

换算成温度为

$$u(\Delta t_{h1}) = \frac{u(R_{h1})}{(dR/dt)_{t=0}} = \frac{2.17 \times 10^{-4}}{0.37928} = 0.57\text{mK}$$

(2) 温场均匀性引入的标准不确定度分量$u(\Delta t_{i2})$和$u(\Delta t_{h2})$

按B类不确定度评定。

0℃冰点槽插孔之间的温场均匀性很小,可以忽略不计,即

$$u(\Delta t_{i2}) = 0$$

100℃恒温槽的温场均匀性不超过0.01℃,服从均匀分布,取包含因子$k=\sqrt{3}$;检定过程中温度波动不超过±0.02℃/10min,因标准和被检的时间常数不同,估计将有不大于0.01℃的迟滞,服从反正弦分布,取包含因子$k=\sqrt{2}$。因此,可按方差合成的方法将其综合,即

$$u(\Delta t_{h2}) = \sqrt{\left(\frac{0.01}{\sqrt{2}}\right)^2 + \left(\frac{0.01}{\sqrt{3}}\right)^2} = 9.13\text{mK}$$

(3) 电测设备引入的标准不确定度分量$u(\Delta t_{i3})$和$u(\Delta t_{h3})$

按B类不确定度评定。

测温电桥的测量误差是主要的不确定度来源,四端转换开关杂散电势引起的不确定度相对很小(换算成电阻,不超过±1mΩ),可以忽略不计。

检定0℃时，测温电桥的不确定度区间半宽为 $100\Omega \times 0.0001\% = 0.0001\Omega$，在区间内可认为均匀分布，取包含因子 $k = \sqrt{3}$。则

$$u(R_{i3}) = \frac{0.0001}{\sqrt{3}} = 5.77 \times 10^{-5}\Omega$$

换算成温度为

$$u(\Delta t_{i3}) = \frac{5.77 \times 10^{-5}}{0.39083} = 0.20\text{mK}$$

检定100℃时，电阻测量仪的不确定度区间半宽为 $138.51\Omega \times 0.0001\% = 0.0002\Omega$，在区间内可认为均匀分布，取包含因子 $k = \sqrt{3}$。则

$$u(R_{h3}) = 8.00 \times 10^{-5}\Omega$$

换算成温度为

$$u(\Delta t_{h3}) = \frac{8.00 \times 10^{-5}}{0.37928} = 0.30\text{mK}$$

（4）自热引入的标准不确定度分量 $u(\Delta t_{i4})$ 和 $u(\Delta t_{h4})$

按 B 类不确定度评定。电测设备供感温元件的测量电流为1mA，根据实际经验感温元件一般有约 $2\text{m}\Omega$ 的影响。可作均匀分布处理，取包含因子 $k = \sqrt{3}$。则

$$u(R_{i4}) = u(R_{h4}) = 1.15 \times 10^{-3}\Omega$$

换算成温度为

$$u(\Delta t_{i4}) = 2.95\text{mK}$$

$$u(\Delta t_{h4}) = 3.04\text{mK}$$

由于上述 4 个标准不确定度分量彼此独立不相关，则

$$u(\Delta t_i) = \sqrt{0.79^2 + 0 + 0.20^2 + 2.95^2} = 3.07\text{mK}$$

$$u(\Delta t_h) = \sqrt{0.57^2 + 9.13^2 + 0.30^2 + 3.04^2} = 9.65\text{mK}$$

3.2　输入量 Δt_i^* 和 Δt_h^* 引入的标准不确定度分量 $u(\Delta t_i^*)$ 和 $u(\Delta t_h^*)$

（1）二等标准铂电阻复现性引入的标准不确定度分量 $u(\Delta t_{i1}^*)$ 和 $u(\Delta t_{h1}^*)$

按 B 类不确定度评定。

按 JJG 160—2007《标准铂电阻温度计》的要求，水三相点处为 $U_{99} = 5\text{mK}$（$k = 2.58$）；100℃水沸点附近为 $U_{99} = 3.4\text{mK}$（$k = 2.58$）。则

$$u(\Delta t_{i1}^*) = 1.94\text{mK}$$

$$u(\Delta t_{h1}^*) = 1.32\text{mK}$$

（2）电测设备引入的标准不确定度分量 $u(\Delta t_{i2}^*)$ 和 $u(\Delta t_{h2}^*)$

按 B 类不确定度评定。

电测设备在水三相点、冰点槽和100℃恒温槽内测量标准铂电阻温度计和被检热电阻的电阻值见表3。

表3　电测设备的测量值（含允差检定结果）

检 定 点	标准铂电阻温度计 R_t^*	工业铂热电阻 R_t
水三相点	24.8440Ω	—
冰点槽内	24.8448Ω	100.0378Ω
100℃油槽内	36.6005Ω	138.5380Ω
允差检定结果如下。		

续表

修正值：$\Delta t_i^* = \dfrac{0.999956 - 0.999968}{0.0039898} = -3.08\text{mK}$

$\Delta t_h^* = \dfrac{1.3927105 - 1.392727}{0.0038700} = -0.426\text{mK}$

测量偏差：$\Delta t_0 = \dfrac{100.0378 - 100.000}{0.39083} + 0.00308 = 0.098℃$，$R_0 = 100.0383Ω$

$\Delta t_{100} = \dfrac{138.5380 - 138.5055}{0.37928} + 0.00426 = 0.090℃$，$R_{100} = 138.5396Ω$

温度系数：$\alpha = 0.003848659℃^{-1}$，$\Delta \alpha = -1.89 \times 10^{-6}℃^{-1}$。

符合 A 级要求。

同一台电测设备测量 R_i^* 和 R_{tp}^* 的不确定度评估：F700 测温电桥是以电阻比的方式测量，在选用适当的外接标准电阻后，其测量相对误差 A 不超过 1.0×10^{-6}，则电阻比引入的影响量 $dW_t^S = \sqrt{2}(W_t - 1)A$。检定 0℃时该分量可忽略不计，即

$$u(t_{i2}^*) = 0$$

检定 100℃标准铂电阻温度计的电阻比 $W_{100} = 1.39277$，$dW/dt = 3.86816 \times 10^{-3}$。则

$$dW_t^S = \sqrt{2} \times (1.39277 - 1) \times 1.0 \times 10^{-6} = 5.555 \times 10^{-7}$$

$$\delta_t = dW_t^S/(dW/dt) = 5.555 \times 10^{-7}/3.86816 \times 10^{-3} = 0.144\text{mK}$$

按正态分布，取包含因子 $k = 2.58$，则

$$u(t_{h2}^*) = \delta_t/2.58 = 0.10\text{mK}$$

（3）测量电流引起的自热引入的标准不确定度分量 $u(\Delta t_{i3}^*)$ 和 $u(\Delta t_{h3}^*)$

按 B 类不确定度评定。

二等标准铂电阻温度计在冰点槽的检定过程中自热最大不超过 4mK，可作均匀分布处理，取包含因子 $k = \sqrt{3}$，则

$$u(\Delta t_{i3}^*) = 2.31\text{mK}$$

检定 100℃时，由于在较高温度流动介质的恒温槽中，自热影响可以忽略不计。即

$$u(\Delta t_{h3}^*) = 0$$

（4）标准铂电阻温度计 W_0^S 和 W_{100}^S 引入的标准不确定度分量 $u(\Delta t_{i4}^*)$ 和 $u(\Delta t_{h4}^*)$

由于 W_0^S 和 W_{100}^S 是二等标准铂电阻温度计检定证书中给出的，引入温度的不确定度可以用周期稳定性来评估（B 类不确定度），分别为 10mK 和 14mK，按均匀分布估计，取包含因子 $k = \sqrt{3}$。则

$$u(\Delta t_{i4}^*) = 5.77\text{mK}$$

$$u(\Delta t_{h4}^*) = 8.08\text{mK}$$

由于上述 4 个标准不确定度分量彼此独立不相关，则

检定 0℃时：

$$u(\Delta t_i^*) = \sqrt{1.94^2 + 0 + 2.31^2 + 5.77^2} = 6.51\text{mK}$$

检定 100℃时：

$$u(\Delta t_h^*) = \sqrt{1.32^2 + 0.10^2 + 0 + 8.08^2} = 8.19\text{mK}$$

4　各标准不确定度分量汇总（见表 4、表 5）

表4　0℃测量点的各标准不确定度分量汇总

符　号	不确定度来源	标准不确定度值 $u(x_i)$/mK	灵敏系数 c_i	$\lvert c_i \rvert u(x_i)$/mK
$u(\Delta t_i)$		3.07	1	3.07
$u(\Delta t_{i1})$	测量重复性	0.79		
$u(\Delta t_{i2})$	插孔间温差	0.00		
$u(\Delta t_{i3})$	电测设备误差	0.20		
$u(\Delta t_{i4})$	自热影响	2.95		
$u(\Delta t_i^*)$		6.51	−1	6.51
$u(\Delta t_{i1}^*)$	标准铂电阻复现性	1.94		
$u(\Delta t_{i2}^*)$	电测设备误差	0.00		
$u(\Delta t_{i3}^*)$	自热影响	2.31		
$u(\Delta t_{i4}^*)$	标准铂电阻稳定性	5.77		

表5　100℃测量点的各标准不确定度分量汇总

符　号	不确定度来源	标准不确定度值 $u(x_i)$/mK	灵敏系数 c_i	$\lvert c_i \rvert u(x_i)$/mK
$u(\Delta t_h)$		9.65	1	9.65
$u(\Delta t_{h1})$	测量重复性	0.57		
$u(\Delta t_{h2})$	插孔间温差	9.13		
$u(\Delta t_{h3})$	电测设备误差	0.30		
$u(\Delta t_{h4})$	自热影响	3.04		
$u(\Delta t_h^*)$		8.19	−1	8.19
$u(\Delta t_{h1}^*)$	标准铂电阻复现性	1.32		
$u(\Delta t_{h2}^*)$	电测设备误差	0.10		
$u(\Delta t_{h3}^*)$	自热影响	0.00		
$u(\Delta t_{h4}^*)$	标准铂电阻稳定性	8.08		

5　合成标准不确定度计算

　　由于各标准不确定度分量彼此独立不相关，则

　　检定0℃时：$u_c(\Delta t_0) = \sqrt{3.07^2 + 6.51^2} = 7.20\text{mK}$

　　检定100℃时：$u_c(\Delta t_{100}) = \sqrt{9.65^2 + 8.19^2} = 12.66\text{mK}$

6　扩展不确定度评定

　　取包含因子 $k = 2$，则 AA 级工业铂电阻温度计的扩展不确定度为

　　检定0℃时：$U = k \cdot u_c(\Delta t_0) = 2 \times 7.20 = 15\text{mK}$

　　检定100℃时：$U = k \cdot u_c(\Delta t_{100}) = 2 \times 12.66 = 25\text{mK}$

十、检定或校准结果的验证

　　采用传递比较法对测量结果进行验证。用一支稳定的 A 级工业铂电阻温度计作为样品,分别用本装置和一等铂电阻温度计标准装置进行数据验证,数据如下。

测　量　点		0℃	100℃
本装置	y_{lab}/Ω	100.0916	138.7073
	$U_{lab}(k=2)/℃$	0.03	0.04
一等铂电阻温度计标准装置	y_{lab}/Ω	100.0910	138.7083
	$U_{lab}(k=2)/℃$	0.007	0.007
$|y_{lab}-y_{ref}|/\Omega$		0.0006	0.0010
$|y_{lab}-y_{ref}|/℃$		0.002	0.003
$\sqrt{U_{lab}^2+U_{ref}^2}/℃$		0.03	0.04

　　测量结果在0℃和100℃均满足 $|y_{lab}-y_{ref}|\leqslant\sqrt{U_{lab}^2+U_{ref}^2}$,故本装置通过验证,符合要求。

十一、结论

　　经实验验证,本装置符合国家计量检定系统表和国家计量检定规程的要求,可以开展 AA 级及以下等级工业铂、铜热电阻的检定工作。

十二、附加说明

示例 3.9 廉金属热电偶校准装置

计量标准考核(复查)申请书

[　　] 量标　　证字第　　号

计量标准名称　　__廉金属热电偶校准装置__

计量标准代码　　__04113250__

建标单位名称　　_____

组织机构代码　　_____

单 位 地 址　　_____

邮 政 编 码　　_____

计量标准负责人及电话　　_____

计量标准管理部门联系人及电话　　_____

年　　月　　日

说　　明

1. 申请新建计量标准考核，建标单位应当提供以下资料：

1）《计量标准考核（复查）申请书》原件一式两份和电子版一份；

2）《计量标准技术报告》原件一份；

3）计量标准器及主要配套设备有效的检定或校准证书复印件一套；

4）开展检定或校准项目的原始记录及相应的模拟检定或校准证书复印件两套；

5）检定或校准人员能力证明复印件一套；

6）可以证明计量标准具有相应测量能力的其他技术资料（如果适用）复印件一套。

2. 申请计量标准复查考核，建标单位应当提供以下资料：

1）《计量标准考核（复查）申请书》原件一式两份和电子版一份；

2）《计量标准考核证书》原件一份；

3）《计量标准技术报告》原件一份；

4）《计量标准考核证书》有效期内计量标准器及主要配套设备连续、有效的检定或校准证书复印件一套；

5）随机抽取该计量标准近期开展检定或校准工作的原始记录及相应的检定或校准证书复印件两套；

6）《计量标准考核证书》有效期内连续的《检定或校准结果的重复性试验记录》复印件一套；

7）《计量标准考核证书》有效期内连续的《计量标准的稳定性考核记录》复印件一套；

8）检定或校准人员能力证明复印件一套；

9）计量标准更换申报表（如果适用）复印件一份；

10）计量标准封存（或撤销）申报表（如果适用）复印件一份；

11）可以证明计量标准具有相应测量能力的其他技术资料（如果适用）复印件一套。

3. 《计量标准考核（复查）申请书》采用计算机打印，并使用 A4 纸。

注：新建计量标准申请考核时不必填写"计量标准考核证书号"。

计量标准 名　称	廉金属热电偶校准装置				计量标准 考核证书号		
保存地点					计量标准 原值（万元）		
计量标准 类　别	☑　社会公用 ☑　计量授权			□　部门最高 □　计量授权		□　企事业最高 □　计量授权	
测量范围	（300～1200）℃						
不确定度或 准确度等级或 最大允许误差	一等标准（校准 1 级热电偶） 二等标准（校准 2 级热电偶）						

	名　称	型　号	测量范围	不确定度 或准确度等级 或最大允许误差	制造厂及 出厂编号	检定周 期或复 校间隔	末次检 定或校 准日期	检定或校 准机构及 证书号
计 量 标 准 器	标准铂铑 10- 铂热电偶	S	（419.527～ 1084.62）℃	一等		1 年		
	标准铂铑 10- 铂热电偶	S	（419.527～ 1084.62）℃	二等		1 年		
主 要 配 套 设 备	数字多用表		（0～100）mV	±（0.005% 读数 + 0.002% 量程）		1 年		
	管式炉 （配置均温块）		（300～1200）℃	均匀温场长度： 30mm 任意两点温差： ≤0.5℃		1 年		
	转换开关	—		寄生电势： ≤0.5μV		1 年		
	补偿导线		室温～70℃	±0.2℃		1 年		

环境条件及设施	序号	项 目	要　　求	实 际 情 况	结论
	1	温度	(23 ± 3)℃	(21 ~ 25)℃	合格
	2	湿度	≤80% RH	45% RH ~ 75% RH	合格
	3	振动影响	无振动	无振动	合格
	4				
	5				
	6				
	7				
	8				

检定或校准人员	姓　名	性别	年龄	从事本项目年限	学　历	能力证明名称及编号	核准的检定或校准项目

	序号	名　　称	是否具备	备　注
文件集登记	1	计量标准考核证书（如果适用）	否	新建
	2	社会公用计量标准证书（如果适用）	否	新建
	3	计量标准考核（复查）申请书	是	
	4	计量标准技术报告	是	
	5	检定或校准结果的重复性试验记录	是	
	6	计量标准的稳定性考核记录	是	
	7	计量标准更换申请表（如果适用）	否	新建
	8	计量标准封存（或撤销）申报表（如果适用）	否	新建
	9	计量标准履历书	是	
	10	国家计量检定系统表（如果适用）	是	
	11	计量检定规程或计量技术规范	是	
	12	计量标准操作程序	是	
	13	计量标准器及主要配套设备使用说明书（如果适用）	是	
	14	计量标准器及主要配套设备的检定或校准证书	是	
	15	检定或校准人员能力证明	是	
	16	实验室的相关管理制度		
	16.1	实验室岗位管理制度	是	
	16.2	计量标准使用维护管理制度	是	
	16.3	量值溯源管理制度	是	
	16.4	环境条件及设施管理制度	是	
	16.5	计量检定规程或计量技术规范管理制度	是	
	16.6	原始记录及证书管理制度	是	
	16.7	事故报告管理制度	是	
	16.8	计量标准文件集管理制度	是	
	17	开展检定或校准工作的原始记录及相应的检定或校准证书副本	是	
	18	可以证明计量标准具有相应测量能力的其他技术资料（如果适用）		
	18.1	检定或校准结果的不确定度评定报告	是	
	18.2	计量比对报告	否	新建
	18.3	研制或改造计量标准的技术鉴定或验收资料	否	非自研

	名　称	测量范围	不确定度或准确度 等级或最大允许误差	所依据的计量检定规程 或计量技术规范的编号及名称
开展的检定或校准项目	廉金属热电偶 （K、N、E、J 型）	（300～1200）℃	1 级、2 级	JJF 1637—2017 《廉金属热电偶校准规范》

建标单位意见	
	负责人签字：　　　　　　　　（公章） 　　　　　　　　年　　月　　日
建标单位 主管部门意见	
	（公章） 年　　月　　日
主持考核的 人民政府计量 行政部门意见	
	（公章） 年　　月　　日
组织考核的 人民政府计量 行政部门意见	
	（公章） 年　　月　　日

计 量 标 准 技 术 报 告

计量标准名称　　__廉金属热电偶校准装置__

计量标准负责人_____

建标单位名称_____

填　写　日　期_____

目　录

一、建立计量标准的目的

对于许多技术工艺过程，温度是一个基本的、重要的控制参数，建立廉金属热电偶校准装置是为了量值传递廉金属热电偶，使企业所使用的大量廉金属热电偶能够有效溯源，从而保证产品生产过程温度的准确可靠。

二、计量标准的工作原理及其组成

廉金属热电偶的校准方法采用比较法。将被校的廉金属热电偶和标准铂铑 10-铂热电偶按规范要求捆扎成束后插入管式炉内的均温块至底部，热电偶的测量端置于炉内最高均温区，由低温向高温逐点升温进行校准，当炉温升到校准点温度并恒定后，自标准热电偶开始，用数字多用表依次测量标准及各被校热电偶的热电动势，最后依据校准规范中的计算公式得出各个被校偶热电动势值及示值偏差。

校准装置由标准铂铑 10-铂热电偶、数字多用表、管式炉、精密控温设备、转换开关、参考端恒温器等组成。

三、计量标准器及主要配套设备

	名　称	型　号	测量范围	不确定度 或准确度等级 或最大允许误差	制造厂及 出厂编号	检定周 期或复 校间隔	检定或 校准机构
计量标准器	标准铂铑 10-铂热电偶	S	(419.527 ~ 1084.62)℃	一等		1 年	
	标准铂铑 10-铂热电偶	S	(419.527 ~ 1084.62)℃	二等		1 年	
主要配套设备	数字多用表		(0 ~ 100)mV	±(0.005% 读数 + 0.002% 量程)		1 年	
	管式炉 (配置均温块)		(300 ~ 1200)℃	均匀温场长度: 30mm 任意两点温差: ≤0.5℃		1 年	
	转换开关		—	寄生电势: ≤0.5μV		1 年	
	补偿导线		室温 ~ 70℃	±0.2℃		1 年	

四、计量标准的主要技术指标

测量范围：（300～1200）℃

1 级廉金属热电偶测量结果不确定度：$U = (0.7 \sim 1.0)$℃　　（$k = 2$）

2 级廉金属热电偶测量结果不确定度：$U = (1.0 \sim 1.5)$℃　　（$k = 2$）

校准 1 级廉金属热电偶用一等标准铂铑 10-铂热电偶，年稳定性：$\leqslant 5\mu V$

校准 2 级廉金属热电偶用二等标准铂铑 10-铂热电偶，年稳定性：$\leqslant 10\mu V$

五、环境条件

序号	项目	要　　求	实际情况	结论
1	温度	（23±3）℃	（21～25）℃	合格
2	湿度	≤80% RH	45% RH～75% RH	合格
3	振动影响	无振动	无振动	合格
4				
5				
6				

六、计量标准的量值溯源和传递框图

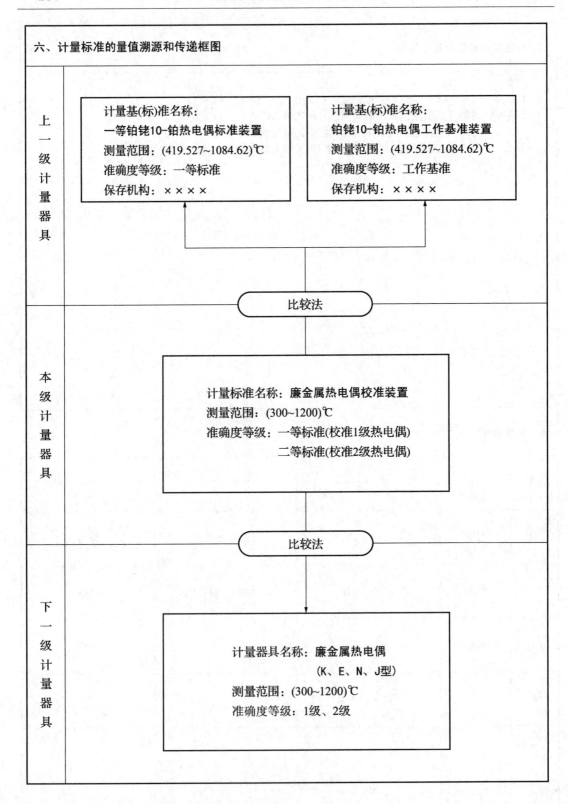

上一级计量器具

计量基(标)准名称：
一等铂铑10-铂热电偶标准装置
测量范围：(419.527~1084.62)℃
准确度等级：一等标准
保存机构：××××

计量基(标)准名称：
铂铑10-铂热电偶工作基准装置
测量范围：(419.527~1084.62)℃
准确度等级：工作基准
保存机构：××××

比较法

本级计量器具

计量标准名称：**廉金属热电偶校准装置**
测量范围：(300~1200)℃
准确度等级：一等标准(校准1级热电偶)
　　　　　　二等标准(校准2级热电偶)

比较法

下一级计量器具

计量器具名称：**廉金属热电偶**
　　　　　　　　(K、E、N、J型)
测量范围：(300~1200)℃
准确度等级：1级、2级

七、计量标准的稳定性考核

每隔 2 个月，使用本装置在 1084.62℃点对同一支二等标准铂铑 10-铂热电偶进行一组 10 次的重复测量，取其算数平均值作为该组的测得值，共观测 4 组，取 4 个测量结果中的最大值和最小值之差作为该时间段内计量标准的稳定性。数据如下。

廉金属热电偶校准装置的稳定性考核记录

考核时间	2017 年 1 月	2017 年 3 月	2017 年 5 月	2017 年 7 月
核查标准	名称：二等标准铂铑 10-铂热电偶　　型号：S　　编号：85-159			
测量条件	1084.62℃			
测量次数	测得值/mV	测得值/mV	测得值/mV	测得值/mV
1	10.569	10.570	10.571	10.569
2	10.568	10.569	10.571	10.570
3	10.568	10.569	10.570	10.570
4	10.568	10.570	10.570	10.569
5	10.569	10.568	10.571	10.569
6	10.568	10.569	10.570	10.568
7	10.568	10.570	10.570	10.570
8	10.570	10.570	10.569	10.569
9	10.568	10.568	10.570	10.570
10	10.568	10.569	10.571	10.569
$\bar{y_i}$	10.5684	10.5692	10.5703	10.5693
最大变化量 $\bar{y}_{imax} - \bar{y}_{imin}$	0.0019mV　（0.16℃）			
允许变化量	0.4℃			
结　论	符合要求			
考核人员	×××			

八、检定或校准结果的重复性试验

在重复性测量条件下，用本装置对一支 1 级 K 型热电偶在 1000℃点进行 10 次独立重复测量，数据如下。

廉金属热电偶校准装置的检定或校准结果的重复性试验记录

试验时间	2017 年 9 月 20 日		
被测对象	名　称	型　号	编　号
	热电遇	K	×××
测量条件	1000℃		
测量次数	测得值/mV		
1	41.200		
2	41.201		
3	41.199		
4	41.201		
5	41.201		
6	41.201		
7	41.199		
8	41.202		
9	41.201		
10	41.200		
$\bar{y}$	41.2005		
$s(y_i) = \sqrt{\dfrac{\sum_{i=1}^{n}(y_i-\bar{y})^2}{n-1}}$	9.7×10^{-4} mV		
结　论	符合要求		
试验人员	×××		

九、检定或校准结果的不确定度评定

1　概述

1.1　测量依据：JJF 1637—2017《廉金属热电偶校准规范》。

1.2　测量环境条件：温度(21~25)℃，湿度45% RH~75% RH。

1.3　测量标准及技术指标：一等标准铂铑 10-铂热电偶，数字多用表 MPE：±（0.005% 读数 + 0.002% 量程）。

1.4　被测对象及主要性能：1 级 K 型廉金属电偶，在(300~1200)℃范围内误差不超过 ±1.5℃或 0.4% t。

2　测量模型

被检廉金属热电偶测量模型为

$$e_{被}(t) = e_{被}(t') + \frac{E_{标}(t) - e_{标}(t')}{S_{标}(t)} S_{被}(t) \tag{1}$$

式中：$e_{被}(t)$——被校热电偶在校准温度点 t 的热电动势；

$\qquad e_{被}(t')$——被校热电偶在测量时（温度为 t'）的热电动势算术平均值；

$\qquad E_{标}(t)$——标准热电偶证书上在校准点 t 的热电动势；

$\qquad e_{标}(t')$——标准热电偶在校准时（温度为 t'）测得的热电动势算术平均值；

$S_{标}(t)$、$S_{被}(t)$——标准热电偶、被校热电偶在校准温度点 t 的微分热电动势。

3　灵敏系数

由式（1）可知灵敏系数为

$$c_1 = \partial e_{被}(t)/\partial e_{被}(t') = 1$$
$$c_2 = \partial e_{被}(t)/\partial E_{标}(t) = S_{被}(t)/S_{标}(t)$$
$$c_3 = \partial e_{被}(t)/\partial e_{标}(t') = -S_{被}(t)/S_{标}(t)$$

查表得 $S_{被}(t)$、$S_{标}(t)$ 在 1000℃点分别为 38.98μV/℃、11.54μV/℃。

4　各输入量的标准不确定度分量评定

4.1　输入量 $e_{被}(t')$ 引入的标准不确定度 $u(e_{被})$

输入量 $e_{被}(t')$ 的标准不确定度 $u(e_{被})$ 不确定度来源于被校热电偶测量重复性、数字多用表测量误差、管式炉温场分布不均匀、转换开关寄生电势以及热电偶参考端温度的变化。

（1）由被校热电偶的测量重复性引入的标准不确定度分量 $u(e_{被1})$

标准不确定度 $u(e_{被1})$ 来源于被校热电偶测量重复性，采用 A 类不确定度评定方法。

将一支 1 级被校热电偶用一支一等标准铂铑 10-铂热电偶作标准对它在 1000℃点热电动势进行 10 次重复测量，测得数据为（单位：mV）：41.200、41.201、41.199、41.201、41.201、41.201、41.199、41.202、41.201、41.200，则单次实验标准偏差为 0.97μV。实际测量时，测量次数为 4 次，则

$$u(e_{被1}) = \frac{0.97}{\sqrt{4}} \approx 0.48 \mu V$$

（2）电测设备引入的标准不确定度分量 $u(e_{被2})$

标准不确定度 $u(e_{被2})$ 由数字多用表测量误差引入，采用 B 类方法进行评定。

测量仪器数字多用表，量程范围(0~100)mV，允许误差 ±（0.005% 读数 +0.002% 量程），区间半宽度 a =（0.005% 读数 +0.002% 量程），按均匀分布，取包含因子 $k = \sqrt{3}$，则 $u_3(t) = a/\sqrt{3}$。测量值取校准温度点的分度值，廉金属热电偶在四个校准点（400℃、600℃、800℃、1000℃）分度表上的热电势分别为：16.397mV、24.905mV、33.275mV、41.276mV。经计算得

400℃点：$u(e_{被2}) = 1.63 \mu V$

600℃点：$u(e_{被2}) = 1.88\mu V$

800℃点：$u(e_{被2}) = 2.12\mu V$

1000℃点：$u(e_{被2}) = 2.35\mu V$

（3）炉温不均匀性引入的标准不确定度分量 $u(e_{被3})$

标准不确定度 $u(e_{被3})$ 由炉温不均匀性引入，采用 B 类方法进行评定。

由于管式炉内温场存在不均匀性，导致标准和被校热电偶测量温度有差异，根据规范要求在均匀温场区域内，任意两点温差为 0.5℃，取其半宽区间，按均匀分布，取包含因子 $k=\sqrt{3}$，则

$$u(e_{被3}) = \frac{0.25 \times S_{被}(1000℃)}{\sqrt{3}} = \frac{0.25 \times 38.98}{\sqrt{3}} \approx 5.7\mu V$$

式中：$S_{被}(1000℃)$——被测热电偶在 1000℃点的微分热电动势，查表得 38.98μV/℃。

（4）转换开关寄生电势引入的标准不确定度分量 $u(e_{被4})$

标准不确定度 $u(e_{被4})$ 由转换开关寄生电势引入，采用 B 类方法进行评定。

转换开关寄生电势带来误差不超过 0.5μV，取其半宽区间，按均匀分布，取包含因子 $k=\sqrt{3}$，则

$$u(e_{被4}) = \frac{0.25}{\sqrt{3}} \approx 0.15\mu V$$

（5）被校热电偶参考端温度变化引入的标准不确定度分量 $u(e_{被5})$

标准不确定度 $u(e_{被5})$ 由参考端温度变化引入，采用 B 类方法进行评定。

根据 JJF 1637—2017 的要求，被校偶参考端使用恒温器，冰点恒温器内温度为 (0±0.1)℃，取其半宽间，按均匀分布，取包含因子 $k=\sqrt{3}$，则

$$u(e_{被5}) = \frac{0.1 \times S_{被}(0℃)}{\sqrt{3}} = \frac{0.1 \times 39.45}{\sqrt{3}} \approx 2.3\mu V$$

式中：$S_{被}(0℃)$——被测热电偶在 0℃点的微分热电动势，查表得 39.45μV/℃。

输入量 $e_{被}(t')$ 引入的标准不确定度分量 $u(e_{被})$ 由 $u(e_{被1}) \sim u(e_{被5})$ 合成，即

$$u(e_{被}) = \sqrt{u^2(e_{被1}) + u^2(e_{被2}) + u^2(e_{被3}) + u^2(e_{被4}) + u^2(e_{被5})}$$

根据 JJF 1637—2017 的规定，常规校准都在整百度点进行校准，标准不确定度分量 $u(e_{被})$ 见表 1。

表 1　标准不确定度 $u(e_{被})$

测量点温度/℃	300	400	500	600	700	800	900	1000
$u(e_{被})$/μV	7.5	7.8	8.0	8.1	7.8	7.3	6.8	6.6

4.2　输入量 $E_{标}(t)$ 引入的标准不确定度分量 $u(E_{标})$

（1）由标准热电偶证书值引入的标准不确定度分量 $u(E_{标1})$

由一等标准铂铑 10-铂热电偶溯源单位提供的不确定度可知，其在锌点、铝点、铜点的扩展不确定度（$k=2$）分别为 0.3℃、0.4℃、0.4℃，则在锌点、铝点、铜点的标准不确定度 $u(E_{Zn})$、$u(E_{Al})$、$u(E_{Cu})$ 分别为 1.5μV、2.1μV、2.4μV。

在 (300～1200)℃ 任一温度点标准不确定度 $u(E_{标1})$ 的计算公式为

$$u(E_{标1}) = \sqrt{u^2(\Delta E_{Cu})\varphi_1^2(t) + u^2(\Delta E_{Al})\varphi_2^2(t) + u^2(\Delta E_{Zn})\varphi_3^2(t) + u^2(E_r)}$$

式中：$\varphi_1(t) = \dfrac{(t - t_{Al})(t - t_{Zn})}{(t_{Cu} - t_{Al})(t_{Cu} - t_{Zn})}$；

$\varphi_2(t) = \dfrac{(t - t_{Cu})(t - t_{Zn})}{(t_{Al} - t_{Cu})(t_{Al} - t_{Zn})}$；

$$\varphi_3(t) = \frac{(t - t_{\text{Cu}})(t - t_{\text{Al}})}{(t_{\text{Zn}} - t_{\text{Cu}})(t_{\text{Zn}} - t_{\text{Al}})}。$$

$u(E_r)$ 为铂铑 10-铂热电偶在任一温度点参考函数的标准不确定度，由于参考函数的准确度完全可以满足该类热电偶使用准确度的要求，故可以忽略其他误差，仅考虑其有效位数引起的误差，其最大偏差为 $\pm 0.5\mu V$，取其半宽区间，按均匀分布，取包含因子 $k = \sqrt{3}$，则

$$u(E_r) = \frac{0.5}{\sqrt{3}} \approx 0.29\mu V$$

$u(\Delta E_{\text{Cu}})$、$u(\Delta E_{\text{Al}})$、$u(\Delta E_{\text{Zn}})$ 为标准偶在各定点的电动势与相应定点参考函数的差值的标准不确定度，即

$$u(\Delta E_{\text{Cu}}) = \sqrt{u^2(E_{\text{Cu}}) + u^2(E_r)} \approx 2.4\mu V$$

$$u(\Delta E_{\text{Al}}) = \sqrt{u^2(E_{\text{Al}}) + u^2(E_r)} \approx 2.1\mu V$$

$$u(\Delta E_{\text{Zn}}) = \sqrt{u^2(E_{\text{Zn}}) + u^2(E_r)} \approx 1.5\mu V$$

由此可算出各整百温度点的 $u(E_{\text{标1}})$，见表 2。

（2）由标准热电偶年稳定性引入的标准不确定度分量 $u(E_{\text{标2}})$

标准不确定度 $u(E_{\text{标2}})$ 由一等标准铂铑 10-铂热电偶年稳定性引入，采用 B 类方法进行判定。

一等标准铂铑 10-铂热电偶热电动势年变化量不超过 $\pm 5\mu V$，取其半宽区间，按正态分布，取包含因子 $k = 3$，则

$$u(E_{\text{标2}}) = \frac{5}{3} \approx 1.67\mu V$$

输量 $E_{\text{标}}(t)$ 引入的标准不确定度分量 $u(E_{\text{标}})$ 由 $u(E_{\text{标1}})$ 和 $u(E_{\text{标2}})$ 合成，即

$$u(E_{\text{标}}) = \sqrt{u^2(E_{\text{标1}}) + u^2(E_{\text{标2}})}$$

根据 JJF 1637—2017 的规定，常规校准都在整百度点进行校准，标准不确定度分量 $u(E_{\text{标}})$ 见表 2。

表 2 标准不确定度分量 $u(E_{\text{标}})$

测量点温度/℃	300	400	500	600	700	800	900	1000
$u(E_{\text{标1}})/\mu V$	3.3	1.7	1.3	1.8	2.2	2.3	2.1	2.0
$u(E_{\text{标2}})/\mu V$	1.67	1.67	1.67	1.67	1.67	1.67	1.67	1.67
$u(E_{\text{标}})/\mu V$	3.7	2.4	2.1	2.5	2.8	2.9	2.7	2.6

4.3 输入量 $e_{\text{标}}(t')$ 引入的标准不确定度分量 $u(e_{\text{标}})$

输入量 $e_{\text{标}}(t')$ 的标准不确定度主要来源于标准热电偶测量重复性、数字多用表测量误差、转换开关寄生电势以及热电偶参考端温度的变化。

（1）一等标准铂铑 10-铂热电偶重复性引入的标准不确定度分量 $u(e_{\text{标1}})$

标准不确定度 $u(e_{\text{标1}})$ 由标准热电偶测量重复性引入，采用 A 类方法进行评定。

用一支一等标准铂铑 10-铂热电偶作标准对一支 1 级被测热电偶在 1000℃ 的热电动势进行 10 次重复测量，测得数据为（单位：mV）：9.5855、9.5856、9.5850、9.5850、9.5840、9.5852、9.5860、9.5859、9.5860、9.5841，则单次实验标准偏差为

$$s = \sqrt{\frac{\sum_{i=1}^{n} \left[e_{\text{标}i}(t') - \bar{e}_{\text{标}}(t') \right]^2}{n - 1}} = 0.00074\text{mV}$$

实际测量时，测量次数为 4 次，则

$$u(e_{标1}) = \frac{0.00074}{\sqrt{4}} \approx 0.37 \mu V$$

（2）数字多用表测量误差引入的标准不确定度分量 $u(e_{标2})$

标准不确定度 $u(e_{标2})$ 由数字多用表测量误差引入，采用 B 类方法进行评定。

测量仪器数字多用表，量程范围(0~100)mV，允许误差 ±(0.005% 读数 + 0.002% 量程)，区间半宽度 $a = (0.005\% 读数 + 0.002\% 量程)$，按均匀分布，取包含因子 $k = \sqrt{3}$，则 $u_3(t) = a/\sqrt{3}$。测量值取校准温度点的分度值，一等标准铂铑 10-铂热电偶在四个校准点（400℃、600℃、800℃、1000℃）分度表上的热电势分别为：3.259mV、5.239mV、7.345mV、9.587mV。经计算得

400℃点：$u(e_{标2}) = 1.25 \mu V$

600℃点：$u(e_{标2}) = 1.30 \mu V$

800℃点：$u(e_{标2}) = 1.37 \mu V$

1000℃点：$u(e_{标2}) = 1.43 \mu V$

（3）转换开关寄生电势引入的标准不确定度分量 $u(e_{标3})$

标准不确定度 $u(e_{标3})$ 由转换开关寄生电势引入，采用 B 类方法进行评定。

转换开关寄生电势带来误差不超过 0.5μV，取其半宽区间，按均匀分布，取包含因子 $k = \sqrt{3}$，则

$$u(e_{标3}) = \frac{0.2}{\sqrt{3}} \approx 0.15 \mu V$$

（4）由标准热电偶参考端温度变化引入的标准不确定度分量 $u(e_{标4})$

根据规范要求，被测偶参考端使用恒温器，冰点恒温器内温度为(0 ± 0.1)℃，取其半宽区间，按均匀分布，取包含因子 $k = \sqrt{3}$，则

$$u(e_{标4}) = \frac{0.1℃ \times S_{标}(0℃)}{\sqrt{3}} = \frac{0.1℃ \times 5.4 \mu V/℃}{\sqrt{3}} \approx 0.3 \mu V$$

式中：$S_{标}(0℃)$——标准热电偶在0℃点的微分热电动势，查表得 5.4μV/℃。

输入量 $e_{标}(t')$ 引入的标准不确定度分量 $u(e_{标})$ 由 $u(e_{标1}) \sim u(e_{标4})$ 合成，即

$$u(e_{标}) = \sqrt{u^2(e_{标1}) + u^2(e_{标2}) + u^2(e_{标3}) + u^2(e_{标4})}$$

各整百度点标准不确定度分量 $u(e_{标})$ 的计算结果见表3。

表3　标准不确定度分量 $u(e_{标})$

测量点温度/℃	300	400	500	600	700	800	900	1000
$u(e_{标})/\mu V$	1.3	1.3	1.4	1.4	1.4	1.5	1.5	1.5

5　各标准不确定度分量汇总（1000℃点）（见表4）

表4　各标准不确定度分量汇总（1000℃点）

符号	不确定度来源	标准不确定度值 $u(x_i)/\mu V$	灵敏系数 c_i	$|c_i|u(x_i)/\mu V$
$u(e_{被})$		6.6	1	6.6
$u(e_{被1})$	被测热电偶测量重复性	0.48		
$u(e_{被2})$	数字多用表测量误差	2.35		
$u(e_{被3})$	管式炉温场分布不均匀	5.7		

续表

符号	不确定度来源	标准不确定度值 $u(x_i)/\mu V$	灵敏系数 c_i	$|c_i|u(x_i)/\mu V$
$u(e_{被4})$	转换开关寄生电势	0.15		
$u(e_{被5})$	热电偶参考端温度变化	2.3		
$u(E_{标})$		2.6	$S_{被}(t)/S_{标}(t)$ 3.4	8.9
$u(E_{标1})$	标准偶证书值引入	2.0		
$u(E_{标2})$	标准偶年稳定性	1.67		
$u(e_{标})$		1.5	$-S_{被}(t)/S_{标}(t)$ -3.4	5.1
$u(e_{标1})$	标准热电偶测量重复性	0.37		
$u(e_{标2})$	数字多用表测量误差	1.43		
$u(e_{标3})$	转换开关寄生电势	0.15		
$u(e_{标4})$	热电偶参考端温度变化	0.3		

6 合成标准不确定度计算

各输入量间彼此独立互不相关,则合成标准不确定度(1000℃点)为

$$u_c^2 = [c_1 u(e_{被})]^2 + [c_2 u(E_{标})]^2 + [c_3 u(e_{标})]^2$$

可得

$$u_c = 12.2\mu V$$

各整百度点合成标准不确定度计算结果见表5。

表5 各整百度点合成标准不确定度

测量温度/℃	300	400	500	600	700	800	900	1000
$u(e_{被})/\mu V$	7.5	7.8	8.0	8.1	7.8	7.3	6.8	6.6
$u(E_{标})/\mu V$	3.7	2.4	2.1	2.5	2.8	2.9	2.7	2.6
$u(e_{标})/\mu V$	1.3	1.3	1.4	1.4	1.4	1.5	1.5	1.5
$u_c/\mu V$	19.2	14.3	13.5	14.5	14.8	14.2	13.1	12.2

7 扩展不确定度评定

取包含因子 $k=2$,则扩展不确定度(1000℃点)为

$$U = k \cdot u_c = 2 \times 12.2 = 24.4\mu V$$

换算为温度可得

$$U = \frac{24.4}{S_{被}(1000℃)} = \frac{24.4}{38.98} = 0.7℃$$

式中:$S_{被}(1000℃)$——被校热电偶在1000℃点的微分热电动势,查表得38.98μV/℃。

1级工作用K型热电偶各整百度点测量结果的扩展不确定度($k=2$)见表6。

表 6　扩展不确定度

测量温度/℃	300	400	500	600	700	800	900	1000
$u_c/\mu V$	19.2	14.3	13.5	14.5	14.8	14.2	13.1	12.2
U　μV	38.4	28.6	27.0	29.0	29.6	28.4	26.2	24.4
℃	1.0	0.7	0.7	0.7	0.7	0.7	0.7	0.7

8　2 级 K 型热电偶测量结果的不确定度评定

测量 2 级 K 型热电偶所用的标准器是二等标准铂铑 10-铂热电偶，其在锌点、铝点、铜点的扩展不确定度（$k=2$）分别为 0.5℃、0.6℃、0.6℃，则在锌点、铝点、铜点的标准不确定度 $u(E_{Zn})$、$u(E_{Al})$、$u(E_{Cu})$ 分别为 2.4μV、3.1μV、3.5μV。热电动势年变化量不超过 $\pm 10\mu V$，则 $u(E_{标2})=3.33\mu V$。

测量 2 级 K 型热电偶，如果使用了补偿导线，还应该考虑补偿导线引入的不确定度。补偿导线的最大允许误差为 ± 0.2℃，按均匀分布，取包含因子 $k=\sqrt{3}$，则

$$u(e_{被6})=\frac{0.2\times S_{被}}{\sqrt{3}}=\frac{0.2\times 40}{\sqrt{3}}\approx 4.6\mu V$$

式中：$S_{被}$——被测热电偶的微分热电动势，约为 40μV/℃。

各标准不确定度分量（1000℃点）汇总见表 7。

表 7　各标准不确定度分量（1000℃点）汇总

符　号	不确定度来源	标准不确定度值 $u(x_i)/\mu V$	灵敏系数 c_i	$\lvert c_i \rvert u(x_i)/\mu V$
$u(e_{被})$		8.2	1	8.2
$u(e_{被1})$	被校热电偶测量重复性	0.68		
$u(e_{被2})$	数字多用表测量误差	2.35		
$u(e_{被3})$	管式炉温场分布不均匀	5.7		
$u(e_{被4})$	转换开关寄生电势	0.15		
$u(e_{被5})$	热电偶参考端温度变化	2.3		
$u(e_{被6})$	补偿导线引入	4.6		
$u(E_{标})$		4.4	$S_{被}(t)/S_{标}(t)$ 3.4	15.0
$u(E_{标1})$	标准偶证书值引入	2.9		
$u(E_{标2})$	标准偶年稳定性	3.33		
$u(e_{标})$		1.5	$-S_{被}(t)/S_{标}(t)$ -3.4	5.1
$u(e_{标1})$	标准热电偶测量重复性	0.40		
$u(e_{标2})$	数字多用表测量误差	1.43		
$u(e_{标3})$	转换开关寄生电势	0.15		
$u(e_{标4})$	热电偶参考端温度变化	0.3		

各整百度点合成标准不确定度计算结果见表8。

表8 各整百度点合成标准不确定度

测量温度/℃	300	400	500	600	700	800	900	1000
$u(e_{被})$/μV	8.9	9.2	9.4	9.4	9.0	8.8	8.3	8.2
$u(E_{标})$/μV	6.1	4.3	3.9	4.3	4.7	4.7	4.5	4.4
$u(e_{标})$/μV	1.3	1.4	1.4	1.4	1.3	1.5	1.5	1.5
u_c/μV	29.4	21.9	20.2	21.2	21.5	20.8	19.0	17.8

2级K型热电偶各整百度点测量结果的扩展不确定度（$k=2$）见表9。

表9 扩展不确定度

测量温度/℃		300	400	500	600	700	800	900	1000
u_c/μV		29.4	21.9	20.2	21.2	21.5	20.8	19.0	17.8
U	μV	58.8	43.8	40.4	42.4	43.0	41.6	38.0	35.6
	℃	1.5	1.1	1.0	1.0	1.1	1.1	1.0	1.0

十、检定或校准结果的验证

采用传递比较法对测量结果进行验证。将一支 K 型热电偶分别用本装置和一等铂铑 10-铂热电偶标准装置进行校准，数据如下。

校准点 /℃	本装置校准结果		一等铂铑 10-铂热电偶标准装置校准结果		$\lvert y_{\text{lab}} - y_{\text{ref}} \rvert$		$\sqrt{U_{\text{lab}}^2 + U_{\text{ref}}^2}$ /℃
	y_{lab}/mV	U_{lab}/℃	y_{ref}/mV	U_{ref}/℃	mV	℃	
400	16.350	1.0	16.369	0.7	0.019	0.4	1.22
600	24.831	1.0	24.846	0.7	0.015	0.4	1.22
800	33.186	1.0	33.198	0.7	0.012	0.3	1.22
1000	41.198	1.0	41.212	0.7	0.014	0.4	1.22

测量结果均满足 $\lvert y_{\text{lab}} - y_{\text{ref}} \rvert \le \sqrt{U_{\text{lab}}^2 + U_{\text{ref}}^2}$，故本装置通过验证，符合要求。

十一、结论

经实验验证，本装置符合国家计量检定系统表和国家计量技术规范的要求，可以开展1级、2级廉金属热电偶（K、E、N、J型）的校准工作。

十二、附加说明

示例 3.10 温度变送器（带传感器）校准装置

计量标准考核（复查）申请书

［ 　 ］ 量标 证字第 号

计量标准名称 **温度变送器（带传感器）校准装置**

计量标准代码 **04117200**

建标单位名称

组织机构代码

单 位 地 址

邮 政 编 码

计量标准负责人及电话

计量标准管理部门联系人及电话

年 　 月 　 日

说　明

1. 申请新建计量标准考核，建标单位应当提供以下资料：

1）《计量标准考核（复查）申请书》原件一式两份和电子版一份；

2）《计量标准技术报告》原件一份；

3）计量标准器及主要配套设备有效的检定或校准证书复印件一套；

4）开展检定或校准项目的原始记录及相应的模拟检定或校准证书复印件两套；

5）检定或校准人员能力证明复印件一套；

6）可以证明计量标准具有相应测量能力的其他技术资料（如果适用）一套。

2. 申请计量标准复查考核，建标单位应当提供以下资料：

1）《计量标准考核（复查）申请书》原件一式两份和电子版一份；

2）《计量标准考核证书》原件一份；

3）《计量标准技术报告》原件一份；

4）《计量标准考核证书》有效期内计量标准器及主要配套设备的连续、有效的检定或校准证书复印件一套；

5）随机抽取该计量标准近期开展检定或校准工作的原始记录及相应的检定或校准证书复印件两套；

6）《计量标准考核证书》有效期内连续的《检定或校准结果的重复性试验记录》复印件一套；

7）《计量标准考核证书》有效期内连续的《计量标准稳定性考核记录》复印件一套；

8）检定或校准人员能力证明复印件一套；

9）计量标准更换申报表（如果适用）复印件一份；

10）计量标准封存（或撤销）申报表（如果适用）复印件一份；

11）可以证明计量标准具有相应测量能力的其他技术资料（如果适用）复印件一套。

3.《计量标准考核（复查申请书）采用计算机打印，并使用 A4 纸。

注：新建计量标准申请考核时不必填写"计量标准考核证书号"。

计量标准名　称	温度变送器（带传感器）校准装置				计量标准考核证书号			
保存地点					计量标准原值（万元）			
计量标准类　别	☑ 社会公用 □ 计量授权			□ 部门最高 □ 计量授权			□ 企事业最高 □ 计量授权	
测量范围	（-60~1100）℃							
不确定度或准确度等级或最大允许误差	测量范围（-60~300）℃：$U=0.0029$mA　（$k=2$） 测量范围（300~1100）℃：$U=0.0290$mA　（$k=2$）							

	名　称	型　号	测量范围	不确定度或准确度等级或最大允许误差	制造厂及出厂编号	检定周期或复校间隔	末次检定或校准日期	检定或校准机构及证书号
计量标准器	标准铂电阻温度计		（-189.3442~419.527）℃	二等		2年		
	标准铂铑10-铂热电偶		（300~1100）℃	二等		1年		
	数字多用表		（0~20）mA	$\pm(25\times10^{-6}$读数+2×10^{-6}量程）		1年		
主要配套设备	测温电桥		（0~500）kΩ	$\pm6\times10^{-6}$		1年		
	纳伏表		（0~100）mV	$\pm(30\times10^{-6}$读数+4×10^{-6}量程）		1年		
	恒温槽		（30~95）℃	水平温差:0.01℃ 最大温差:0.01℃		1年		
	恒温槽		（90~300）℃	水平温差:0.01℃ 最大温差:0.01℃		1年		
	制冷恒温槽		（-60~30）℃	水平温差:0.01℃ 最大温差:0.02℃		1年		
	堆栈式测温仪		（0~100）mV	$\pm0.001\%$		1年		
	热电偶检定炉		（300~1200）℃	径向均匀性:±0.5℃ 轴向均匀性:±0.25℃ 稳定性(30min内):±0.25℃		1年		
	便携式温度校准仪		（-90~125）℃	孔间温差:±0.01℃ 温度波动度(30min内):±0.03℃		1年		
	便携式温度校准仪		（33~650）℃	孔间温差:±0.03℃ 温度波动度(30min内):±0.05℃		1年		
	便携式温度校准仪		（300~1200）℃	孔间温差:±0.05℃ 温度波动度(30min内):±0.10℃		1年		

序号	项目	要　　求	实 际 情 况	结论
1	温度	(20 ± 2)℃	(20 ± 2)℃	合格
2	湿度	30% RH ~ 75% RH	30% RH ~ 75% RH	合格
3				
4				
5				
6				
7				
8				

环境条件及设施

姓 名	性别	年龄	从事本项目年限	学 历	能力证明名称及编号	核准的检定或校准项目

检定或校准人员

	序号	名　称	是否具备	备注
文件集登记	1	计量标准考核证书（如果适用）	否	新建
	2	社会公用计量标准证书（如果适用）	否	新建
	3	计量标准考核（复查）申请书	是	
	4	计量标准技术报告	是	
	5	检定或校准结果的重复性试验记录	是	
	6	计量标准的稳定性考核记录	是	
	7	计量标准更换申报表（如果适用）	否	新建
	8	计量标准封存（或撤销）申报表（如果适用）	否	新建
	9	计量标准履历书	是	
	10	国家计量检定系统表（如果适用）	是	
	11	计量检定规程或计量技术规范	是	
	12	计量标准操作程序	是	
	13	计量标准器及主要配套设备使用说明书（如果适用）	是	
	14	计量标准器及主要配套设备的检定或校准证书	是	
	15	检定或校准人员能力证明	是	
	16	实验室的相关管理制度		
	16.1	实验室岗位管理制度	是	
	16.2	计量标准使用维护管理制度	是	
	16.3	量值溯源管理制度	是	
	16.4	环境条件及设施管理制度	是	
	16.5	计量检定规程或计量技术规范管理制度	是	
	16.6	原始记录及证书管理制度	是	
	16.7	事故报告管理制度	是	
	16.8	计量标准文件集管理制度	是	
	17	开展检定或校准工作的原始记录及相应的检定或校准证书副本	是	
	18	可以证明计量标准具有相应测量能力的其他技术资料（如果适用）		
	18.1	检定或校准结果的不确定度评定报告	是	
	18.2	计量比对报告	否	新建
	18.3	研制或改造计量标准的技术鉴定或验收资料	否	非自研

	名　　称	测量范围	不确定度或准确度 等级或最大允许误差	所依据的计量检定规程 或计量技术规范的编号及名称
开展的检定或校准项目	温度变送器 （带传感器） 校准	输入信号： （-60~1100)℃ 输出信号： （4~20)mA 或 （0~5)V	0.1 级及以下	JJF 1183—2007 《温度变送器校准规范》

建标单位意见	
	负责人签字：　　　　　（公章） 年　　月　　日
建标单位 主管部门意见	
	（公章） 年　　月　　日
主持考核的 人民政府计量 行政部门意见	
	（公章） 年　　月　　日
组织考核的 人民政府计量 行政部门意见	
	（公章） 年　　月　　日

计 量 标 准 技 术 报 告

计量标准名称　**温度变送器（带传感器）校准装置**

计量标准负责人＿＿＿＿＿＿＿＿＿＿＿＿＿＿＿＿＿＿

建标单位名称＿＿＿＿＿＿＿＿＿＿＿＿＿＿＿＿＿＿＿

填 写 日 期＿＿＿＿＿＿＿＿＿＿＿＿＿＿＿＿＿＿＿

目　录

一、建立计量标准的目的

为了保证本地区的温度变送器（带传感器）的量值准确可靠，满足用户需求，申请建立该校准装置。

二、计量标准的工作原理及其组成

校准采用比较法，将输入标准器（二等标准铂电阻温度计或二等标准热电偶）和被校准温度变送器的传感器部分插入恒温源中，当恒温源内温度稳定后进行测量，轮流记录标准温度计示值和变送器的输出值，变送器输出信号的测量标准采用直流电流表或数字多用表。

校准系统组成见图1和图2。

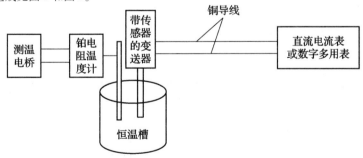

图1　传感器是热电阻的温度变送器校准系统

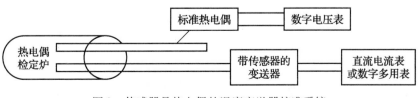

图2　传感器是热电偶的温度变送器校准系统

三、计量标准器及主要配套设备

<table>
<tr><td rowspan="4">计量标准器</td><td>名　称</td><td>型　号</td><td>测量范围</td><td>不确定度
或准确度等级
或最大允许误差</td><td>制造厂及
出厂编号</td><td>检定周
期或复
校间隔</td><td>检定或
校准机构</td></tr>
<tr><td>标准铂电阻
温度计</td><td></td><td>(−189.3442 ~
419.527)℃</td><td>二等</td><td></td><td>2 年</td><td></td></tr>
<tr><td>标准铂铑 10-
铂热电偶</td><td></td><td>(300 ~ 1100)℃</td><td>二等</td><td></td><td>1 年</td><td></td></tr>
<tr><td>数字多用表</td><td></td><td>(0 ~ 20)mA</td><td>±(25 × 10⁻⁶读数 +
2 × 10⁻⁶量程)</td><td></td><td>1 年</td><td></td></tr>
<tr><td rowspan="10">主要配套设备</td><td>测温电桥</td><td></td><td>(0 ~ 500)kΩ</td><td>±6 × 10⁻⁶</td><td></td><td>1 年</td><td></td></tr>
<tr><td>纳伏表</td><td></td><td>(0 ~ 100)mV</td><td>±(30 × 10⁻⁶读数 +
4 × 10⁻⁶量程)</td><td></td><td>1 年</td><td></td></tr>
<tr><td>恒温槽</td><td></td><td>(30 ~ 95)℃</td><td>水平温差:0.01℃
最大温差:0.01℃</td><td></td><td>1 年</td><td></td></tr>
<tr><td>恒温槽</td><td></td><td>(90 ~ 300)℃</td><td>水平温差:0.01℃
最大温差:0.01℃</td><td></td><td>1 年</td><td></td></tr>
<tr><td>制冷恒温槽</td><td></td><td>(−60 ~ 30)℃</td><td>水平温差:0.01℃
最大温差:0.02℃</td><td></td><td>1 年</td><td></td></tr>
<tr><td>堆栈式
测温仪</td><td></td><td>(0 ~ 100)mV</td><td>±0.001%</td><td></td><td>1 年</td><td></td></tr>
<tr><td>热电偶
检定炉</td><td></td><td>(300 ~ 1200)℃</td><td>径向均匀性:±0.5℃
轴向均匀性:±0.25℃
稳定性(30min 内):
±0.25℃</td><td></td><td>1 年</td><td></td></tr>
<tr><td>便携式温度
校准仪</td><td></td><td>(−90 ~ 125)℃</td><td>孔间温差:±0.01℃
温度波动度(30min
内):±0.03℃</td><td></td><td>1 年</td><td></td></tr>
<tr><td>便携式温度
校准仪</td><td></td><td>(33 ~ 650)℃</td><td>孔间温差:±0.03℃
温度波动度(30min
内):±0.05℃</td><td></td><td>1 年</td><td></td></tr>
<tr><td>便携式温度
校准仪</td><td></td><td>(300 ~ 1200)℃</td><td>孔间温差:±0.05℃
温度波动度(30min
内):±0.10℃</td><td></td><td>1 年</td><td></td></tr>
</table>

四、计量标准的主要技术指标

1. 计量标准的主要技术指标
   测量范围:$(-60\sim300)$℃;不确定度:$U=0.0029$mA $(k=2)$
   测量范围:$(300\sim1100)$℃;不确定度:$U=0.0290$mA $(k=2)$

2. 输入标准器的主要技术指标
   测量范围:标准铂电阻温度计:$(-189.3442\sim419.527)$℃
   　　　　　标准铂铑 10-铂热电偶:$(300\sim1100)$℃
   准确度等级:标准铂电阻温度计:二等标准
   　　　　　　标准铂铑 10-铂热电偶:二等标准

3. 变送器输出信号的测量标准主要技术指标
   标准器名称:数字多用表
   测量范围:$(0\sim20)$mA
   最大允许误差:$\pm(25\times10^{-6}$读数$+2\times10^{-6}$量程$)$

五、环境条件

序号	项目	要　　求	实 际 情 况	结论
1	温度	(20 ± 2)℃	(20 ± 2)℃	合格
2	湿度	30% RH ~ 75% RH	30% RH ~ 75% RH	合格
3				
4				
5				
6				

六、计量标准的量值溯源和传递框图

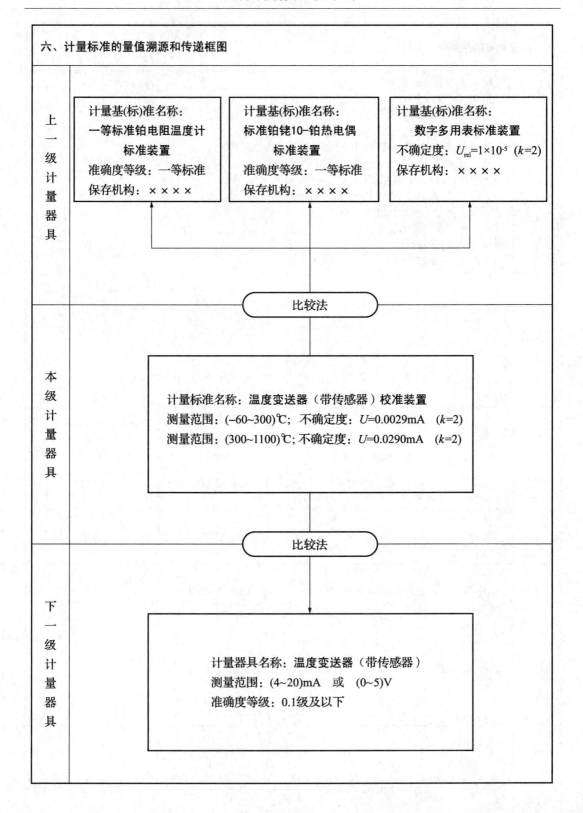

七、计量标准的稳定性考核

温度变送器（带传感器）校准装置的稳定性考核记录

考核时间	2017 年 1 月 11 日	2016 年 2 月 20 日	2017 年 3 月 27 日	2017 年 5 月 10 日
核查标准	名称：温度变送器（带传感器）　　型号：ZYWATD1P-0300A360　编号：W1701002			
测量条件	20.5℃；58% RH	20.3℃；55% RH	20.2℃；50% RH	20.2℃；60% RH
测量次数	测得值/mA	测得值/mA	测得值/mA	测得值/mA
1	12.0034	12.0016	12.0025	12.0027
2	12.0027	12.0022	12.0022	12.0034
3	12.0028	12.0028	12.0014	12.0024
4	12.0033	12.0043	12.0018	12.0016
5	12.0022	12.0031	12.0020	12.0026
6	12.0018	12.0028	12.0028	12.0018
7	12.0024	12.0031	12.0026	12.0043
8	12.0036	12.0027	12.0030	12.0032
9	12.0043	12.0019	12.0026	12.0023
10	12.0048	12.0015	12.0011	12.0038
$\bar{y}_i$	12.00313	12.00260	12.00220	12.00281
最大变化量 $\bar{y}_{imax} - \bar{y}_{imin}$	0.00093mA			
允许变化量	0.00168mA			
结　论	符合要求			
考核人员	×××			

八、检定或校准结果的重复性试验

温度变送器（带传感器）校准装置的检定或校准结果的重复性试验记录

试验时间	2017 年 5 月 27 日		
被测对象	名　称	型　号	编　号
	温度变送器（带传感器）	JWB/4A31/A	K1321626
测量条件	温度：20.5℃；湿度：58% RH		
测量次数	测得值/mA		
1	12.0066		
2	12.0034		
3	12.0038		
4	12.0055		
5	12.0081		
6	12.0033		
7	12.0028		
8	12.0033		
9	12.0047		
10	12.0085		
$\bar{y}$	12.0050		
$s(y_i) = \sqrt{\dfrac{\sum\limits_{i=1}^{n}(y_i - \bar{y})^2}{n-1}}$	0.00209mA		
结　　论	符合要求		
试验人员	×　×　×		

九、检定或校准结果的不确定度评定

1 带铂热电阻温度变送器测量结果的不确定度评定

1.1 概述

1.1.1 测量依据：JJF 1183—2007《温度变送器校准规范》。

1.1.2 环境条件：温度(18 ~ 22)℃；湿度 45% RH ~ 75% RH；变送器周围除地磁场外，应无影响其正常工作的外磁场。

1.1.3 测量标准：用标准铂电阻温度计作为标准器控制恒温槽内温度，以 1281 型数字多用表作为测量标准，测量范围(0 ~ 20)mA，最大允许误差 ± (25 × 10^{-6}读数 + 2 × 10^{-6}量程)。

1.1.4 被测对象：带传感器的温度变送器，传感器为 A 级铂热电阻（Pt100），信号转换器为 0.2 级，测量范围(0 ~ 200)℃，输出电流(4 ~ 20)mA，最大允许误差 $\Delta t_R + \Delta t_C$，其中，Δt_R 为铂热电阻允许误差，Δt_C 为信号转换器允许误差。

1.1.5 测量过程：在测量范围内选择的校准点分别为：0℃、50℃、100℃、150℃、200℃。从下限温度开始，然后自下而上依次测量，在每个试验点上，待恒温槽内的温度足够稳定后进行测量，轮流对标准温度计的示值和变送器的输出进行反复 6 次测量，取 6 次测量数据的平均值作为测量结果。

1.2 测量模型

$$\Delta I_t = I_d - \left[\frac{I_m}{t_m}(t_s - t_0) + I_0 \right] \qquad (1)$$

式中：ΔI_t——变送器在温度 t 时的测量误差；

    I_d——变送器的输出电流值；

    I_m——变送器的输出量程；

    t_m——变送器的温度输入量程；

    t_s——变送器的输入温度值；

    t_0——变送器输入的下限温度值；

    I_0——变送器输出电流的理论下限值。

1.3 灵敏系数

由式（1）可知灵敏系数为

$$c_1 = \partial \Delta I_t / \partial I_d = 1$$

$$c_2 = \partial \Delta I_t / \partial I_s = -I_m / t_m = -0.08 \text{mA/℃}$$

其中：$I_m = 16\text{mA}$；$t_m = 200℃$。

1.4 各输入量的标准不确定度分量评定

1.4.1 输入量 I_d 引入的标准不确定度分量 $u(I_d)$

输入量 I_d 的标准不确定度来源主要有两部分：被测变送器输出电流的重复性和 1281 型数字多用表的测量误差。

（1）输出电流重复性引入的标准不确定度分量 $u(I_{d1})$

轮流对标准铂电阻温度计的示值和变送器的输出进行反复 6 次测量，每次的测量值（重复读数 10 次）也不尽相同，取平均值作为测量结果，则标准不确定度（A 类）可以用实验标准偏差来评估。每个测量点进行 6 次测量，分别计算出实验标准偏差，取最大的实验标准偏差为输出电流重复性引入的标准不确定度分量。

由表 1 可知，对输出电流而言，每一校准点单次测量的实验标准偏差最大值为 $s_{max} = 2.28 \mu\text{A}$，实际测量以 6 次测量平均值作为测量结果，则

$$u(I_{d1}) = \frac{s_{max}}{\sqrt{6}} = 0.93\,\mu A$$

表 1　标准温度计和变送器的 1 次测量数据

测量次数	标准 ℃	被检 mA	标准 ℃	被检 mA	标准 ℃	被检 mA	标准 ℃	被检 mA	标准 ℃	被检 mA
	0.0	4.0000	50.00	8.0000	100.00	12.0000	150.00	16.0000	200.00	20.0000
1	0.03	4.0048	49.98	7.9959	99.97	11.9941	150.05	15.9976	200.1	20.0048
2	0.03	4.0032	49.98	7.9947	99.96	11.9934	150.05	15.9968	200.1	20.0027
3	0.02	4.0024	49.97	7.9938	99.95	11.9924	150.05	15.9982	200.1	20.0016
4	0.02	4.0017	49.97	7.9919	99.95	11.9916	150.06	15.9993	200.1	20.0028
5	0.02	4.0011	49.97	7.9928	99.95	11.9911	150.06	16.0024	200.09	19.9987
6	0.02	4.0008	49.97	7.9914	99.95	11.9888	150.05	16.0014	200.09	19.9994
单次实验 标准偏差 s_i	0.005	1.49μA	0.004	1.72μA	0.008	1.88μA	0.005	2.21μA	0.005	2.28μA

（2）1281 型数字多用表的测量误差引入的标准不确定度分量 $u(I_{d2})$

1281 型数字多用表的最大允许误差为 $\pm(0.00014 \sim 0.00054)\,mA$；按均匀分布，取包含因子 $k = \sqrt{3}$，则

$$u(I_{d2}) = (0.00008 \sim 0.00031)\,mA$$

由于 I_{d1} 和 I_{d2} 彼此独立不相关，则

$$
\begin{aligned}
u(I_d) &= \sqrt{u^2(I_{d1}) + u^2(I_{d2})} \\
&= \sqrt{(0.00093^2 + (0.00008 \sim 0.00031)^2} \\
&= (0.00093 \sim 0.00098)\,mA
\end{aligned}
$$

1.4.2　输入量 t_s 引入的标准不确定度分量 $u(t_s)$

输入量 t_s 的标准不确定度主要来源于标准铂电阻温度计的测量误差、恒温槽平温差、垂直温差及温度波动度。

（1）标准铂电阻温度计测量重复性引入的标准不确定度分量 $u(t_{s1})$

标准铂电阻温度计的测量误差主要由恒温槽的温度波动、标准铂电阻温度计本身的短期不稳定性等导致温度计示值的不重复而引起的。通常采用多次测量，求出其合成标准不确定度。

由表 1 可知，标准铂电阻温度计每一被测点单次测量的实验标准偏差最大值为 $s_{max} = 0.0052\,℃$。实际测量以 6 次测量平均值作为测量结果，则

$$u(t_{s1}) = \frac{s_{max}}{\sqrt{6}} = 0.0021\,℃$$

（2）温场不均匀性引入的标准不确定度分量 $u(t_{s2})$

温场不均匀性主要是由恒温槽水平温差、恒温槽垂直温差、恒温槽温度波动度等引入。

① 恒温槽水平温差引入的标准不确定度分量 $u(t_{s2a})$

恒温槽工作区域水平温差 $a = 0.005\,℃$，按均匀分布，取包含因子 $k = \sqrt{3}$，则

$$u(t_{s2a}) = a/\sqrt{3} = 0.0029\,℃$$

② 恒温槽垂直温差引入的标准不确定度分量 $u(t_{s2b})$

恒温槽工作区域垂直温差 $a = 0.01℃$，按均匀分布，取包含因子 $k = \sqrt{3}$，则

$$u(t_{s2b}) = a/\sqrt{3} = 0.0058℃$$

③ 恒温槽温度波动度引入的标准不确定度分量 $u(t_{s2c})$

恒温槽温度波动度 $a = 0.02℃$，按均匀分布，取包含因子 $k = \sqrt{3}$，则

$$u(t_{s2c}) = a/\sqrt{3} = 0.0115℃$$

由于 t_{s2a}、t_{s2b}、t_{s2c} 彼此独立不相关，则

$$u(t_{s2}) = \sqrt{u^2(t_{s2a}) + u^2(t_{s2b}) + u^2(t_{s2c})} = 0.0132℃$$

由于 t_{s1} 和 t_{s2} 彼此独立不相关，则

$$u(t_s) = \sqrt{u^2(t_{s1}) + u^2(t_{s2})} = 0.0134℃$$

1.5 各标准不确定度分量汇总（见表2）

表2 变送器各校准点标准不确定度分量汇总

符号	不确定度来源	标准不确定度值 $u(x_i)$	灵敏系数 c_i	$\lvert c_i \rvert u(x_i)$
$u(I_d)$		0.00093mA 0.00094mA 0.00095mA 0.00096mA 0.00098mA	1	0.00093mA 0.00094mA 0.00095mA 0.00096mA 0.00098mA
$u(I_{d1})$	测量重复性	0.00093mA		
$u(I_{d2})$	1281 示值误差	0.00008mA 0.00014mA 0.00020mA 0.00025mA 0.00031mA		
$u(t_s)$		0.0134℃	-0.08mA/℃	0.0011mA
$u(t_{s1})$	标准器测量重复性	0.0021℃		
$u(t_{s2})$	水平温差	0.0029℃		
	垂直温差	0.0058℃		
	温度波动度	0.0115℃		

1.6 合成标准不确定度计算

输入量 I_d 和 t_s 彼此独立不相关，则合成标准不确定度为

$$u_c(\Delta I_t) = \sqrt{\left[c_1 u(I_d)\right]^2 + \left[c_2 u(t_s)\right]^2}$$

温度变送器各测量点的 $u_c(\Delta I_t)$ 依次为：$u_c(\Delta I_0) = 0.00144$mA；$u_c(\Delta I_{50}) = 0.00144$mA；$u_c(\Delta I_{100}) = 0.00145$mA；$u_c(\Delta I_{150}) = 0.00146$mA；$u_c(\Delta I_{200}) = 0.00147$mA。

1.7 扩展不确定度评定

取包含因子 $k = 2$，则变送器各校准点扩展不确定度为

$$U = k \cdot u_c(\Delta I_t)$$

计算结果见表3。

表3　变送器各校准点扩展不确定度及最大允许误差汇总

校准点/℃	扩展不确定度 $U(k=2)$/mA	MPEV/mA	扩展不确定度 $U(k=2)$/℃	MPEV/℃
0.0	0.0029	0.044	0.04	0.55
50.0	0.0029	0.052	0.04	0.65
100.0	0.0029	0.060	0.04	0.75
150.0	0.0029	0.068	0.04	0.85
200.0	0.0029	0.076	0.04	0.95

2　带热电偶温度变送器测量结果的不确定度评定

2.1　概述

2.1.1　测量依据：JJF 1183—2007《温度变送器校准规范》。

2.1.2　环境条件：温度(15～25)℃；湿度45% RH～75% RH；变送器周围除地磁场外，应无影响其正常工作的外磁场。

2.1.3　测量标准：用标准铂铑10-铂热电偶作为标准器控制热电偶检定炉内温度，以1281型数字多用表作为测量标准，测量范围(0～20)mA，最大允许误差 ± (25×10⁻⁶读数 + 2×10⁻⁶量程)。

2.1.4　被测对象：带传感器的温度变送器，传感器为K型2级热电偶，信号转换器为0.5级，测量范围(300～900)℃，输出电流(4～20)mA，最大允许误差 $\Delta t_R + \Delta t_C$，其中，Δt_R 为传感器热电偶允许误差，Δt_C 为信号转换器允许误差。

2.1.5　测量步骤：在测量范围内选择300℃、450℃、600℃、750℃、900℃等5个校准点，从下限温度开始，然后自下而上依次测量，在每个校准点上，待检定炉内的温度足够稳定后进行测量，轮流对标准温度计的示值和变送器的输出进行反复6次测量，取6次测量数据的平均值作为测量结果。

2.2　测量模型

$$\Delta I_t = I_d - \left[\frac{I_m}{t_m}(t_s - t_0) + I_0 \right] \tag{2}$$

式中：ΔI_t——变送器在温度 t 时的测量误差；

I_d——变送器的输出电流值；

I_m——变送器的输出量程；

t_m——变送器的温度输入量程；

t_s——变送器的输入温度值；

t_0——变送器输入的下限温度值；

I_0——变送器输出电流的理论下限值。

2.3　灵敏系数

由式（2）可知灵敏系数为

$$c_1 = \partial \Delta I_t / \partial I_d = 1$$

$$c_2 = \partial \Delta I_t / \partial t_s = -I_m/t_m = -0.027 \text{mA/℃}$$

其中：$I_m = 16$mA，$t_m = 600$℃。

2.4　各输入量的标准不确定度分量评定

2.4.1　输入量 I_d 引入的标准不确定度分量 $u(I_d)$

输入量 I_d 的标准不确定度来源主要有两部分：被测变送器输出电流的重复性和 1281 型数字多用表的测量误差。

（1）输出电流重复性引入的标准不确定度分量 $u(I_{d1})$

轮流对标准温度计的示值和变送器的输出进行反复 6 次测量，每次的测量值（重复读数 10 次）也不尽相同，取平均值作为测量结果，则标准不确定度（A 类）可以用实验标准偏差来评估。每个测量点共进行 6 次测量，分别计算出单次测量实验标准偏差，取最大的实验标准偏差为输出电流重复性引入的标准不确定度分量。

由表 4 可知，对输出电流而言，每一被测点单次测量的实验标准偏差最大值为 $s_{max} = 0.00541\text{mA}$，实际测量以 6 次测量平均值作为测量结果，则

$$u(I_{d1}) = \frac{s_{max}}{\sqrt{6}} = 0.00221\text{mA}$$

表 4　标准温度计和变送器的 1 次测量数据

测量次数	标准 ℃	被检 mA	标准 ℃	被检 mA	标准 ℃	被检 mA	标准 ℃	被检 mA	标准 ℃	被检 mA
	300.0	4.000	450.0	8.000	600.0	12.000	750.0	16.000	900.0	20.000
1	300.08	4.0071	450.05	7.9894	600.04	11.9861	750.06	15.9786	900.12	19.9813
2	300.1	4.0132	450.07	7.9932	600.05	11.983	750.06	15.9838	900.13	19.9862
3	300.09	4.0157	450.06	7.9917	600.04	11.9824	750.07	15.9916	900.11	19.9784
4	300.05	4.0086	450.07	7.9942	600.06	11.9893	750.09	15.9933	900.09	19.9729
5	300.06	4.0111	450.08	8.0018	600.07	11.9964	750.08	15.9845	900.12	19.9865
6	300.08	4.0165	450.06	7.9986	600.05	11.9867	750.08	15.9871	900.11	19.9833
单次实验标准偏差 s_i	0.019	0.00379	0.010	0.00459	0.012	0.00512	0.012	0.00541	0.014	0.00518

（2）1281 型数字多用表的测量误差引入的标准不确定度分量 $u(I_{d2})$

1281 型数字多用表的最大允许误差为 $\pm(0.00014 \sim 0.00054)\text{mA}$；按均匀分布，取包含因子 $k = \sqrt{3}$，则

$$u(I_{d2}) = 0.00008\text{mA} \sim 0.00031\text{mA}$$

由于 I_{d1} 和 I_{d2} 彼此独立不相关，则

$$u(I_d) = \sqrt{u^2(I_{d1}) + u^2(I_{d2})} = \sqrt{0.00221^2 + (0.00008 \sim 0.00031)^2} = (0.00221 \sim 0.00223)\text{mA}$$

2.4.2　输入量 t_s 引入的标准不确定度分量 $u(t_s)$

输入量 t_s 的标准不确定度主要来源于标准铂铑 10-铂热电偶的测量误差、热电偶检定炉温场变化。

（1）标准铂铑 10-铂热电偶测量重复性引入的标准不确定度分量 $u(t_{s1})$

标准铂铑 10-铂热电偶的测量误差主要是由检定炉的温场变化、标准热电偶本身的短期不稳定性、电测设备的测量误差等导致示值的不重复而引起的。我们通常采用多次测量，求出合成的不确定度。

由表 4 可知，标准热电偶每一被测点单次测量的实验标准偏差最大值为 $s_{max} = 0.019℃$。实际测量

以 6 次测量平均值作为测量结果，则

$$u(t_{s1}) = \frac{s_{max}}{\sqrt{6}} = 0.0078℃$$

（2）检定炉温场变化引入的标准不确定度分量 $u(t_{s2})$

检定时炉温变化同样对标准偶确定实际炉温产生影响，亦计有 0.25℃ 的不可信，转换为电势值后作半区间计，按反正弦分布，取包含因子 $k = \sqrt{2}$，则

$$300℃： u(t_{s2}) = \frac{9.13 \times 0.25}{\sqrt{2}} = 1.6\mu V \quad （0.18℃）$$

$$450℃： u(t_{s2}) = \frac{9.74 \times 0.25}{\sqrt{2}} = 1.7\mu V \quad （0.18℃）$$

$$600℃： u(t_{s2}) = \frac{10.21 \times 0.25}{\sqrt{2}} = 1.8\mu V \quad （0.18℃）$$

$$750℃： u(t_{s2}) = \frac{10.70 \times 0.25}{\sqrt{2}} = 1.9\mu V \quad （0.18℃）$$

$$900℃： u(t_{s2}) = \frac{11.21 \times 0.25}{\sqrt{2}} = 2.0\mu V \quad （0.18℃）$$

（3）标准铂铑 10-铂热电偶的年稳定性引入的标准不确定度分量 $u(t_{s3})$

二等标准铂铑 10-铂热电偶在有效期内热电势值年稳定性不大于 $10\mu V$，半区间为 $5.0\mu V$，按均匀分布，取包含因子 $k = \sqrt{3}$，则

$$u(t_{s3}) = \frac{5.0}{\sqrt{3}} = 2.89\mu V \quad （0.245℃）$$

（4）标准铂铑 10-铂热电偶的检定结果扩展不确定度引入的标准不确定度分量 $u(t_{s4})$

根据量值传递系统，二等标准铂铑 10-铂热电偶的扩展不确定度为 1.0℃（$k = 3$），根据各点热电势的变化率，各校准点的标准不确定度为

$$u(t_{s4}) = \frac{1.0}{3} = 0.33℃$$

由于 t_{s1}、t_{s2}、t_{s3}、t_{s4} 彼此独立不相关，则

$$u(t_s) = \sqrt{u^2(t_{s1}) + u^2(t_{s2}) + u^2(t_{s3}) + u^2(t_{s4})} = 0.18℃$$

2.5　各标准不确定度分量汇总（见表 5）

表 5　变送器各校准点标准不确定度分量汇总

符号	不确定度来源	标准不确定度值 $u(x_i)$	灵敏系数 c_i	$\lvert c_i \rvert u(x_i)$
$u(I_d)$	输入量 I_d	0.00221mA 0.00221mA 0.00222mA 0.00222mA 0.00223mA	1	0.00221mA 0.00221mA 0.00222mA 0.00222mA 0.00223mA
$u(I_{d1})$	测量重复性	0.00221mA		
$u(I_{d2})$	1281 示值误差	0.00081mA 0.00014mA 0.00020mA 0.00025mA 0.00031mA		

续表

符号	不确定度来源	标准不确定度值 $u(x_i)$	灵敏系数 c_i	$|c_i|u(x_i)$
$u(t_s)$	输入量 t_s	0.18℃	-0.027mA/℃	0.0121mA
$u(t_{s1})$	标准器测量重复性	0.0078℃		
$u(t_{s2})$	检定炉温场变化	0.18℃		
$u(t_{s3})$	标准器的年稳定性	0.245℃		
$u(t_{s4})$	标准器检定结果的不确定度	0.33℃		

2.6 合成标准不确定度计算

输入量 I_d 和 I_s 彼此独立不相关，则合成标准不确定度为

$$u_c(\Delta I_t) = \sqrt{[c_1 u(I_d)]^2 + [c_2 u(t_s)]^2}$$

温度变送器各测量点的 $u(\Delta I_t)$ 依次为：$u_c(\Delta I_{300}) = 0.0123\text{mA}$；$u_c(\Delta I_{450}) = 0.0123\text{mA}$；$u_c(\Delta I_{600}) = 0.0123\text{mA}$；$u_c(\Delta I_{750}) = 0.0123\text{mA}$；$u_c(\Delta I_{900}) = 0.0123\text{mA}$。

2.7 扩展不确定度评定

取包含因子 $k=2$，则变送器各校准点扩展不确定度为

$$U = k \cdot u_c(\Delta I_t)$$

计算结果见表6。

表6 变送器各校准点扩展不确定度及最大允许误差汇总

校准点 /℃	扩展不确定度 $U(k=2)$/mA	MPEV/mA	扩展不确定度 $U(k=2)$/℃	MPEV /℃
300.0	0.025	0.146	1.0	5.5
450.0	0.025	0.165	1.0	6.3
600.0	0.025	0.200	1.0	7.5
750.0	0.025	0.229	1.0	8.6
900.0	0.025	0.260	1.0	9.8

十、检定或校准结果的验证

1. 传感器：铂电阻

采用传递比较法对测量结果进行验证。取一支编号为 20134 的温度变送器（带传感器），其测量范围为 $(0\sim200)℃$，输出为 $(4\sim20)\text{mA}$；使用本装置作标准，校准上述变送器，并使用更高一级计量标准对该温度变送器（带传感器）进行测量，在 200℃ 的测量数据如下。

测量点 200℃	本装置测量结果		高一级计量标准测量结果		$\lvert y_{\text{lab}} - y_{\text{ref}} \rvert$ /mA	$\sqrt{U_{\text{lab}}^2 + U_{\text{ref}}^2}$ /mA
	y_{lab}/mA	U_{lab}/mA	y_{ref}/mA	U_{ref}/mA		
平均值	19.9968	0.0069	19.9941	0.0055	0.0027	0.0082

测量结果满足 $\lvert y_{\text{lab}} - y_{\text{ref}} \rvert \leqslant \sqrt{U_{\text{lab}}^2 + U_{\text{ref}}^2}$，故本装置通过验证，符合要求。

2. 传感器：热电偶

采用传递比较法对测量结果进行验证。取一支编号为 201708 的温度变送器（带传感器），其测量范围为 $(300\sim900)℃$，输出为 $(4\sim20)\text{mA}$；使用本装置作标准，校准上述变送器，并使用更高一级计量标准对该被测温度变送器（带传感器）进行测量，在 900℃ 的测量数据如下。

测量点 900℃	本装置测量结果		高一级计量标准测量结果		$\lvert y_{\text{lab}} - y_{\text{ref}} \rvert$ /mA	$\sqrt{U_{\text{lab}}^2 + U_{\text{ref}}^2}$ /mA
	y_{lab}/mA	U_{lab}/mA	y_{ref}/mA	U_{ref}/mA		
平均值	19.9854	0.025	19.9935	0.020	0.0081	0.032

测量结果满足 $\lvert y_{\text{lab}} - y_{\text{ref}} \rvert \leqslant \sqrt{U_{\text{lab}}^2 + U_{\text{ref}}^2}$，故本装置通过验证，符合要求。

十一、结论

　　经实验验证，本装置符合国家计量检定系统表和国家计量校准规范的要求，可以开展温度变送器（带传感器）的校准工作。

十二、附加说明

示例 3.11 环境试验设备温度、湿度校准装置

计量标准考核（复查）申请书

[ ] 量标 证字第 号

计量标准名称　　**环境试验设备温度、湿度校准装置**

计量标准代码　　　　　**04117300**

建标单位名称＿＿＿＿＿＿＿＿＿＿＿＿＿＿

组织机构代码＿＿＿＿＿＿＿＿＿＿＿＿＿＿

单 位 地 址＿＿＿＿＿＿＿＿＿＿＿＿＿＿

邮 政 编 码＿＿＿＿＿＿＿＿＿＿＿＿＿＿

计量标准负责人及电话＿＿＿＿＿＿＿＿＿＿

计量标准管理部门联系人及电话＿＿＿＿＿＿

年　　　月　　　日

说　明

1. 申请新建计量标准考核，建标单位应当提供以下资料：

1）《计量标准考核（复查）申请书》原件一式两份和电子版一份；

2）《计量标准技术报告》原件一份；

3）计量标准器及主要配套设备有效的检定或校准证书复印件一套；

4）开展检定或校准项目的原始记录及相应的模拟检定或校准证书复印件两套；

5）检定或校准人员能力证明复印件一套；

6）可以证明计量标准具有相应测量能力的其他技术资料（如果适用）复印件一套。

2. 申请计量标准复查考核，建标单位应当提供以下资料：

1）《计量标准考核（复查）申请书》原件一式两份和电子版一份；

2）《计量标准考核证书》原件一份；

3）《计量标准技术报告》原件一份；

4）《计量标准考核证书》有效期内计量标准器及主要配套设备连续、有效的检定或校准证书复印件一套；

5）随机抽取该计量标准近期开展检定或校准工作的原始记录及相应的检定或校准证书复印件两套；

6）《计量标准考核证书》有效期内连续的《检定或校准结果的重复性试验记录》复印件一套；

7）《计量标准考核证书》有效期内连续的《计量标准的稳定性考核记录》复印件一套；

8）检定或校准人员能力证明复印件一套；

9）《计量标准更换申报表》（如果适用）复印件一份；

10）《计量标准封存（或撤销）申报表》（如果适用）复印件一份；

11）可以证明计量标准具有相应测量能力的其他技术资料（如果适用）复印件一套。

3. 《计量标准考核（复查）申请书》采用计算机打印，并使用 A4 纸。

注：新建计量标准申请考核时不必填写"计量标准考核证书号"。

计量标准名称	环境试验设备温度、湿度校准装置		计量标准考核证书号	
保存地点			计量标准原值（万元）	
计量标准类别	☑ 社会公用 ☑ 计量授权	□ 部门最高 □ 计量授权	□ 企事业最高 □ 计量授权	
测量范围	温度：（-80~300）℃ 湿度：20% RH~95% RH			
不确定度或准确度等级或最大允许误差	温度：$U=0.08$℃　（$k=2$） 湿度：$U=0.7\%$ RH　（$k=2$）			

	名　称	型　号	测量范围	不确定度或准确度等级或最大允许误差	制造厂及出厂编号	检定周期或复校间隔	末次检定或校准日期	检定或校准机构及证书号
计量标准器	高精度多路温湿度巡测记录仪		（-80~300）℃ 20% RH~95% RH	$U=0.07$℃（$k=2$） $U=0.7\%$ RH（$k=2$） （20℃时）		1年		
	无线温湿度验证仪		（-80~150）℃ 20% RH~95% RH	$U=0.08$℃（$k=2$） $U=0.7\%$ RH（$k=2$） （20℃时）		1年		
	温场自动测试系统		（-80~300）℃	$U=0.07$℃ （$k=2$）		1年		
主要配套设备								

	序号	项目	要　　求	实际情况	结论
环境条件及设施	1	温度	(15 ~ 35)℃	(18 ~ 25)℃	合格
	2	湿度	30% RH ~ 85% RH	30% RH ~ 85% RH	合格
	3				
	4				
	5				
	6				
	7				
	8				

	姓名	性别	年龄	从事本项目年限	学历	能力证明名称及编号	核准的检定或校准项目
检定或校准人员							

	序号	名　称	是否具备	备　注
文件集登记	1	计量标准考核证书（如果适用）	否	新建
	2	社会公用计量标准证书（如果适用）	否	新建
	3	计量标准考核（复查）申请书	是	
	4	计量标准技术报告	是	
	5	检定或校准结果的重复性试验记录	是	
	6	计量标准的稳定性考核记录	是	
	7	计量标准更换申报表（如果适用）	否	新建
	8	计量标准封存（或撤销）申报表（如果适用）	否	新建
	9	计量标准履历书	是	
	10	国家计量检定系统表（如果适用）	是	
	11	计量检定规程或计量技术规范	是	
	12	计量标准操作程序	是	
	13	计量标准器及主要配套设备使用说明书（如果适用）	是	
	14	计量标准器及主要配套设备的检定或校准证书	是	
	15	检定或校准人员能力证明	是	
	16	实验室的相关管理制度		
	16.1	实验室岗位管理制度	是	
	16.2	计量标准使用维护管理制度	是	
	16.3	量值溯源管理制度	是	
	16.4	环境条件及设施管理制度	是	
	16.5	计量检定规程或计量技术规范管理制度	是	
	16.6	原始记录及证书管理制度	是	
	16.7	事故报告管理制度	是	
	16.8	计量标准文件集管理制度	是	
	17	开展检定或校准工作的原始记录及相应的检定或校准证书副本	是	
	18	可以证明计量标准具有相应测量能力的其他技术资料（如果适用）		
	18.1	检定或校准结果的不确定度评定报告	是	
	18.2	计量比对报告	否	新建
	18.3	研制或改造计量标准的技术鉴定或验收资料	否	非自研

	名　称	测量范围	不确定度或准确度 等级或最大允许误差	所依据的计量检定规程 或计量技术规范的编号及名称
开展的检定或校准项目	环境试验设备 温度、湿度校准	（-80~300）℃ 20%RH~95%RH	温度：±1.0℃及以下 湿度：±3%RH及以下	JJF 1101—2003 《环境试验设备温度、 湿度校准规范》

建标单位意见	负责人签字：　　　　　（公章） 年　月　日
建标单位 主管部门意见	（公章） 年　月　日
主持考核的 人民政府计量 行政部门意见	（公章） 年　月　日
组织考核的 人民政府计量 行政部门意见	（公章） 年　月　日

计 量 标 准 技 术 报 告

计量标准名称　__环境试验设备温度、湿度校准装置__

计量标准负责人_____

建 标 单 位 名 称_____

填 写 日 期_____

目　录

一、建立计量标准的目的

　　环境试验设备是模拟一种或一种以上环境条件，对产品进行环境试验的设备，广泛应用在航空航天、交通运输、化工制药、医疗卫生、建筑、检验检疫、计量质量等各行各业，环境试验设备的温度、湿度参数的偏差、均匀度、波动度等各项技术指标对于设备的可靠运行非常重要，直接参与到产品或检验的质量控制过程中，最终影响到产品的质量或检验结果，因此用户迫切要求对其温度、湿度参数进行评价和校准。

　　为保证环境试验设备提供的温度、湿度等参数的准确、可靠，满足社会对于此类设备量值溯源的需求，以保证相关实验结果的可靠，为用户提供符合实际需求的设备证明和数据依据，申请建立该项计量标准。

　　建立此项计量标准后，可以极大地满足用户需求，更好地提供此类设备的计量校准服务工作，实现有关设备量传溯源。

二、计量标准的工作原理及其组成

　　1. 工作原理

　　将计量标准的传感器置入被校准的环境试验设备中，根据所依据的计量校准规范规定的位置和数量进行布放，将环境试验设备设定到校准温度或湿度，开启运行，达到稳定状态后开始记录各测量点温度和（或）湿度值，记录时间间隔为 2min，30min 内共记录 16 组数据或按照用户需求进行记录，将数据填入记录表格中，按照校准规范规定的方法进行计算，给出偏差、波动度、均匀度等校准结果。

　　2. 计量标准的组成

　　计量标准由多通道温湿度测量装置和多支温湿度传感器组成，可以是有线传输也可用无线传输装置。

　　温度传感器一般采用四线制 AA 级铂电阻温度计，数量不少于 9 个，湿度传感器数量不少于 3 个，技术指标满足校准工作需求。

三、计量标准器及主要配套设备

	名　称	型　号	测量范围	不确定度 或准确度等级 或最大允许误差	制造厂及 出厂编号	检定周 期或复 校间隔	检定或 校准机构
计量标准器	高精度多路 温湿度巡测 记录仪		（ $-80 \sim 300$ ）℃ $20\% \mathrm{RH} \sim$ $95\% \mathrm{RH}$	$U = 0.07$℃ （ $k = 2$ ） $U = 0.7\% \mathrm{RH}$ （ $k = 2$ ） （20℃时）		1 年	
	无线温湿度 验证仪		（ $-80 \sim 150$ ）℃ $20\% \mathrm{RH} \sim$ $95\% \mathrm{RH}$	$U = 0.08$℃ （ $k = 2$ ） $U = 0.7\% \mathrm{RH}$ （ $k = 2$ ） （20℃时）		1 年	
	温场自动 测试系统		（ $-80 \sim 300$ ）℃	$U = 0.07$℃ （ $k = 2$ ）		1 年	
主要配套设备							

四、计量标准的主要技术指标

    1. 温度测量标准
        测量范围：（−80～300）℃
        分辨力：0.01℃
        不确定度：$U = 0.08$℃　（$k = 2$）
    2. 湿度测量标准
        测量范围：20% RH～95% RH
        分辨力：0.1% RH
        不确定度：$U = 0.7$% RH　（$k = 2$）

五、环境条件

序号	项目	要求	实际情况	结论
1	温度	（15～35）℃	（18～25）℃	合格
2	湿度	30% RH～85% RH	30% RH～80% RH	合格
3				
4				
5				
6				

六、计量标准的量值溯源和传递框图

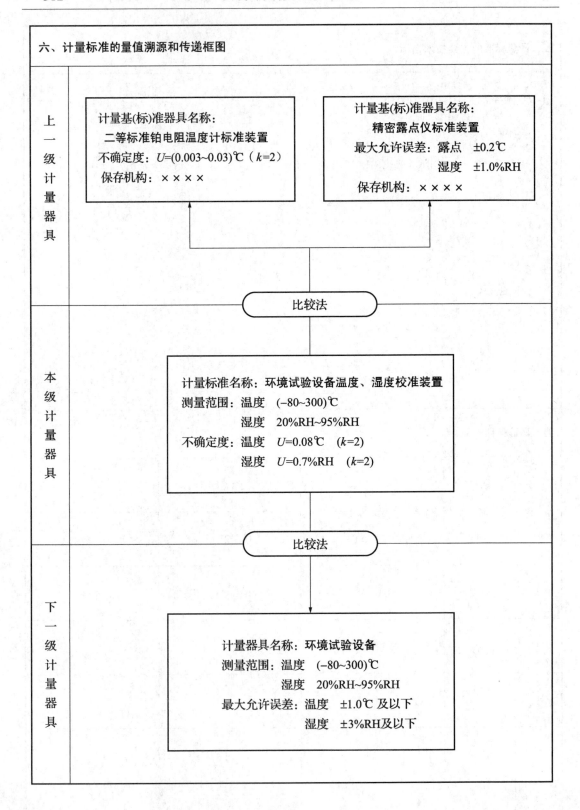

七、计量标准的稳定性考核

环境试验设备温度、湿度校准装置（以温场自动测试系统为例）的稳定性考核记录				
考核时间	2017 年 3 月 15 日	2017 年 5 月 3 日	2017 年 6 月 15 日	2017 年 8 月 3 日
核查标准	名称：自校式铂电阻数字测温仪		型号：×××　　　编号：×××	
测量条件	0.05℃ 1 通道	0.05℃ 1 通道	0.05℃ 1 通道	0.05℃ 1 通道
测量次数	测得值/℃	测得值/℃	测得值/℃	测得值/℃
1	0.00	0.03	0.05	0.04
2	0.00	0.03	0.04	0.05
3	0.01	0.03	0.04	0.05
4	0.01	0.04	0.05	0.04
5	0.01	0.04	0.05	0.04
6	0.01	0.04	0.05	0.05
7	0.02	0.03	0.04	0.05
8	0.02	0.03	0.04	0.04
9	0.02	0.03	0.04	0.05
10	0.02	0.03	0.04	0.05
$\bar{y}_i$	0.012	0.033	0.045	0.046
变化量 $\left| \bar{y}_i - \bar{y}_{i-1} \right|$	—	0.021℃	0.012℃	0.001℃
允许变化量	—	0.08℃	0.08℃	0.08℃
结　　论	—	符合要求	符合要求	符合要求
考核人员	×××	×××	×××	×××

八、检定或校准结果的重复性试验

校准一台恒温恒湿箱的温度和湿度，校准条件为 30℃、60% RH，10 次独立的重复测量。重复性试验结果如下。

环境试验设备温度、湿度校准装置的检定或校准结果的重复性试验记录

试验时间	2017 年 6 月 15 日			2017 年 6 月 15 日		
被测对象	名　称	型号	编号	名　称	型号	编号
	恒温恒湿箱温度	×××	×××	恒温恒湿箱湿度	×××	×××
测量条件	重复性测量条件 （设定值 30.0℃）			重复性测量条件 （设定值 60.0% RH）		
测量次数	测得值/℃			测得值/% RH		
1	30.24			61.1		
2	30.23			60.9		
3	30.27			61.2		
4	30.29			61.4		
5	30.31			61.1		
6	30.30			61.5		
7	30.31			61.2		
8	30.29			60.5		
9	30.27			60.8		
10	30.23			60.9		
$\bar{y}$	30.274			61.06		
$s(y_i) = \sqrt{\dfrac{\sum_{i=1}^{n}(y_i - \bar{y})^2}{n-1}}$	0.03			0.29		
结　　论	符合要求			符合要求		
试验人员	×××			×××		

九、检定或校准结果的不确定度评定

1　概述

1.1　被校对象： 以恒温恒湿箱为例，校准点为 30℃、60% RH。

1.2　测量标准： 高精度多路温湿度巡测记录仪，温度指示分辨力 0.01℃，湿度分辨力 0.1% RH；测量时带修正值使用，温度不确定度 $U=0.07$℃（$k=2$），湿度不确定度 $U=0.7$% RH（$k=2$）。

1.3　校准方法： 将计量标准器温度、湿度传感器按照校准规范测量点分布图进行布点。将恒温恒湿箱设定为 30℃，60% RH，开启运行。试验设备达到设定值并稳定后开始记录设备的温度、湿度示值及各布点温度、相对湿度，记录时间间隔为 2min，30min 内共记录 15 组数据。

按照校准规范的要求分别计算温度偏差和相对湿度偏差。

2　测量模型

以温度上偏差和湿度上偏差为例进行不确定度评定。

2.1　温度偏差

$$\Delta t_{max} = t_{max} - t_S \tag{1}$$

$$\Delta t_{min} = t_{min} - t_S \tag{2}$$

式中：Δt_{max}——温度上偏差，℃；

$\quad\quad\Delta t_{min}$——温度下偏差，℃；

$\quad\quad t_{max}$——各测量点规定时间内测量的最高温度，℃；

$\quad\quad t_{min}$——各测量点规定时间内测量的最低温度，℃；

$\quad\quad t_S$——设备设定温度，℃。

2.2　湿度偏差

$$\Delta h_{max} = h_{max} - h_S \tag{3}$$

$$\Delta h_{min} = h_{min} - h_S \tag{4}$$

式中：Δh_{max}——湿度上偏差，% RH；

$\quad\quad\Delta h_{min}$——湿度下偏差，% RH；

$\quad\quad h_{max}$——各测量点规定时间内测量的最高湿度，% RH；

$\quad\quad h_{min}$——各测量点规定时间内测量的最低湿度，% RH；

$\quad\quad h_S$——设备设定湿度，% RH。

3　灵敏系数

对式（1）各分量求偏导，得到各分量的灵敏系数：

$$c_1 = \partial \Delta t_{max} / \partial t_{max} = 1$$

$$c_2 = \partial \Delta t_{max} / \partial t_S = -1$$

对式（3）各分量求偏导，得到各分量的灵敏系数：

$$c_1' = \partial \Delta t_{max} / \partial t_{max} = 1$$

$$c_2' = \partial \Delta t_{max} / \partial t_S = -1$$

4　各输入量的标准不确定度分量评定

4.1　输入量 t_{max} 和 h_{max} 引入的标准不确定度分量

4.1.1　测量重复性及标准器分辨力引入的标准不确定度分量 u_1 和 u_1'

4.1.1.1　温度测量重复性及标准器温度分辨力引入的标准不确定度分量 u_1

（1）在 30℃校准点重复条件下测量 10 次，测量重复性用下式计算：

$$s(t_{max}) = \sqrt{\frac{\sum_{i=1}^{n}(x_i - \bar{x})^2}{n-1}} = 0.03℃$$

（2）标准器温度分辨力为 0.01℃，区间半宽 0.005℃，服从均匀分布，则分辨力引入的标准不确定度分量为

$$u(b) = \frac{0.005}{\sqrt{3}} = 0.003℃$$

测量重复性包含标准器分辨力引入的不确定度，取其中较大者，则

$$u_1 = s(t_{max}) = 0.03℃$$

4.1.1.2　湿度测量重复性及标准器湿度分辨力引入的标准不确定度分量 u_1'

（1）在 60% RH 校准点重复条件下测量 10 次，测量重复性用下式计算：

$$s(h_{max}) = \sqrt{\frac{\sum_{i=1}^{n}(x_i - \bar{x})^2}{n-1}} = 0.29\% \text{ RH}$$

（2）标准器湿度分辨力为 0.1% RH，区间半宽 0.05% RH，服从均匀分布，则湿度分辨力引入的标准不确定度分量为

$$u'(b) = \frac{0.05}{\sqrt{3}} = 0.03\% \text{ RH}$$

测量重复性包含标准器分辨力引入的不确定度，取其中的较大者，因此：

$$u_1' = s(h_{max}) = 0.29\% \text{ RH}$$

4.1.2　标准器引入的标准不确定度分量 u_2 和 u_2'

4.1.2.1　标准器温度、湿度修正值引入的标准不确定度分量 u_{21} 和 u_{21}'

（1）标准器温度修正值的不确定度 $U = 0.07℃$（$k=2$），则标准器温度修正值引入的标准不确定度分量 u_{21} 为

$$u_{21} = \frac{U}{k} = \frac{0.07}{2} = 0.04℃$$

（2）标准器湿度修正值的不确定度 $U' = 0.7\%$ RH（$k=2$），则标准器湿度修正值引入的标准不确定度分量 u_{21}' 为

$$u_{21}' = \frac{U'}{k} = \frac{0.7}{2} = 0.4\% \text{ RH}$$

4.1.2.2　标准器温度、湿度稳定性引入的标准不确定度分量 u_{22} 和 u_{22}'

（1）标准器温度稳定性取 0.10℃，区间半宽为 0.05℃，均匀分布，则由此引入的标准不确定度为

$$u_{22} = \frac{0.05}{\sqrt{3}} = 0.03℃$$

（2）标准器湿度稳定性取 0.8% RH，区间半宽为 0.4% RH，均匀分布，则由此引入的标准不确定度为

$$u_{22}' = \frac{0.4}{\sqrt{3}} = 0.23\% \text{ RH}$$

4.1.2.3　标准器引入的标准不确定度分量 u_2 和 u_2' 的计算

（1）标准器温度参数引入的标准不确定度分量 u_2

由于 u_{21}、u_{22} 彼此独立不相关，则

$$u_2 = \sqrt{u_{21}^2 + u_{22}^2} = 0.05℃$$

（2）标准器湿度参数引入的标准不确定度分量 u_2'

由于 u_{21}'、u_{22}' 彼此独立不相关，则

$$u_2' = \sqrt{u_{21}'^2 + u_{22}'^2} = 0.46\% \text{ RH}$$

4.2 输入量 t_S 和 h_S 引入的标准不确定度分量

4.2.1 被校恒温恒湿箱温度设定值分辨力引入的标准不确定度分量 u_3

被校恒温恒湿箱温度设定值分辨力为 0.1℃，区间半宽 0.05℃，按均匀分布，则分辨力引入的不确定度分量为

$$u_3 = \frac{0.05}{\sqrt{3}} = 0.03 \text{℃}$$

4.2.2 被校恒温恒湿箱湿度设定值分辨力引入的标准不确定度分量 u_3'

恒温恒湿箱相对湿度设定值分辨力为 1% RH，区间半宽 0.5% RH，按均匀分布，则分辨力引入的不确定度分量为

$$u_3' = \frac{0.5}{\sqrt{3}} = 0.29\% \text{ RH}$$

5 各标准不确定度分量汇总（见表 1 和表 2）

表 1 温度上偏差校准各标准不确定度分量汇总

符号	不确定度来源	标准不确定度值 $u(x_i)$/℃	灵敏系数 c_i	$|c_i|u(x_i)$/℃
u_1	温度测量重复性	0.03		0.03
u_2	标准器温度修正值及稳定性	0.05	1	0.05
u_3	被校恒温恒湿箱温度设定值分辨力	0.03	−1	0.03

表 2 相对湿度上偏差校准结果各标准不确定度分量汇总

符号	不确定度来源	标准不确定度值 $u'(x_i)$/% RH	灵敏系数 c_i'	$|c_i'|u'(x_i)$/% RH
u_1'	湿度测量重复性	0.29		0.29
u_2'	标准器湿度修正值及稳定性	0.46	1	0.46
u_3'	被校恒温恒湿箱湿度设定值分辨力	0.29	−1	0.29

6 合成标准不确定度计算

6.1 温度上偏差校准结果合成标准不确定度 u_c

由于 u_1、u_2、u_3 彼此独立不相关，则合成标准不确定度 u_c 为

$$u_c = \sqrt{(c_1 u_1)^2 + (c_1 u_2)^2 + (c_2 u_3)^2} = 0.06 \text{℃}$$

6.2 湿度上偏差校准结果合成标准不确定度 u_c'

由于 u_1'、u_2'、u_3' 彼此独立不相关，则合成标准不确定度 u_c' 为

$$u_c' = \sqrt{(c_1' u_1')^2 + (c_1' u_2')^2 + (c_2' u_3')^2} = 0.62\% \text{ RH}$$

7 扩展不确定度评定

取包含因子 $k = 2$，则温度上偏差校准不确定度为

$$U = k \cdot u_c = 2 \times 0.06 = 0.12 \text{℃}$$

取包含因子 $k = 2$，则湿度上偏差校准不确定度为

$$U' = k \cdot u_c' = 2 \times 0.62 = 1.3\% \text{ RH}$$

十、检定或校准结果的验证

　　采用比对法对测量结果进行验证。采用三套同等精度的校准装置进行比对，高精度多路温湿度巡测记录仪为 1 号，作为实验室测量结果，温度测量不确定 U_{lab} 为 0.12℃，湿度测量不确定 U_{lab} 为 1.1% RH，另外两套同精度的环境试验设备校准装置为 2 号和 3 号，对同一台恒温恒湿箱进行校准，其校准数据如下。

校准点	1 号实测值 y_{lab}	2 号实测值	3 号实测值	$\bar{y}$	$|y_{lab} - \bar{y}|$	$\sqrt{\dfrac{n-1}{n}}U_{lab}$
30.00℃	30.05℃	30.13℃	30.15℃	30.11℃	0.06℃	0.098℃
60.0% RH	60.2% RH	60.3% RH	60.5% RH	60.3%	0.1% RH	0.898%

　　测量结果均满足 $|y_{lab} - \bar{y}| \leqslant \sqrt{\dfrac{n-1}{n}}U_{lab}$，故本装置通过验证，符合要求。

十一、结论

　　经实验验证，本装置符合国家计量检定系统表和国家计量技术规范的要求，可以开展环境试验设备温度、湿度的校准工作。

十二、附加说明

示例 3.12 箱式电阻炉校准装置

计量标准考核（复查）申请书

[   ] 量标   证字第   号

计量标准名称_____**箱式电阻炉校准装置**_____

计量标准代码_____**04910000**_____

建标单位名称_____

组织机构代码_____

单 位 地 址_____

邮 政 编 码_____

计量标准负责人及电话_____

计量标准管理部门联系人及电话_____

年   月   日

说　　明

1. 申请新建计量标准考核，建标单位应当提供以下资料：

1）《计量标准考核（复查）申请书》原件一式两份和电子版一份；

2）《计量标准技术报告》原件一份；

3）计量标准器及主要配套设备有效的检定或校准证书复印件一套；

4）开展检定或校准项目的原始记录及相应的模拟检定或校准证书复印件两套；

5）检定或校准人员能力证明复印件一套；

6）可以证明计量标准具有相应测量能力的其他技术资料（如果适用）复印件一套。

2. 申请计量标准复查考核，建标单位应当提供以下资料：

1）《计量标准考核（复查）申请书》原件一式两份和电子版一份；

2）《计量标准考核证书》原件一份；

3）《计量标准技术报告》原件一份；

4）《计量标准考核证书》有效期内计量标准器及主要配套设备连续、有效的检定或校准证书复印件一套；

5）随机抽取该计量标准近期开展检定或校准工作的原始记录及相应的检定或校准证书复印件两套；

6）《计量标准考核证书》有效期内连续的《检定或校准结果的重复性试验记录》复印件一套；

7）《计量标准考核证书》有效期内连续的《计量标准的稳定性考核记录》复印件一套；

8）检定或校准人员能力证明复印件一套；

9）计量标准更换申报表（如果适用）复印件一份；

10）计量标准封存（或撤销）申报表（如果适用）复印件一份；

11）可以证明计量标准具有相应测量能力的其他技术资料（如果适用）复印件一套。

3. 《计量标准考核（复查）申请书》采用计算机打印，并使用 A4 纸。

注：新建计量标准申请考核时不必填写"计量标准考核证书号"。

计量标准 名 称	箱式电阻炉校准装置		计量标准 考核证书号		
保存地点			计量标准 原值（万元）		
计量标准 类 别	☑ 社会公用 ☑ 计量授权	□ 部门最高 □ 计量授权		□ 企事业最高 □ 计量授权	
测量范围	$(300 \sim 1150)℃$				
不确定度或 准确度等级或 最大允许误差	$U = (0.9 \sim 1.2)℃ \quad (k = 2)$				

	名 称	型 号	测量范围	不确定度 或准确度等级 或最大允许误差	制造厂及 出厂编号	检定周 期或复 校间隔	末次检 定或校 准日期	检定或校 准机构及 证书号
计量标准器	热电偶 测量系统		$(300 \sim 1150)℃$	$U = (0.9 \sim 1.2)℃$ $(k = 2)$		1 年		
主要配套设备	转换开关		—	$U = 0.1 \mu V$ $(k = 2)$		1 年		

	序号	项目	要　　求	实 际 情 况	结论
环境条件及设施	1	温度	(15～35)℃	(15～35)℃	合格
	2	湿度	≤85% RH	≤85% RH	合格
	3				
	4				
	5				
	6				
	7				
	8				

	姓 名	性别	年龄	从事本项目年限	学 历	能力证明名称及编号	核准的检定或校准项目
检定或校准人员							

	序号	名 称	是否具备	备注
文件集登记	1	计量标准考核证书（如果适用）	否	新建
	2	社会公用计量标准证书（如果适用）	否	新建
	3	计量标准考核（复查）申请书	是	
	4	计量标准技术报告	是	
	5	检定或校准结果的重复性试验记录	是	
	6	计量标准的稳定性考核记录	是	
	7	计量标准更换申请表（如果适用）	否	新建
	8	计量标准封存（或撤销）申报表（如果适用）	否	新建
	9	计量标准履历书	是	
	10	国家计量检定系统表（如果适用）	是	
	11	计量检定规程或计量技术规范	是	
	12	计量标准操作程序	是	
	13	计量标准器及主要配套设备使用说明书（如果适用）	是	
	14	计量标准器及主要配套设备的检定或校准证书	是	
	15	检定或校准人员能力证明	是	
	16	实验室的相关管理制度		
	16.1	实验室岗位管理制度	是	
	16.2	计量标准使用维护管理制度	是	
	16.3	量值溯源管理制度	是	
	16.4	环境条件及设施管理制度	是	
	16.5	计量检定规程或计量技术规范管理制度	是	
	16.6	原始记录及证书管理制度	是	
	16.7	事故报告管理制度	是	
	16.8	计量标准文件集管理制度	是	
	17	开展检定或校准工作的原始记录及相应的检定或校准证书副本	是	
	18	可以证明计量标准具有相应测量能力的其他技术资料（如果适用）		
	18.1	检定或校准结果的不确定度评定报告	是	
	18.2	计量比对报告	否	新建
	18.3	研制或改造计量标准的技术鉴定或验收资料	否	非自研

	名　称	测量范围	不确定度或准确度等级或最大允许误差	所依据的计量检定规程或计量技术规范的编号及名称
开展的检定或校准项目	箱式电阻炉	(300～1150)℃	C 级及以下	JJF 1376—2012《箱式电阻炉校准规范》

建标单位意见	负责人签字：　　　　　　（公章） 年　　月　　日
建标单位主管部门意见	（公章） 年　　月　　日
主持考核的人民政府计量行政部门意见	（公章） 年　　月　　日
组织考核的人民政府计量行政部门意见	（公章） 年　　月　　日

计 量 标 准 技 术 报 告

计量标准名称　　　__箱式电阻炉校准装置__　　

计量标准负责人　　_____

建标单位名称　　　_____

填 写 日 期　　　_____

目　　录

一、建立计量标准的目的

　　箱式电阻炉（以下简称箱式炉）广泛使用于各类工矿企业、科研机构、高校等，主要用于化学元素测定、小型工件的淬火、退火热处理等。箱式炉是应用在煤炭、电力、石化、军工、冶金等众多行业的设备，使用量大、使用频次高。容积不大于 $0.15m^3$ 的箱式炉，主要在煤炭、电力等行业用于对煤质灰分、挥发分的测量，其实验结果直接用于贸易结算；容积大于 $0.15m^3$ 的箱式炉，主要用于工件的热处理工艺。

　　根据 JJF 1376—2012《箱式电阻炉校准规范》，申请建立校准箱式电阻炉的计量标准，可以满足用户对于此类设备的计量溯源需求。

二、计量标准的工作原理及其组成

　　箱式炉是以电为能源，在某一规定的时间内，电流通过加热元件产生热量，其传热方式为辐射、传导、对流等。主要由炉体和控制器组成，两者既可自成独立，也可组合为一体。炉体一般为台式，由加热元件、炉衬（包括耐火层和保温层）以及炉壳等组成。

　　计量标准由测温仪器、热电偶、转换开关等组成，校准时，将测温仪器与热电偶通过转换开关相连，测量炉温均匀度、炉温稳定度、炉温偏差和炉内最大温差。

三、计量标准器及主要配套设备

	名　称	型　号	测量范围	不确定度 或准确度等级 或最大允许误差	制造厂及 出厂编号	检定周 期或复 校间隔	检定或 校准机构
计 量 标 准 器	热电偶 测量系统		$(300\sim1150)℃$	$U=(0.9\sim1.2)℃$ $(k=2)$		1年	
主 要 配 套 设 备	转换开关		—	$U=0.1\mu V\ (k=2)$		1年	

四、计量标准的主要技术指标

　　测量范围：（300～1150）℃
　　扩展不确定度：$U = (0.9 \sim 1.2)$℃　$(k=2)$

五、环境条件

序号	项目	要　　求	实际情况	结论
1	温度	（15～35）℃	（15～35）℃	合格
2	湿度	≤85% RH	≤85% RH	合格
3				
4				
5				
6				

六、计量标准的量值溯源和传递框图

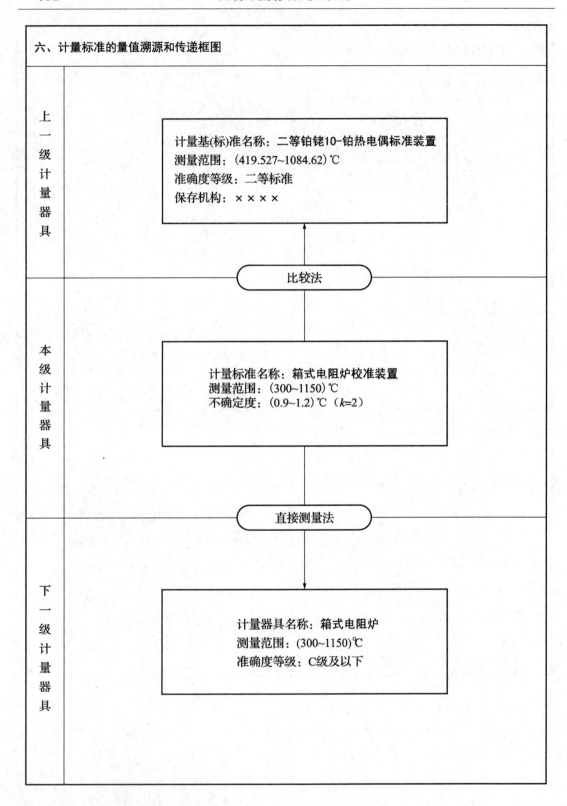

上一级计量器具

计量基(标)准名称：二等铂铑10-铂热电偶标准装置

测量范围：(419.527~1084.62)℃

准确度等级：二等标准

保存机构：××××

比较法

本级计量器具

计量标准名称：箱式电阻炉校准装置

测量范围：(300~1150)℃

不确定度：(0.9~1.2)℃（k=2）

直接测量法

下一级计量器具

计量器具名称：箱式电阻炉

测量范围：(300~1150)℃

准确度等级：C级及以下

七、计量标准的稳定性考核

校准一台箱式炉，装置在800℃进行4组测量，每组测量20次，数据如下。

箱式电阻炉校准装置的稳定性考核记录

考核时间	2017年7月2日	2017年9月5日	2017年11月4日	2017年12月5日
核查标准	名称：热电偶测量系统		型号：××× 编号：×××	
测量条件	800℃			
测量次数	测得值/℃	测得值/℃	测得值/℃	测得值/℃
1	796.41	796.56	796.79	797.23
2	796.67	796.82	797.05	797.49
3	796.86	797.01	797.24	797.68
4	797.05	797.20	797.43	797.87
5	797.16	797.31	797.54	797.98
6	797.47	797.62	797.85	798.29
7	797.67	797.82	798.05	798.49
8	797.96	798.11	798.34	798.78
9	798.19	798.34	798.57	799.01
10	798.5	798.65	798.88	799.32
11	798.76	798.91	799.14	799.58
12	798.97	799.12	799.35	799.79
13	798.7	798.85	799.08	799.52
14	798.47	798.62	798.85	799.29
15	798.07	798.22	798.45	798.89
16	797.81	797.96	798.19	798.63
17	797.42	797.57	797.8	798.24
18	797.19	797.34	797.57	798.01
19	797.52	797.67	797.90	798.34
20	797.86	798.01	798.24	798.68
$\bar{y_i}$	797.74	797.89	798.12	798.56
变化量 $|\bar{y_i} - \bar{y_{i-1}}|$	—	0.15℃	0.23℃	0.44℃
允许变化量	—	1.3℃	1.3℃	1.3℃
结　论	—	符合要求	符合要求	符合要求
考核人员	×××	×××	×××	×××

八、检定或校准结果的重复性试验

校准一台箱式炉，在重复性测量条件下，装置在800℃取1个测温点分别测量20次，共测4组，数据如下。

箱式电阻炉校准装置的检定或校准结果的重复性试验记录

试验时间	2017 年 7 月 2 日	2017 年 9 月 5 日	2017 年 11 月 4 日	2017 年 12 月 5 日
被测对象	名　称		型　号	编　号
	箱式电阻炉		× × ×	× × ×
测量条件	800℃			
测量次数	测得值/℃	测得值/℃	测得值/℃	测得值/℃
1	795.31	794.42	794.63	795.11
2	795.33	794.61	794.83	795.13
3	795.42	794.81	794.92	795.22
4	795.47	795.02	795.23	795.27
5	795.49	795.21	795.42	795.29
6	795.51	795.42	795.63	795.31
7	795.58	795.64	795.86	795.38
8	795.72	795.76	795.98	795.52
9	795.81	795.92	796.13	795.61
10	795.92	796.12	796.33	795.72
11	796.23	795.76	795.97	796.03
12	795.87	795.53	795.74	795.57
13	795.64	795.32	795.53	795.44
14	795.32	795.23	795.44	795.12
15	795.21	794.93	795.14	795.01
16	795.02	794.73	794.94	794.82
17	794.83	794.62	794.83	794.63
18	789.64	794.42	794.63	789.44
19	794.34	794.21	794.42	794.14
20	794.03	794.42	794.63	793.83
$\bar{y}$	795.33	795.10	795.31	795.13
$s(y_i)=\sqrt{\dfrac{\sum\limits_{i=1}^{n}(y_i-\bar{y})^2}{n-1}}$	0.54℃	0.57℃	0.57℃	0.54℃
结　　论	符合要求	符合要求	符合要求	符合要求
试验人员	× × ×	× × ×	× × ×	× × ×

九、检定或校准结果的不确定度评定

1 概述

1.1 测量依据：JJF 1376—2012《箱式电阻炉校准规范》。

1.2 环境条件：环境温度（15～35）℃；相对湿度≤85%。

1.3 计量标准：(300～1100)℃范围内以热电偶测量系统作为标准器，校准高温箱式电阻炉，以校准点800℃为例，对温度均匀度标准结果进行不确定度评定。计量标准器和配套设备的技术性能见表1。

表1 实验室的计量标准器和配套设备

序 号	设 备 名 称	测 量 范 围	技 术 性 能
1	热电偶测量系统	(300～1100)℃	测温仪器：不低于0.02级 廉金属热电偶：不低于1级

1.4 被测对象：见表2。

表2 被校高温箱式电阻炉的分类

温度范围/℃	等 级		
300～1100	A	B	C

1.5 测量方法：当炉温达到校准温度，并处于热稳定状态后开始读数。在60min内，每隔3min记录各个测温点的温度一次，至少测量20次。每一次记录各个测温点的温度应在1min内完成。

2 测量模型

$$\Delta\theta_+ = t_{pmax} - t_p \tag{1}$$

$$\Delta\theta_- = t_{pmin} - t_p \tag{2}$$

式中：$\Delta\theta_+$、$\Delta\theta_-$——炉温均匀度，℃；

t_{pmax}——各测温点实际温度的最大值，℃；

t_{pmin}——各测温点实际温度的最小值，℃；

t_p——中心点的实际温度，℃。

3 合成方差和灵敏系数

$$u_c^2 = [c_1 u(t_{pmax})]^2 + [c_2 u(t_p)]^2 \tag{3}$$

$$u_c^2 = [c_1 u(t_{pmin})]^2 + [c_2 u(t_p)]^2 \tag{4}$$

由于t_{pmax}、t_p、t_{pmin}彼此独立不相关，因此

$$c_1 = \frac{\partial\Delta\theta_+}{\partial t_{pmax}} = \frac{\partial\Delta\theta_-}{\partial t_{pmin}} = 1$$

$$c_2 = \frac{\partial\Delta\theta_+}{\partial t_p} = \frac{\partial\Delta\theta_-}{\partial t_p} = -1$$

故：

$$u_c^2 = u^2(t_{pmax}) + u^2(t_p) \tag{5}$$

$$u_c^2 = u^2(t_{pmin}) + u^2(t_p) \tag{6}$$

4 各输入量的标准不确定度分量评定

4.1 输入量t_{pmax}引入的标准不确定度分量$u(t_{pmax})$

（1）输入量 t_{pmax} 重复测量引入的标准不确定度分量 $u(t_{pmax1})$

测温仪器在得到最高平均值的测温点读取温度值，共计 20 次，分别为 t_{pm1}，t_{pm2}，$\cdots$，t_{pm20}，其平均值记为 $\bar{t}_{pm}$。测量值及计算结果见表 3，属 A 类不确定度分量，服从正态分布。

表 3　测量值及计算结果

测量次数	1	2	3	4	5	6	7	8	9	10
测得值/℃	803.62	803.99	804.14	804.42	804.74	804.98	805.16	805.40	805.72	806.01
测量次数	11	12	13	14	15	16	17	18	19	20
测得值/℃	806.28	806.51	806.70	806.90	807.19	807.00	806.71	806.27	805.93	805.51

$$\bar{t}_{pm} = 805.66℃$$

$$s(\bar{t}_{pm}) = \sqrt{\frac{\sum_{i=1}^{n}(t_{pmi}-\bar{t}_{pm})^2}{n-1}} = 1.08℃$$

重复测量引入的标准不确定度为

$$u(t_{pmax1}) = s(\bar{t}_{pm})/\sqrt{20} = 0.24℃$$

（2）温度校准装置修正值引入的标准不确定度分量 $u(t_{x1})$

校准证书中可知，温度校准装置修正值的扩展不确定度为 1.0℃（$k=2$），则

$$u(t_{x1}) = 0.50℃$$

输入量 t_{pmax} 引入的标准不确定度分量 $u(t_{pmax})$ 为

$$u(t_{pmax}) = \sqrt{u^2(t_{pmax1})+u^2(t_{x1})}$$
$$= 0.55℃$$

4.2　输入量 t_p 引入的标准不确定度分量 $u(t_p)$

（1）输入量 t_p 重复测量引入的标准不确定度分量 $u(t_{pk})$

中心点读取温度值，共计 20 次，分别为 t_{pk1}，t_{pk2}，$\cdots$，t_{pk20}，其平均值记为 $\bar{t}_{pk}$。测量值及计算结果见表 4，属 A 类不确定度分量，服从正态分布。

表 4　测量值及计算结果

测量次数	1	2	3	4	5	6	7	8	9	10
测得值/℃	802.65	802.77	802.81	802.90	803.08	803.24	803.40	803.61	803.70	803.91
测量次数	11	12	13	14	15	16	17	18	19	20
测得值/℃	804.18	804.38	804.55	804.60	804.45	804.22	804.10	803.70	803.41	803.13

$$\bar{t}_{pk} = 803.64℃$$

$$s(\bar{t}_{pk}) = \sqrt{\frac{\sum_{i=1}^{n}(t_{pi}-\bar{t}_{pk})^2}{n-1}} = 0.64℃$$

重复测量引入的标准不确定度为

$$u(t_{pk}) = s(\bar{t}_{pk})/\sqrt{20} = 0.14℃$$

（2）温度校准装置修正值引入的标准不确定度分量 $u(t_{pd})$

校准证书中可知，温度校准装置修正值的扩展不确定度为 $0.84℃$ （$k=2$），则
$$u(t_{pd}) = 0.42℃$$

输入量 t_p 引入的标准不确定度分量 $u(t_p)$ 为
$$u(t_p) = \sqrt{u^2(t_{pk}) + u^2(t_{pd})}$$
$$= 0.44℃$$

5　各标准不确定度分量汇总

箱式炉校准温度 800℃，各标准不确定度分量汇总见表5。

表5　各标准不确定度分量汇总

符号	不确定度的来源	类别	标准不确定度值 $u(x_i)/℃$	灵敏系数 c_1
$u(t_{pmax})$	输入量 t_{pmax} 引入		0.55	1
$u(t_{pmax1})$	输入量 t_{pmax} 重复测量引入	A	0.24	
$u(t_{x1})$	温度校准装置修正值引入	B	0.50	
$u(t_p)$	输入量 t_p 引入		0.44	-1

6　合成标准不确定度计算

合成标准不确定度按式（5）计算：
$$u_c = \sqrt{u^2(t_{pmax}) + u^2(t_p)} = \sqrt{0.55^2 + 0.44^2} \approx 0.70℃$$

7　扩展不确定度评定

取包含因子 $k=2$，则炉温均匀度（$\Delta\theta_+$）测量结果的扩展不确定度为
$$U_+ = k \cdot u_c = 2 \times 0.70 = 1.4℃$$

8　对箱式电阻炉其他温度点的测量不确定度评估

根据 JJF 1376—2012 的要求，对箱式电阻炉的各测量点进行校准，共 300℃、400℃、500℃、600℃、700℃、800℃、900℃、1000℃、1100℃ 等9个点。其测量不确定度汇总见表6。

表6　箱式电阻炉的测量结果不确定度汇总

不确定度		温度点/℃								
		300	400	500	600	700	800	900	1000	1100
输入量 t_{pmax} 重复测量引入的标准不确定度分量	$u(t_{pmax1})$	0.17	0.20	0.22	0.23	0.24	0.24	0.25	0.27	0.27
温度校准装置修正值引入的标准不确定度分量	$u(t_{x1})$	0.45	0.45	0.45	0.50	0.50	0.50	0.55	0.55	0.55
输入量 t_p 引入的标准不确定度分量	$u(t_p)$	0.36	0.39	0.40	0.42	0.43	0.44	0.45	0.47	0.49
合成标准不确定度	u_c	0.61	0.63	0.64	0.69	0.70	0.70	0.76	0.77	0.78
扩展不确定度（$k=2$）	U_+	1.2	1.3	1.3	1.4	1.4	1.4	1.5	1.6	1.6

十、检定或校准结果的验证

采用传递比较法对测量结果进行验证。用本装置对一台经过上级计量部门校准的箱式电阻炉进行校准，数据如下。

校准点 /℃	上级校准炉温均匀度 $\Delta\theta_+$ y_{ref}/℃	本装置校准炉温均匀度 $\Delta\theta_+$ y_{lab}/℃	上级扩展不确定度 U_{ref} ($k=2$)/℃	本级扩展不确定度 U_{lab} ($k=2$)/℃	$\lvert y_{lab}-y_{ref}\rvert$ /℃	$\sqrt{U_{lab}^2+U_{ref}^2}$ /℃
400	4.4	4.8	1.3	1.3	0.4	1.8
600	4.0	4.6	1.4	1.5	0.6	2.1
800	3.5	4.3	1.4	1.5	0.8	2.1

校准点 /℃	上级校准炉温均匀度 $\Delta\theta_-$ y_{ref}/℃	本装置校准炉温均匀度 $\Delta\theta_-$ y_{lab}/℃	上级扩展不确定度 U_{ref} ($k=2$)/℃	本级扩展不确定度 U_{lab} ($k=2$)/℃	$\lvert y_{lab}-y_{ref}\rvert$ /℃	$\sqrt{U_{lab}^2+U_{ref}^2}$ /℃
400	−5.8	−5.1	1.3	1.3	0.7	1.8
600	−5.2	−4.7	1.4	1.5	0.5	2.1
800	−4.6	−4.2	1.4	1.5	0.4	2.1

测量结果均满足 $\lvert y_{lab}-y_{ref}\rvert \leqslant \sqrt{U_{lab}^2+U_{ref}^2}$，故本装置通过验证，符合要求。

十一、结论

经实验验证，本装置符合国家计量检定系统表和国家计量技术规范的要求，可以开展箱式电阻炉的校准工作。

十二、附加说明

示例 3.13　恒温槽校准装置

计量标准考核（复查）申请书

[　] 量标　　证字第　　号

计量标准名称_____恒温槽校准装置_____

计量标准代码_____04119000_____

建标单位名称_____

组织机构代码_____

单 位 地 址_____

邮 政 编 码_____

计量标准负责人及电话_____

计量标准管理部门联系人及电话_____

年　　月　　日

说　明

1. 申请新建计量标准考核，建标单位应当提供以下资料：

1）《计量标准考核（复查）申请书》原件一式两份和电子版一份；

2）《计量标准技术报告》原件一份；

3）计量标准器及主要配套设备有效的检定或校准证书复印件一套；

4）开展检定或校准项目的原始记录及相应的模拟检定或校准证书复印件两套；

5）检定或校准人员能力证明复印件一套；

6）可以证明计量标准具有相应测量能力的其他技术资料（如果适用）复印件一套。

2. 申请计量标准复查考核，建标单位应当提供以下资料：

1）《计量标准考核（复查）申请书》原件一式两份和电子版一份；

2）《计量标准考核证书》原件一份；

3）《计量标准技术报告》原件一份；

4）《计量标准考核证书》有效期内计量标准器及主要配套设备连续、有效的检定或校准证书复印件一套；

5）随机抽取该计量标准近期开展检定或校准工作的原始记录及相应的检定或校准证书复印件两套；

6）《计量标准考核证书》有效期内连续的《检定或校准结果的重复性试验记录》复印件一套；

7）《计量标准考核证书》有效期内连续的《计量标准的稳定性考核记录》复印件一套；

8）检定或校准人员能力证明复印件一套；

9）《计量标准更换申报表》（如果适用）复印件一份；

10）《计量标准封存（或撤销）申报表》（如果适用）复印件一份；

11）可以证明计量标准具有相应测量能力的其他技术资料（如果适用）复印件一套。

3. 《计量标准考核（复查）申请书》采用计算机打印，并使用 A4 纸。

注：新建计量标准申请考核时不必填写"计量标准考核证书号"。

计量标准 名　称	恒温槽校准装置			计量标准 考核证书号	
保存地点				计量标准 原值（万元）	

计量标准 类　别	☑　社会公用 ☑　计量授权	□　部门最高 □　计量授权	□　企事业最高 □　计量授权

测量范围	$(-80 \sim 300)$℃

不确定度或 准确度等级或 最大允许误差	$U = (0.003 \sim 0.015)$℃　　$(k = 2)$

	名　称	型　号	测量范围	不确定度 或准确度等级 或最大允许误差	制造厂及 出厂编号	检定周 期或复 校间隔	末次检 定或校 准日期	检定或校 准机构及 证书号
计 量 标 准 器	标准铂电阻 温度计		$(-200 \sim$ $419.527)$℃	二等		2 年		
	标准铂电阻 温度计		$(-200 \sim$ $419.527)$℃	二等		2 年		
主 要 配 套 设 备	高精度数字 多用表		$(-250 \sim$ $960)$℃	$\pm 0.0006\Omega$		1 年		

	序号	项目	要　　求	实际情况	结论
环境条件及设施	1	温度	$(15 \sim 35)℃$	$(18 \sim 22)℃$	合格
	2	湿度	35% RH ~ 85% RH	40% RH ~ 60% RH	合格
	3				
	4				
	5				
	6				
	7				
	8				

	姓　名	性别	年龄	从事本项目年限	学　历	能力证明名称及编号	核准的检定或校准项目
检定或校准人员							

	序号	名　称	是否具备	备 注
文件集登记	1	计量标准考核证书（如果适用）	否	新建
	2	社会公用计量标准证书（如果适用）	否	新建
	3	计量标准考核（复查）申请书	是	
	4	计量标准技术报告	是	
	5	检定或校准结果的重复性试验记录	是	
	6	计量标准的稳定性考核记录	是	
	7	计量标准更换申请表（如果适用）	否	新建
	8	计量标准封存（或撤销）申报表（如果适用）	否	新建
	9	计量标准履历书	是	
	10	国家计量检定系统表（如果适用）	是	
	11	计量检定规程或计量技术规范	是	
	12	计量标准操作程序	是	
	13	计量标准器及主要配套设备使用说明书（如果适用）	是	
	14	计量标准器及主要配套设备的检定或校准证书	是	
	15	检定或校准人员能力证明	是	
	16	实验室的相关管理制度		
	16.1	实验室岗位管理制度	是	
	16.2	计量标准使用维护管理制度	是	
	16.3	量值溯源管理制度	是	
	16.4	环境条件及设施管理制度	是	
	16.5	计量检定规程或计量技术规范管理制度	是	
	16.6	原始记录及证书管理制度	是	
	16.7	事故报告管理制度	是	
	16.8	计量标准文件集管理制度	是	
	17	开展检定或校准工作的原始记录及相应的检定或校准证书副本	是	
	18	可以证明计量标准具有相应测量能力的其他技术资料（如果适用）		
	18.1	检定或校准结果的不确定度评定报告	是	
	18.2	计量比对报告	否	新建
	18.3	研制或改造计量标准的技术鉴定或验收资料	否	非自研

开展的检定或校准项目	名　　称	测量范围	不确定度或准确度等级或最大允许误差	所依据的计量检定规程或计量技术规范的编号及名称
	恒温槽	（－80～300）℃	±1.0℃及以下	JJF 1030—2010《恒温槽技术性能测试规范》

建标单位意见	
	负责人签字：　　　　　　（公章） 　　　　　　年　　月　　日
建标单位主管部门意见	（公章） 　　　　　　年　　月　　日
主持考核的人民政府计量行政部门意见	（公章） 　　　　　　年　　月　　日
组织考核的人民政府计量行政部门意见	（公章） 　　　　　　年　　月　　日

计 量 标 准 技 术 报 告

计量标准名称　　　**恒温槽校准装置**　　　

计量标准负责人　　　　　　　　　　　　　

建标单位名称　　　　　　　　　　　　　　

填　写　日　期

目　录

一、建立计量标准的目的

随着我国工业经济的发展，科研、国防、制造等行业都对温度测量有了越来越高的要求。因此，在这些行业都正在使用大量稳定性好、均匀性高的恒温槽或恒温水浴、粘度槽等，为了确保这些大量使用的恒温槽量值准确、性能可靠，恒温槽的校准就成为一项重要的、不可或缺的工作。

本项目涉及的计量标准针对恒温槽（或恒温水浴、粘度槽等）温度均匀性与稳定性校准工作，建立计量部门考核要求的计量校准装置，确保恒温槽的计量性能符合相关计量技术规程的要求，进一步确保量值传递的准确可靠。

二、计量标准的工作原理及其组成

恒温槽校准装置，以二等标准铂电阻温度计作为标准对恒温槽进行校准，见图1。

温度均匀性的测量方法：选择两支二等标准铂电阻温度计，配接高精度数字多用表进行测量。一支作为固定温度计固定在恒温槽工作区域1/2深度任意位置点，另一支作为移动温度计固定在工作区域内的位置点，通过"参考位置"法得到两点之间的温度差，通过两者的差，得到恒温槽内任意两点的温差，恒温槽工作区域内最高温度与最低温度的差即为恒温槽温度均匀性。

温度波动性测量方法：把一支二等标准铂电阻温度计插入恒温槽工作区域1/2深度处，配接高准确度数字多用表进行测量。每分钟至少测量6次，共持续10min。将测量结果的最高值减去最低值的差值，即为恒温槽温度波动性。

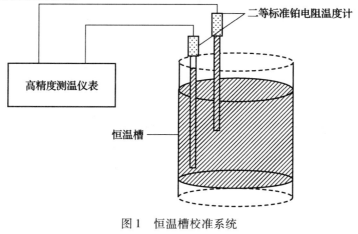

图1　恒温槽校准系统

三、计量标准器及主要配套设备

	名　称	型　号	测量范围	不确定度 或准确度等级 或最大允许误差	制造厂及 出厂编号	检定周 期或复 校间隔	检定或 校准机构
计 量 标 准 器	标准铂电阻 温度计		（-200~ 419.527）℃	二等		2年	
	标准铂电阻 温度计		（-200~ 419.527）℃	二等		2年	
主 要 配 套 设 备	高精度数字 多用表		（-250~ 960）℃	±0.0006Ω		1年	

四、计量标准的主要技术指标

测量范围：$(-80 \sim 300)$℃

不确定度：$U = (0.003 \sim 0.015)$℃ $(k=2)$

五、环境条件

序号	项目	要　　求	实 际 情 况	结论
1	温度	$(15 \sim 35)$℃	$(18 \sim 22)$℃	合格
2	湿度	35% RH ~ 85% RH	40% RH ~ 60% RH	合格
3				
4				
5				
6				

六、计量标准的量值溯源和传递框图

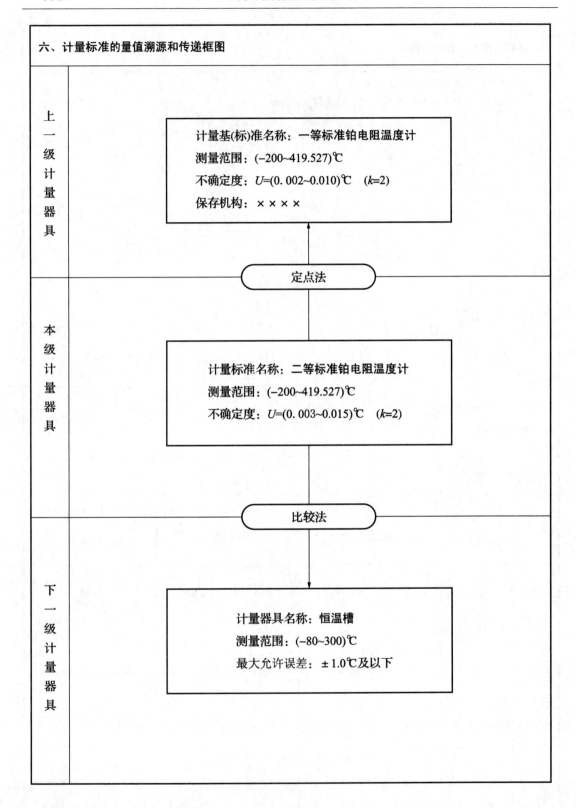

上一级计量器具

计量基(标)准名称：一等标准铂电阻温度计

测量范围：(−200~419.527)℃

不确定度：U=(0.002~0.010)℃　　(k=2)

保存机构：××××

定点法

本级计量器具

计量标准名称：二等标准铂电阻温度计

测量范围：(−200~419.527)℃

不确定度：U=(0.003~0.015)℃　　(k=2)

比较法

下一级计量器具

计量器具名称：恒温槽

测量范围：(−80~300)℃

最大允许误差：±1.0℃及以下

七、计量标准的稳定性考核

每隔一个月对测量范围为（-200~420）℃、编号为8455的二等标准铂电阻温度计的水三相点值进行10次重复性测量，取其算术平均值作为测量结果，其数据如下。

恒温槽校准装置的稳定性考核记录

考核时间	2017 年 7 月	2017 年 8 月	2017 年 9 月	2017 年 10 月
核查标准	名称：二等标准铂电阻温度计 型号：××× 编号：8455			
测量条件	水三相点			
测量次数	测得值/Ω	测得值/Ω	测得值/Ω	测得值/Ω
1	25. 5302	25. 5306	25. 5305	25. 5302
2	25. 5302	25. 5308	25. 5305	25. 5302
3	25. 5304	25. 5310	25. 5305	25. 5302
4	25. 5303	25. 5310	25. 5305	25. 5303
5	25. 5301	25. 5310	25. 5304	25. 5301
6	25. 5304	25. 5308	25. 5304	25. 5304
7	25. 5304	25. 5308	25. 5303	25. 5303
8	25. 5302	25. 5306	25. 5303	25. 5302
9	25. 5304	25. 5306	25. 5303	25. 5302
10	25. 5304	25. 5306	25. 5302	25. 5302
$\bar{y}_i$	25. 5303	25. 5308	25. 5304	25. 5302
变化量 $|\bar{y}_i - \bar{y}_{i-1}|$	—	0. 005Ω （5mK）	0. 004Ω （4mK）	0. 002Ω （2mK）
允许变化量	—	10mK	10mK	10mK
结 论	—	符合要求	符合要求	符合要求
考核人员	×××	×××	×××	×××

八、检定或校准结果的重复性试验

使用本装置对编号为 4917 的恒温槽进行校准，测量恒温槽在 5℃时的重复性。测量数据如下。

恒温槽校准装置的检定或校准结果的重复性试验记录

试验时间	2017 年 10 月 16 日		
被测对象	名　称	型　号	编　号
	恒温槽	×××	4917
测量条件	5℃		
测量次数	测得值/mK		
	温度均匀性	温度波动性	
1	2	2	
2	1	6	
3	0	6	
4	0	3	
5	0	2	
6	1	2	
7	1	1	
8	2	2	
9	0	6	
10	0	4	
$\bar{y}$	0.7	3.5	
$s(y_i) = \sqrt{\dfrac{\sum\limits_{i=1}^{n}(y_i - \bar{y})^2}{n-1}}$	0.82mK	1.84mK	
结　　论	符合要求	符合要求	
试验人员	×××	×××	

九、检定或校准结果的不确定度评定

1　恒温槽温度均匀性测量结果的不确定度评定

1.1　测量方法

选择两支二等标准铂电阻温度计，配接高精度数字多用表 TTI-22，进行测量。一支作为固定温度计固定在恒温槽工作区域内的 O 点，另一支为移动温度计分别固定在工作区域内的 A 点和 B 点，通过"参考位置"法得到 OA 点和 OB 点之间的温度差，通过两者的差，得到 A 点与 B 点的温差。选择测试温度为低温槽：$-80℃$、$5℃$，水槽：$5℃$、$95℃$，高温油槽：$95℃$、$300℃$。

1.2　测量模型

恒温槽工作区域内 A、B 两点的温度差为

$$\Delta t_{A-B} = (R_{A-O} - R_{B-O}) / (dR/dt)_{t=t_i} \qquad (1)$$

式中：Δt_{A-B}——恒温槽工作区域内 A、B 两点的温度差，℃；

R_{A-O}——A 点相对于 O 点的电阻差值，Ω；

R_{B-O}——B 点相对于 O 点的电阻差值，Ω；

$(dR/dt)_{t=t_i}$——标准铂电阻在测试温度点 t_i 的电阻变化率。

将电阻值转化为温度值时，式（1）可表示为

$$\Delta t_{A-B} = \Delta t_{A-O} - \Delta t_{B-O} \qquad (2)$$

式中：Δt_{A-O}——A 点相对于 O 点的温度差值，℃；

Δt_{B-O}——B 点相对于 O 点的温度差值，℃。

1.3　各输入量的标准不确定度分量的评定

1.3.1　测量重复性引入的标准不确定度分量 u_1

按照 JJF 1030—2010《恒温槽技术性能测试规范》的测试方法对 A、B 两点的温差测试 10 次，不同温度点的实验标准偏差 s 及对应的标准不确定度分量 u_1 见表 1。

表 1

恒温槽种类	低温槽		水槽		高温油槽	
测量温度/℃	-80	5	5	95	95	300
s/℃	0.001	0.001	0.001	0.002	0.002	0.003
u_1/mK	1	1	1	2	2	3

1.3.2　Δt_{A-O} 引入的标准不确定度分量 u_2

主要包括两支标准铂电阻温度计之间差值的短期稳定性、电测仪表分辨力、两测量孔内温度变化不一致性等（两支铂电阻量程基本一致时，电测仪表短期稳定性引入的不确定度可忽略），属 B 类评定。

（1）两支标准铂电阻温度计之间短期稳定性引入的标准不确定度分量 $u_{2.1}$

两支标准铂电阻温度计，在短时间内（一般不超过 10min）互相之间产生的变化估计为 1mK，按均匀分布处理，则

$$u_{2.1} = 1/\sqrt{3} = 0.58mK$$

（2）电测仪表分辨力引入的标准不确定度分量 $u_{2.2}$

TTI-22 数字多用表分辨力为 1mK，读数区间半宽度为分辨力的一半，即 $a = 1/2 = 0.5mK$，按均匀分布处理，则

$$u_{2.2} = 0.5/\sqrt{3} = 0.29\text{mK}$$

（3）两测量孔内温度变化不一致引入的标准不确定度分量 $u_{2.3}$

两支铂电阻温度计分别插在两个孔内，两个孔内温度变化存在不一致的可能，估计不超过 1mK，取半宽区间为 0.5mK，按均匀分布处理，则

$$u_{2.3} = 0.5/\sqrt{3} = 0.29\text{mK}$$

由于 $u_{2.1}$、$u_{2.2}$ 和 $u_{2.3}$ 彼此独立不相关，则

$$u_2 = \sqrt{u_{2.1}^2 + u_{2.2}^2 + u_{2.3}^2}$$
$$= 0.71\text{mK}$$

1.3.3　$\Delta t_{\text{B}-0}$ 引入的标准不确定度分量 u_3

主要包括两支标准铂电阻温度计之间差值的短期稳定性、电测仪表分辨力、两测量孔内温度变化不一致性等（由于两支铂电阻量程基本一致时，电测仪表短期稳定性引入的不确定度可忽略），属 B 类评定。

（1）两支标准铂电阻温度计之间短期稳定性引入的标准不确定度分量 $u_{3.1}$

两支标准铂电阻温度计，在短时间内（一般不超过 10min）互相之间产生的变化估计为 1mK，按均匀分布处理，则

$$u_{3.1} = 1/\sqrt{3} = 0.58\text{mK}$$

（2）电测仪表分辨力引入的标准不确定度分量 $u_{2.2}$

TTI-22 数字多用表分辨力为 1mK，读数区间半宽度为分辨力的一半，即 $a = 1/2 = 0.5\text{mK}$，按均匀分布处理，则

$$u_{3.2} = 0.5/\sqrt{3} = 0.29\text{mK}$$

（3）两测量孔内温度变化不一致引入的标准不确定度分量 $u_{2.3}$

两支铂电阻温度计分别插在两个孔内，两个孔内温度变化存在不一致的可能，估计不超过 1mK，取半宽区间为 0.5mK，按均匀分布处理，则

$$u_{3.3} = 0.5/\sqrt{3} = 0.29\text{mK}$$

由于 $u_{3.1}$、$u_{3.2}$ 和 $u_{3.3}$ 彼此独立不相关，则

$$u_3 = \sqrt{u_{3.1}^2 + u_{3.2}^2 + u_{3.3}^2}$$
$$= 0.71\text{mK}$$

1.4　合成标准不确定度计算

各输入量间近似独立不相关，则合成标准不确定度为

$$u_c = \sqrt{u_1^2 + u_2^2 + u_3^2}$$

计算结果见表 2。

表 2

恒温槽种类	低温槽		水槽		高温油槽	
测量温度/℃	-80	5	5	95	95	300
u_c/mK	1.41	1.41	1.41	2.24	2.24	3.16

1.5　扩展不确定度评定

取包含因子 $k = 2$，则扩展不确定度为

$$U = k \cdot u_c$$

计算结果见表 3。

表 3

恒温槽种类	低温槽		水槽		高温油槽	
测量温度/℃	-80	5	5	95	95	300
$U(k=2)/\text{mK}$	3	3	3	5	5	7

2　恒温槽温度波动性测量结果的不确定度评定

2.1　测量方法

将恒温槽稳定在规定温度点，选择测试温度为低温槽：-80℃、5℃，水槽：5℃、95℃，高温油槽：95℃、300℃。把一支铂电阻温度计插入恒温槽工作区域 1/2 深度处，配接高精度数字多用表 TTI-22，进行测量。每分钟至少测量 6 次，共持续 10min。将测量结果的最高值减去最低值的差值，即为恒温槽温度变化的范围。

2.2　各输入量的标准不确定度分量的评定

2.2.1　测量重复性引入的标准不确定度分量 u_1

对同一位置的温度波动性测试 10 次，不同温度点的实验标准偏差 s 及对应的标准不确定度分量 u_1 见表 4。

表 4

恒温槽种类	低温槽		水槽		高温油槽	
测量温度/℃	-80	5	5	95	95	300
$s/$℃	0.002	0.002	0.002	0.002	0.002	0.004
u_1/mK	2	2	2	2	2	4

2.2.2　电测仪表短期稳定性引入的标准不确定度分量 u_2

TTI-22 数字多用表在短时间内（一般不超过 10min）稳定性影响估计值为 1mK，按均匀分布处理，则

$$u_2 = 1/\sqrt{3} = 0.58\text{mK}$$

2.2.3　电测仪表分辨力引入的标准不确定度分量 u_3

TTI-22 数字多用表分辨力为 1mK，读数区间半宽度为分辨力的一半，即 $a = 1/2 = 0.5\text{mK}$，按均匀分布处理，则

$$u_3 = 0.5/\sqrt{3} = 0.29\text{mK}$$

2.2.4　标准铂电阻温度计的短期稳定性引入的标准不确定度分量 u_4

标准铂电阻温度计的短期稳定性（一般不超过 10min）估计不超过 1mK，取半宽区间为 0.5mK，按均匀分布处理，则

$$u_4 = 0.5/\sqrt{3} = 0.29\text{mK}$$

2.3　合成标准不确定度计算

各输入量间近似独立不相关，则合成标准不确定度为

$$u_c = \sqrt{u_1^2 + u_2^2 + u_3^2 + u_4^2}$$

计算结果见表 5。

表5

恒温槽种类	低温槽		水槽		高温油槽	
测量温度/℃	−80	5	5	95	95	300
u_c/mK	2.12	2.12	2.12	2.12	2.12	4.06

2.4　扩展不确定度评定

取包含因子 $k=2$，则扩展不确定度为

$$U = k \cdot u_c$$

计算结果见表6。

表6

恒温槽种类	低温槽		水槽		高温油槽	
测量温度/℃	−80	5	5	95	95	300
$U(k=2)$/mK	5	5	5	5	5	9

十、检定或校准结果的验证

采用传递比较法对测量结果进行验证。选取一台型号为 RTX－2、编号为 5628 的恒温水槽，在 95℃温度点，分别由本装置和上级计量技术机构的高一级计量标准进行校准。校准结果及不确定度如下。

测量点 95点	本装置校准结果		上一级计量标准校准结果		$\|y_{lab}-y_{ref}\|$ /mK	$\sqrt{U_{lab}^2+U_{ref}^2}$ /mK
	y_{lab}/mK	U_{lab}/mK	y_{ref}/mK	U_{ref}/mK		
温度均匀性	4	5	4	3	1	5.8
温度波动性	6	5	7	4	1	6.4

测量结果均满足 $\|y_{lab}-y_{ref}\|\leqslant\sqrt{U_{lab}^2+U_{ref}^2}$，故本装置通过验证，符合要求。

十一、结论

  经实验验证，本装置符合国家计量检定系统表和国家计量技术规范的要求，可以开展恒温槽的校准工作。

十二、附加说明

示例 3.14　灭菌设备校准装置

计量标准考核（复查）申请书

［　　］　量标　　证字第　　　号

计量标准名称＿＿＿＿**灭菌设备校准装置**＿＿＿＿

计量标准代码＿＿＿＿**04119000**＿＿＿＿

建标单位名称＿＿＿＿＿＿＿＿＿＿＿＿＿＿＿

组织机构代码＿＿＿＿＿＿＿＿＿＿＿＿＿＿＿

单 位 地 址＿＿＿＿＿＿＿＿＿＿＿＿＿＿＿

邮 政 编 码＿＿＿＿＿＿＿＿＿＿＿＿＿＿＿

计量标准负责人及电话＿＿＿＿＿＿＿＿＿＿＿

计量标准管理部门联系人及电话＿＿＿＿＿＿＿

年　　　月　　　日

说　明

1. 申请新建计量标准考核，建标单位应当提供以下资料：

1)《计量标准考核（复查）申请书》原件一式两份和电子版一份；

2)《计量标准技术报告》原件一份；

3) 计量标准器及主要配套设备有效的检定或校准证书复印件一套；

4) 开展检定或校准项目的原始记录及相应的模拟检定或校准证书复印件两套；

5) 检定或校准人员能力证明复印件一套；

6) 可以证明计量标准具有相应测量能力的其他技术资料（如果适用）复印件一套。

2. 申请计量标准复查考核，建标单位应当提供以下资料：

1)《计量标准考核（复查）申请书》原件一式两份和电子版一份；

2)《计量标准考核证书》原件一份；

3)《计量标准技术报告》原件一份；

4)《计量标准考核证书》有效期内计量标准器及主要配套设备连续、有效的检定或校准证书复印件一套；

5) 随机抽取该计量标准近期开展检定或校准工作的原始记录及相应的检定或校准证书复印件两套；

6)《计量标准考核证书》有效期内连续的《检定或校准结果的重复性试验记录》复印件一套；

7)《计量标准考核证书》有效期内连续的《计量标准的稳定性考核记录》复印件一套；

8) 检定或校准人员能力证明复印件一套；

9) 计量标准更换申报表（如果适用）复印件一份；

10) 计量标准封存（或撤销）申报表（如果适用）复印件一份；

11) 可以证明计量标准具有相应测量能力的其他技术资料（如果适用）复印件一套。

3.《计量标准考核（复查）申请书》采用计算机打印，并使用 A4 纸。

注：新建计量标准申请考核时不必填写"计量标准考核证书号"。

计量标准 名　称	灭菌设备校准装置			计量标准 考核证书号	
保存地点				计量标准 原值（万元）	
计量标准 类　别	☑ 社会公用 ☑ 计量授权		□ 部门最高 □ 计量授权		□ 企事业最高 □ 计量授权
测量范围	（-40~150）℃				
不确定度或 准确度等级或 最大允许误差	$U = 0.15℃$　　$(k = 2)$				

	名　称	型　号	测量范围	不确定度 或准确度等级 或最大允许误差	制造厂及 出厂编号	检定周 期或复 校间隔	末次检 定或校 准日期	检定或校 准机构及 证书号
计 量 标 准 器	无线温度 记录器		（-40~150）℃	$U = 0.15℃$ $(k = 2)$		1 年		
主 要 配 套 设 备	秒表		（0~60）min	±0.5s/d		1 年		

	序号	项目	要求	实际情况	结论
环境条件及设施	1	温度	(10～30)℃	(18～25)℃	合格
	2	湿度	15% RH～85% RH	20% RH～80% RH	合格
	3				
	4				
	5				
	6				
	7				
	8				

	姓 名	性别	年龄	从事本项目年限	学 历	能力证明名称及编号	核准的检定或校准项目
检定或校准人员							

	序号	名 称	是否具备	备 注
文件集登记	1	计量标准考核证书（如果适用）	否	新建
	2	社会公用计量标准证书（如果适用）	否	新建
	3	计量标准考核（复查）申请书	是	
	4	计量标准技术报告	是	
	5	检定或校准结果的重复性试验记录	是	
	6	计量标准的稳定性考核记录	是	
	7	计量标准更换申请表（如果适用）	否	新建
	8	计量标准封存（或撤销）申报表（如果适用）	否	新建
	9	计量标准履历书	是	
	10	国家计量检定系统表（如果适用）	是	
	11	计量检定规程或计量技术规范	是	
	12	计量标准操作程序	是	
	13	计量标准器及主要配套设备使用说明书（如果适用）	是	
	14	计量标准器及主要配套设备的检定或校准证书	是	
	15	检定或校准人员能力证明	是	
	16	实验室的相关管理制度		
	16.1	实验室岗位管理制度	是	
	16.2	计量标准使用维护管理制度	是	
	16.3	量值溯源管理制度	是	
	16.4	环境条件及设施管理制度	是	
	16.5	计量检定规程或计量技术规范管理制度	是	
	16.6	原始记录及证书管理制度	是	
	16.7	事故报告管理制度	是	
	16.8	计量标准文件集管理制度	是	
	17	开展检定或校准工作的原始记录及相应的检定或校准证书副本	是	
	18	可以证明计量标准具有相应测量能力的其他技术资料（如果适用）		
	18.1	检定或校准结果的不确定度评定报告	是	
	18.2	计量比对报告	否	新建
	18.3	研制或改造计量标准的技术鉴定或验收资料	否	非自研

	名　称	测量范围	不确定度或准确度 等级或最大允许误差	所依据的计量检定规程 或计量技术规范的编号及名称
开展的检定或校准项目	灭菌设备、 蒸汽灭菌器等	（−40～150）℃	±0.5℃及以下	JJF 1308—2011《医用热力灭菌 设备温度计校准规范》

建标单位意见	负责人签字：　　　　　　　（公章） 　　　　　　　　　　　　年　月　日
建标单位 主管部门意见	（公章） 年　月　日
主持考核的 人民政府计量 行政部门意见	（公章） 年　月　日
组织考核的 人民政府计量 行政部门意见	（公章） 年　月　日

计 量 标 准 技 术 报 告

计量标准名称_____<u>灭菌设备校准装置</u>_____

计量标准负责人_____

建标单位名称_____

填　写　日　期_____

目　　录

一、建立计量标准的目的

随着人类社会的不断进步和发展，微生物的进化和变异对人类的影响日益加剧。人们不得不对灭菌质量提出更高的要求，WHO（世界卫生组织）与世界各国都致力于制定合理的灭菌规范和标准，用以评价灭菌效果和验证灭菌工艺。

蒸汽灭菌是医用物品、器械灭菌的首选方法。物质在灭菌器内利用高压蒸汽或其他热力学灭菌手段杀灭细菌，灭菌能力强，是热力学灭菌中最有效和用途最广的方法。药品、药品的溶液、玻璃器械、培养基、无菌衣、敷料等在高温和湿热条件下不发生变化或损坏的物质，均可使用。

本项目涉及的计量标准，旨在针对医用饱和蒸汽热力灭菌设备和其他湿热灭菌设备温度计的校准工作，建立计量部门考核要求的计量校准装置，确保灭菌设备温度计的计量性能符合相关计量技术规程的要求，进一步确保灭菌设备温度计量值传递的准确可靠。

二、计量标准的工作原理及其组成

医用热力灭菌设备校准装置主要通过参考温度计与被校准温度计做比较，按照校准规范的要求进行布放位置确定，通过运行多次灭菌程序进行温度数据采集，并根据采集到的数据计算相关的温度示值误差，以此判断被校准温度计计量性能是否符合相关要求。其组成见图1。

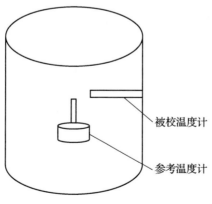

被校温度计

参考温度计

图1　灭菌设备校准示意图

三、计量标准器及主要配套设备

	名　称	型　号	测量范围	不确定度 或准确度等级 或最大允许误差	制造厂及 出厂编号	检定周 期或复 校间隔	检定或 校准机构
计量标准器	无线温度 记录器		$(-40\sim150)℃$	$U=0.15℃$ $(k=2)$		1 年	
主要配套设备	秒表		$(0\sim60)$ min	±0.5s/d		1 年	

四、计量标准的主要技术指标

测量范围：（−40～150）℃

不确定度：$U = 0.15$℃ （$k = 2$）

五、环境条件

序号	项目	要　　求	实 际 情 况	结论
1	温度	（10～30）℃	（18～25）℃	合格
2	湿度	15% RH～85% RH	20% RH～80% RH	合格
3				
4				
5				
6				

六、计量标准的量值溯源和传递框图

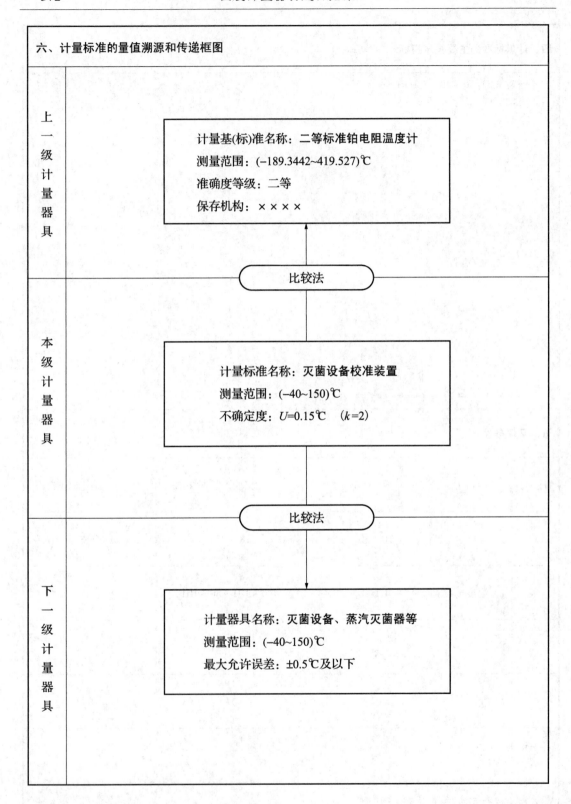

上一级计量器具	计量基(标)准名称：二等标准铂电阻温度计 测量范围：(−189.3442~419.527)℃ 准确度等级：二等 保存机构：×××× 比较法
本级计量器具	计量标准名称：灭菌设备校准装置 测量范围：(−40~150)℃ 不确定度：$U=0.15$℃　　($k=2$) 比较法
下一级计量器具	计量器具名称：灭菌设备、蒸汽灭菌器等 测量范围：(−40~150)℃ 最大允许误差：±0.5℃及以下

七、计量标准的稳定性考核

<table>
<tr><td colspan="5" align="center">灭菌设备校准装置的稳定性考核记录</td></tr>
<tr><td align="center">考核时间</td><td align="center">2017 年 3 月 10 日</td><td align="center">2017 年 4 月 10 日</td><td align="center">2017 年 5 月 10 日</td><td align="center">2017 年 6 月 10 日</td></tr>
<tr><td align="center">核查标准</td><td colspan="4" align="center">采用二等标准铂电阻温度计、恒温槽，核查点 121℃</td></tr>
<tr><td align="center">测量条件</td><td colspan="4" align="center">121℃</td></tr>
<tr><td align="center">测量次数</td><td align="center">测得值/℃</td><td align="center">测得值/℃</td><td align="center">测得值/℃</td><td align="center">测得值/℃</td></tr>
<tr><td align="center">1</td><td align="center">121.03</td><td align="center">121.05</td><td align="center">121.04</td><td align="center">121.06</td></tr>
<tr><td align="center">2</td><td align="center">121.03</td><td align="center">121.05</td><td align="center">121.04</td><td align="center">121.06</td></tr>
<tr><td align="center">3</td><td align="center">121.03</td><td align="center">121.05</td><td align="center">121.04</td><td align="center">121.05</td></tr>
<tr><td align="center">4</td><td align="center">121.03</td><td align="center">121.05</td><td align="center">121.03</td><td align="center">121.05</td></tr>
<tr><td align="center">5</td><td align="center">121.04</td><td align="center">121.05</td><td align="center">121.03</td><td align="center">121.05</td></tr>
<tr><td align="center">6</td><td align="center">121.03</td><td align="center">121.05</td><td align="center">121.04</td><td align="center">121.06</td></tr>
<tr><td align="center">7</td><td align="center">121.04</td><td align="center">121.05</td><td align="center">121.04</td><td align="center">121.06</td></tr>
<tr><td align="center">8</td><td align="center">121.03</td><td align="center">121.06</td><td align="center">121.05</td><td align="center">121.05</td></tr>
<tr><td align="center">9</td><td align="center">121.04</td><td align="center">121.06</td><td align="center">121.04</td><td align="center">121.06</td></tr>
<tr><td align="center">10</td><td align="center">121.03</td><td align="center">121.05</td><td align="center">121.04</td><td align="center">121.06</td></tr>
<tr><td align="center">$\bar{y}$</td><td align="center">121.03</td><td align="center">121.05</td><td align="center">121.04</td><td align="center">121.06</td></tr>
<tr><td align="center">变化量 $|\bar{y}_i - \bar{y}_{i-1}|$</td><td align="center">—</td><td align="center">0.02℃</td><td align="center">0.01℃</td><td align="center">0.02℃</td></tr>
<tr><td align="center">允许变化量</td><td align="center">—</td><td align="center">0.15℃</td><td align="center">0.15℃</td><td align="center">0.15℃</td></tr>
<tr><td align="center">结　论</td><td align="center">—</td><td align="center">符合要求</td><td align="center">符合要求</td><td align="center">符合要求</td></tr>
<tr><td align="center">试验人员</td><td align="center">×××</td><td align="center">×××</td><td align="center">×××</td><td align="center">×××</td></tr>
</table>

八、检定或校准结果的重复性试验

灭菌设备校准装置的检定或校准结果的重复性试验记录

试验时间	2017 年 3 月 10 日	2017 年 4 月 10 日	2017 年 5 月 10 日	2017 年 6 月 10 日
被测对象	名　　称	型　　号		编　　号
	高压灭菌器	× × ×		× × ×
测量条件	121℃	121℃	121℃	121℃
测量次数	测得值/℃	测得值/℃	测得值/℃	测得值/℃
1	120. 77	121. 27	120. 94	120. 94
2	121. 18	121. 30	120. 93	121. 09
3	121. 29	121. 07	120. 95	120. 75
4	121. 34	120. 85	121. 07	121. 17
5	121. 03	120. 97	121. 35	121. 35
6	120. 92	120. 93	121. 13	120. 83
7	120. 81	120. 81	120. 95	120. 95
8	120. 92	120. 98	120. 90	120. 79
9	120. 81	120. 99	120. 88	120. 88
10	120. 94	120. 00	120. 70	120. 64
$\bar{y}$	121. 00	120. 92	120. 98	120. 94
$s(y_i)=\sqrt{\dfrac{\sum\limits_{i=1}^{n}(y_i-\bar{y})^2}{n-1}}$	0. 20℃	0. 36℃	0. 17℃	0. 21℃
结　　论	符合要求	符合要求	符合要求	符合要求
试验人员	× × ×	× × ×	× × ×	× × ×

九、检定或校准结果的不确定度评定

1　概述

标准器为无线温度记录器，采用比较法校准灭菌设备温度。将参考温度计放置在被校准灭菌设备内，位置在灭菌器控温温度计附近，对于医用的脉动真空蒸汽灭菌设备，被校准温度计安装在排水口处，参考温度计应尽可能的靠近排水口，对于其他类型的灭菌设备，如果不了解被校准温度计的放置位置，则将参考温度计安置在舱室中心处。

在空载条件下，灭菌程序开始前，设置参考温度计的采样速率不低于15s一个读数（保证总记录数不少于10个）。调整参考温度计时钟，将设置好的参考温度计放置在测量点上，并开始灭菌程序，记录数据，完成一次校准过程。共运行三次灭菌程序。

对于可以按等时间间隔，自动记录被校准温度计示值的设备，取灭菌平台时间内被校准温度计示值，去掉第一个记录值，对于不能自动记录被校准温度计示值的设备，在设备提示进入灭菌程序后，人工记录被校准温度计示值，按1读数/30s的速率记录。并记录灭菌程序起始时间，以便处理数据时与参考温度计的开始取样时间对应，去掉第一个记录值。

2　测量模型

示值误差为

$$\Delta t = \bar{t}_1 - \bar{t}_2 \tag{1}$$

式中：Δt——被校准温度计的示值误差；

$\bar{t}_1$——三次灭菌程序被校温度计示值平均值；

$\bar{t}_2$——三次灭菌程序参考温度计示值平均值。

3　合成方差

各输入量引入的标准不确定度分量见表1。

表 1　标准不确定度分量

标准不确定度分量	符　号
校准参考温度计标准不确定度	u_1
参考温度计分辨力	u_2
参考温度计长期稳定性	u_3
参考温度计校准重复性	u_4
被校准温度计校准测量重复性	u_5

其中，$u_1 \sim u_4$是由参考温度计引入的，u_5是由被校准温度计的测量重复性引入的。被校准温度计测量重复性是针对某个平台时间内一组测量数据，所以此重复性包含了被测灭菌舱室内某个温度点在灭菌平台期间内的稳定性。参考温度计与被测温度计之间存在一定的空间距离，因此灭菌舱室内的温度均匀性对校准不确定度有贡献。考虑到灭菌设备正常运行时的工作介质是饱和蒸汽，可以认为空载时，灭菌舱室内各点都处于饱和蒸汽温度，故舱室温度均匀性对校准不确定度的贡献可以被忽略。

由表1可知示值误差测量的合成标准不确定度为

$$u_c = \sqrt{u_1^2 + u_2^2 + u_3^2 + \left(\sum_{k=1}^{3} u_{4k}^2 + \sum_{k=1}^{3} u_{5k}^2 \right)/3} \tag{2}$$

u_{4k}为单次灭菌程序参考温度计示值平均值标准偏差：

$$u_{4k} = \sqrt{\sum_{i=2}^{m-1} (t_{2i}^{(k)} - \overline{t_2^{(k)}})^2 / (m-1)(m-2)} \quad (m \geqslant 10) \tag{3}$$

u_{5k} 为单次灭菌程序被校准温度计示值平均值标准偏差:

$$u_{5k} = \sqrt{\sum_{j=2}^{n-1} (t_{1j}^{(k)} - \overline{t_1^{(k)}})^2 / (n-1)(n-2)} \quad (n \geqslant 10) \tag{4}$$

4　各输入量的标准不确定度分量评定

表 2 给出了测量结果。

表 2　测量结果

序号	数据是否取用	灭菌程序 1		灭菌程序 2		灭菌程序 3	
		参考温度计测量值 $t_{2i}^{(1)}/℃$	被测温度计显示值 $t_{1i}^{(1)}/℃$	参考温度计测量值 $t_{2i}^{(2)}/℃$	被测温度计显示值 $t_{1i}^{(2)}/℃$	参考温度计测量值 $t_{2i}^{(3)}/℃$	被测温度计显示值 $t_{1i}^{(3)}/℃$
1	否	120.55	120.9	120.50	120.7	120.99	121.0
2	是	120.77	121.0	120.00	120.1	120.70	120.7
3	是	121.18	121.2	121.27	120.6	120.94	121.0
4	是	121.29	121.4	121.30	121.1	120.93	121.2
5	是	121.34	121.5	121.07	121.3	120.95	121.1
6	是	121.18	121.5	120.85	121.5	121.07	121.2
7	是	121.03	121.5	120.97	121.4	121.35	121.1
8	是	120.92	121.5	120.93	121.1	121.13	121.0
9	是	120.81	121.4	120.81	120.9	120.95	121.0
10	是	120.94	121.3	120.98	120.9	120.90	120.8
11	是	120.93	121.1	120.94	121.0	120.88	121.1
12	否	120.86	121.0	121.01	121.0	120.92	121.0
平均值 $\overline{t_1^{(k)}}$、$\overline{t_2^{(k)}}$		121.039	121.340	120.912	120.990	120.980	121.020
平均值的标准偏差 u_{4k}、u_{5k}		0.063	0.058	0.113	0.129	0.055	0.051

参考温度计校准不确定度 0.15℃,标准不确定度分量: $u_1 = 0.15/2 = 0.075℃$

参考温度计分辨力引入的标准不确定度分量: $u_2 = 0.1 \times 0.29 = 0.03℃$

参考温度计长期稳定性引入的标准不确定度分量: $u_3 = 0.15℃$

参考温度计单次测量平均值标准偏差 u_{4k} 按式(3)计算,分别为: 0.063℃,0.113℃,0.055℃

被测温度计单次测量示值平均值标准偏差 u_{5k} 按式(4)计算,分别为: 0.058℃, 0.129℃, 0.051℃

5　合成标准不确定度计算

按式(2)计算合成标准不确定度:

$$u_c = \sqrt{u_1^2 + u_2^2 + u_3^2 + \left(\sum_{k=1}^{3} u_{4k}^2 + \sum_{k=1}^{3} u_{5k}^2\right)/3} = 0.21℃$$

6　扩展不确定度评定

取包含因子 $k=2$,则扩展不确定度为

$$U = k \cdot u_c = 2 \times 0.21 = 0.42℃$$

十、检定或校准结果的验证

采用传递比较法对测量结果进行验证。用本装置校准灭菌设备温度计，校准温度为121℃；使用其他同级校准机构的校准装置在同一温度校准同一台灭菌设备温度计，数据如下。

测量点 121℃	本装置		××校准机构的校准装置		$\mid y_{\text{lab}} - y_{\text{ref}} \mid$ /℃	$\sqrt{U_{\text{lab}}^2 + U_{\text{ref}}^2}$ /℃
	y_{lab}/℃	$U_{\text{lab}}(k=2)$/℃	y_{ref}/℃	$U_{\text{ref}}(k=2)$/℃		
平均值	-0.22	0.42	-0.32	0.40	0.10	0.58

测量结果满足 $\mid y_{\text{lab}} - y_{\text{ref}} \mid \leqslant \sqrt{U_{\text{lab}}^2 + U_{\text{ref}}^2}$，故本装置通过验证，符合要求。

十一、结论

　　经实验验证，本装置符合国家计量检定系统表和国家计量技术规范的要求，可以开展灭菌设备的校准工作。

十二、附加说明

示例 3.15　　聚合酶链反应分析仪校准装置

计量标准考核（复查）申请书

[　　]　量标　　证字第　　号

计量标准名称　　　　**聚合酶链反应分析仪校准装置**

计量标准代码　　　　　　　**04119000**

建标单位名称　　　　　　　　　　　　　　　　　

组织机构代码　　　　　　　　　　　　　　　　　

单　位　地　址　　　　　　　　　　　　　　　　

邮　政　编　码　　　　　　　　　　　　　　　　

计量标准负责人及电话　　　　　　　　　　　　　

计量标准管理部门联系人及电话　　　　　　　　　

年　　　月　　　日

说　　明

1. 申请新建计量标准考核，建标单位应当提供以下资料：

1）《计量标准考核（复查）申请书》原件一式两份和电子版一份；

2）《计量标准技术报告》原件一份；

3）计量标准器及主要配套设备有效的检定或校准证书复印件一套；

4）开展检定或校准项目的原始记录及相应的模拟检定或校准证书复印件两套；

5）检定或校准人员能力证明复印件一套；

6）可以证明计量标准具有相应测量能力的其他技术资料（如果适用）复印件一套。

2. 申请计量标准复查考核，建标单位应当提供以下资料：

1）《计量标准考核（复查）申请书》原件一式两份和电子版一份；

2）《计量标准考核证书》原件一份；

3）《计量标准技术报告》原件一份；

4）《计量标准考核证书》有效期内计量标准器及主要配套设备连续、有效的检定或校准证书复印件一套；

5）随机抽取该计量标准近期开展检定或校准工作的原始记录及相应的检定或校准证书复印件两套；

6）《计量标准考核证书》有效期内连续的《检定或校准结果的重复性试验记录》复印件一套；

7）《计量标准考核证书》有效期内连续的《计量标准的稳定性考核记录》复印件一套；

8）检定或校准人员能力证明复印件一套；

9）计量标准更换申报表（如果适用）复印件一份；

10）计量标准封存（或撤销）申报表（如果适用）复印件一份；

11）可以证明计量标准具有相应测量能力的其他技术资料（如果适用）复印件一套。

3.《计量标准考核（复查）申请书》采用计算机打印，并使用 A4 纸。

注：新建计量标准申请考核时不必填写"计量标准考核证书号"。

计量标准 名　　称	聚合酶链反应分析仪校准装置		计量标准 考核证书号	
保存地点			计量标准 原值（万元）	
计量标准 类　　别	☑ 社会公用 ☑ 计量授权	□ 部门最高 □ 计量授权	□ 企事业最高 □ 计量授权	
测量范围	（10～100）℃			
不确定度或 准确度等级或 最大允许误差	$U = 0.10℃$　　（$k = 2$）			

	名　　称	型　号	测量范围	不确定度 或准确度等级 或最大允许误差	制造厂及 出厂编号	检定周 期或复 校间隔	末次检 定或校 准日期	检定或校 准机构及 证书号
计量标准器	PCR 仪校准 装置		（10～100）℃	$U = 0.10℃$ （$k = 2$）		1 年		
主要配套设备								

序号	项目	要　求	实 际 情 况	结论
1	温度	(14~28)℃	(14~28)℃	合格
2	湿度	10% RH~90% RH	10% RH~90% RH	合格
3				
4				
5				
6				
7				
8				

环境条件及设施

检定或校准人员

姓　名	性别	年龄	从事本项目年限	学　历	能力证明名称及编号	核准的检定或校准项目

	序号	名 称	是否具备	备 注
文件集登记	1	计量标准考核证书（如果适用）	否	新建
	2	社会公用计量标准证书（如果适用）	否	新建
	3	计量标准考核（复查）申请书	是	
	4	计量标准技术报告	是	
	5	检定或校准结果的重复性试验记录	是	
	6	计量标准的稳定性考核记录	是	
	7	计量标准更换申报表（如果适用）	否	新建
	8	计量标准封存（或撤销）申报表（如果适用）	否	新建
	9	计量标准履历书	是	
	10	国家计量检定系统表（如果适用）	是	
	11	计量检定规程或计量技术规范	是	
	12	计量标准操作程序	是	
	13	计量标准器及主要配套设备使用说明书（如果适用）	是	
	14	计量标准器及主要配套设备的检定或校准证书	是	
	15	检定或校准人员能力证明	是	
	16	实验室的相关管理制度		
	16.1	实验室岗位管理制度	是	
	16.2	计量标准使用维护管理制度	是	
	16.3	量值溯源管理制度	是	
	16.4	环境条件及设施管理制度	是	
	16.5	计量检定规程或计量技术规范管理制度	是	
	16.6	原始记录及证书管理制度	是	
	16.7	事故报告管理制度	是	
	16.8	计量标准文件集管理制度	是	
	17	开展检定或校准工作的原始记录及相应的检定或校准证书副本	是	
	18	可以证明计量标准具有相应测量能力的其他技术资料（如果适用）		
	18.1	检定或校准结果的不确定度评定报告	是	
	18.2	计量比对报告	否	新建
	18.3	研制或改造计量标准的技术鉴定或验收资料	否	非自研

	名　称	测量范围	不确定度或准确度 等级或最大允许误差	所依据的计量检定规程 或计量技术规范的编号及名称
开展的检定或校准项目	聚合酶链反应 分析仪（PCR仪）	(30~95)℃	±(0.5~1.5)℃	JJF 1527—2015 《聚合酶链反应分析仪校准规范》

建标单位意见	负责人签字：　　　　　　（公章） 　　　　　　　年　月　日
建标单位 主管部门意见	（公章） 　　　　　　　年　月　日
主持考核的 人民政府计量 行政部门意见	（公章） 　　　　　　　年　月　日
组织考核的 人民政府计量 行政部门意见	（公章） 　　　　　　　年　月　日

计 量 标 准 技 术 报 告

计量标准名称　**聚合酶链反应分析仪校准装置**

计量标准负责人＿＿＿＿＿＿＿＿＿＿＿＿＿＿＿＿＿＿

建标单位名称＿＿＿＿＿＿＿＿＿＿＿＿＿＿＿＿＿＿＿

填 写 日 期＿＿＿＿＿＿＿＿＿＿＿＿＿＿＿＿＿＿＿

目 录

一、建立计量标准的目的

聚合酶链反应分析仪（PCR 仪）广泛用于临床疾病诊断、遗传基因检测、动物疾病检测（如禽流感）、食品安全检测、司法鉴定及医学、农牧、分子生物学等科学研究。PCR 仪基本原理是经过多次热循环对需要检测的样品或标本进行性能实验，包含的热过程主要有高温变性温度、低温复性温度、适温延伸温度等，温度的精确控制对 PCR 仪实验结果有较大影响。

建立聚合酶链反应分析仪校准装置，开展对用于模块加热的聚合酶链反应分析仪（PCR 仪）进行校准，满足社会的要求，实现此类设备的温度控制的量传溯源。

二、计量标准的工作原理及其组成

本计量标准的工作原理为采用聚合酶链反应分析仪校准装置中的精密温度传感器和被校聚合酶链反应分析仪（PCR 仪）的温度控制仪表在相同工作状态下的示值进行比较的方法进行校准。本装置由 15 个精密温度传感器和配套的数据采集模块组成。

三、计量标准器及主要配套设备

	名　称	型　号	测量范围	不确定度 或准确度等级 或最大允许误差	制造厂及 出厂编号	检定周 期或复 校间隔	检定或 校准机构
计量标准器	PCR 仪校准 装置		(10 ~ 100)℃	$U = 0.10$℃ ($k = 2$)		1 年	
主要配套设备							

四、计量标准的主要技术指标

　　测量范围：（10～100）℃

　　扩展不确定度：$U = 0.10$℃　（$k = 2$）

五、环境条件

序号	项目	要　　求	实际情况	结论
1	温度	（14～28）℃	（14～28）℃	合格
2	湿度	10% RH～90% RH	10% RH～90% RH	合格
3				
4				
5				
6				

六、计量标准的量值溯源和传递框图

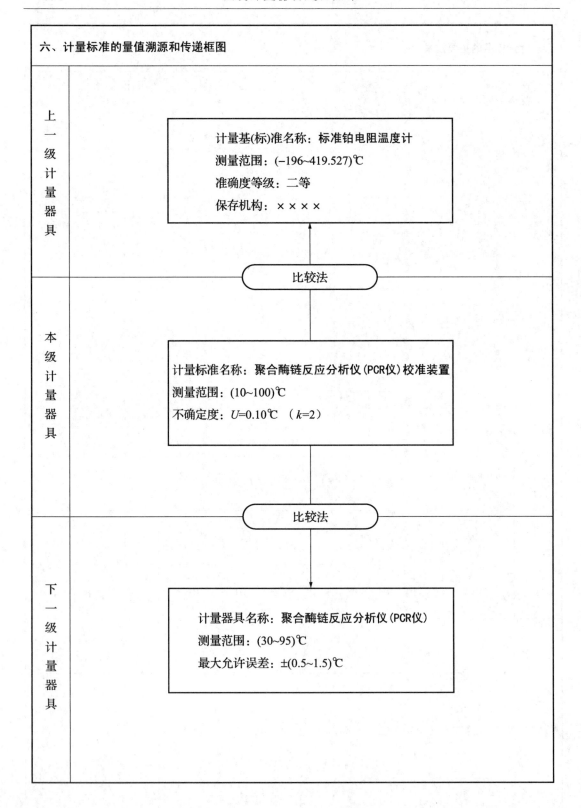

上一级计量器具	计量基(标)准名称：标准铂电阻温度计 测量范围：(−196~419.527)℃ 准确度等级：二等 保存机构：××× ×
	比较法
本级计量器具	计量标准名称：聚合酶链反应分析仪(PCR仪)校准装置 测量范围：(10~100)℃ 不确定度：U=0.10℃　（k=2）
	比较法
下一级计量器具	计量器具名称：聚合酶链反应分析仪(PCR仪) 测量范围：(30~95)℃ 最大允许误差：±(0.5~1.5)℃

七、计量标准的稳定性考核

<table>
<tr><td colspan="5" align="center">聚合酶链反应分析仪校准装置的稳定性考核记录</td></tr>
<tr><td>考核时间</td><td>2017 年 4 月 2 日</td><td>2017 年 5 月 3 日</td><td>2017 年 6 月 2 日</td><td>2017 年 7 月 3 日</td></tr>
<tr><td>核查标准</td><td colspan="4" align="center">名称：标准铂电阻温度计　　　型号：×××　　　编号：×××</td></tr>
<tr><td>测量条件</td><td>18℃；58% RH</td><td>19℃；60% RH</td><td>21℃；58% RH</td><td>21℃；61% RH</td></tr>
<tr><td>测量次数</td><td>测得值/℃</td><td>测得值/℃</td><td>测得值/℃</td><td>测得值/℃</td></tr>
<tr><td>1</td><td>90.26</td><td>90.21</td><td>90.22</td><td>90.24</td></tr>
<tr><td>2</td><td>90.28</td><td>90.19</td><td>90.17</td><td>90.17</td></tr>
<tr><td>3</td><td>90.26</td><td>90.18</td><td>90.23</td><td>90.19</td></tr>
<tr><td>4</td><td>90.26</td><td>90.17</td><td>90.24</td><td>90.18</td></tr>
<tr><td>5</td><td>90.24</td><td>90.22</td><td>90.25</td><td>90.17</td></tr>
<tr><td>6</td><td>90.22</td><td>90.21</td><td>90.26</td><td>90.19</td></tr>
<tr><td>7</td><td>90.29</td><td>90.24</td><td>90.25</td><td>90.20</td></tr>
<tr><td>8</td><td>90.27</td><td>90.22</td><td>90.24</td><td>90.22</td></tr>
<tr><td>9</td><td>90.32</td><td>90.21</td><td>90.27</td><td>90.21</td></tr>
<tr><td>10</td><td>90.31</td><td>90.26</td><td>90.28</td><td>90.21</td></tr>
<tr><td>$\bar{y}_i$</td><td>90.27</td><td>90.21</td><td>90.24</td><td>90.20</td></tr>
<tr><td>变化量 $|\bar{y}_i - \bar{y}_{i-1}|$</td><td>—</td><td>0.06℃</td><td>0.03℃</td><td>0.04℃</td></tr>
<tr><td>允许变化量</td><td>—</td><td>0.10℃</td><td>0.10℃</td><td>0.10℃</td></tr>
<tr><td>结　　论</td><td>—</td><td>符合要求</td><td>符合要求</td><td>符合要求</td></tr>
<tr><td>考核人员</td><td>×××</td><td>×××</td><td>×××</td><td>×××</td></tr>
</table>

八、检定或校准结果的重复性试验

用 PCR 仪校准装置，对编号为 1205 的 PCR 仪在 90℃时做 10 次独立的重复测量，测量结果如下。

聚合酶链反应分析仪校准装置的检定或校准结果的重复性试验记录

试验时间	2017 年 5 月		
被测对象	名　称	型　号	编　号
	PCR 仪	7500	1205
测量条件	19℃；60% RH		
测量次数	测得值/℃		
1	90.11		
2	90.09		
3	90.02		
4	90.01		
5	90.08		
6	90.01		
7	90.02		
8	90.03		
9	90.04		
10	90.07		
$\bar{y}$	90.048		
$s(y_i) = \sqrt{\dfrac{\sum_{i=1}^{n}(y_i - \bar{y})^2}{n-1}}$	0.036℃		
结　　论	符合要求		
试验人员	×××		

九、检定或校准结果的不确定度评定

1　校准依据

　　JJF 1527—2015《聚合酶链反应分析仪校准规范》。

2　测量模型

$$\Delta t_d = t_s - \bar{t}_c \tag{1}$$

　　式中：Δt_d——PCR 仪工作区域内温度示值误差，℃；

　　　　　　t_s——PCR 仪工作区域内设定温度值，℃；

　　　　　　$\bar{t}_c$——所有测温传感器测量值的平均值，℃。

3　合成方差与灵敏系数

$$u^2(\Delta t_d) = c_1^2 u^2(t_s) + c_2^2 u^2(\bar{t}_c) \tag{2}$$

　　式中：$c_1 = \partial \Delta t_d / \partial \Delta t_s = 1$；$c_2 = \partial \Delta t_d / \partial \Delta \bar{t}_c = -1$。

　　　　故：

$$u^2(\Delta t_d) = u^2(t_s) + u^2(\bar{t}_c) \tag{3}$$

4　各输入量的标准不确定度分量评定

4.1　测量重复性引入的标准不确定度分量 $u(t_s)$

　　在各个温度测量时间段内，读取 15 个测温探头的数据，见表 1。

表 1　测量数据　　　　　　　　　　　　　　　　　单位：℃

温度点	1	2	3	4	5	6	7	8	9	10	11	12	13	14	15	$s(x)$
30	30.57	30.53	30.50	30.69	30.08	30.56	30.65	30.05	30.68	30.69	30.15	30.69	30.79	30.57	30.80	0.3
50	49.98	49.99	49.90	50.06	49.78	50.02	50.20	49.89	50.20	50.37	50.03	50.30	50.45	50.34	50.32	0.2
60	59.58	59.70	59.53	59.67	59.69	59.64	59.88	59.90	59.89	60.14	60.08	60.00	60.13	60.18	59.97	0.3
70	69.16	69.46	69.21	69.30	69.38	69.38	69.62	69.93	69.63	69.95	70.17	69.75	69.96	70.13	69.63	0.4
90	88.69	89.23	88.87	88.91	89.83	89.04	89.34	90.17	89.38	89.78	90.42	89.39	89.63	90.07	89.13	0.6
95	93.49	94.17	93.80	93.83	94.95	94.04	94.30	95.28	94.31	94.81	95.57	94.29	94.57	95.05	93.87	0.6

　　表 1 中的单次实验标准差按下式计算：

$$s(x) = \sqrt{\frac{\sum_{n=1}^{10} (x_i - \bar{x})^2}{(n-1)}}$$

　　实际测量中以各个温度测量时间段内被校 PCR 仪控温稳定时间段内某固定时刻的 15 个测温探头的平均值作为测量结果，则

$$u(t_s) = s(x) / \sqrt{15}$$

　　计算结果见表 2。

4.2　标准温度传感器量值溯源引入的标准不确定度分量 $u(\bar{t}_c)$

　　标准温度传感器校准不确定度由标准温度传感器校准证书得到，即

$$u(\bar{t}_c) = U/k = 0.10/2 = 0.05℃$$

5　各标准不确定度分量汇总（见表 2）

表 2　各标准不确定度分量汇总

温度点	标准不确定度分量值	
	$u(t_s)/℃$	$u(\bar{t}_c)/℃$
30	0.08	0.05
50	0.05	0.05
60	0.08	0.05
70	0.11	0.05
90	0.16	0.05
95	0.16	0.05

6　合成标准不确定度计算

　　按式（3）计算合成标准不确定度，结果见表3。

7　扩展不确定度评定

　　取包含因子 $k=2$，则扩展不确定度为

$$U = k \cdot u(\Delta t_d)$$

　　计算结果见表3。

表 3　合成标准不确定度及扩展不确定度

温度点	合成标准不确定度 $u(\Delta t_d)/℃$	扩展不确定度 $U(k=2)/℃$
30	0.10	0.20
50	0.07	0.14
60	0.10	0.20
70	0.12	0.24
90	0.17	0.34
95	0.17	0.34

十、检定或校准结果的验证

采用传递比较法对测量结果进行验证。选用一台编号为11055的PCR仪，送上级计量技术机构校准得到一组数据，在本校准装置上校准得到一组数据。具体数值如下。

测量点 90℃	上级计量技术机构		本装置		$\lvert y_{lab} - y_{ref} \rvert$ /℃	$\sqrt{U_{lab}^2 + U_{ref}^2}$ /℃
	y_{ref}/℃	U_{ref}/℃	y_{lab}/℃	U_{lab}/℃		
平均值	0.2	0.3	0.1	0.34	0.1	0.45

测量结果满足 $\lvert y_{lab} - y_{ref} \rvert \leqslant \sqrt{U_{lab}^2 + U_{ref}^2}$，故本装置通过验证，符合要求。

十一、结论

　　经实验验证，本装置符合国家计量检定系统表和国家计量技术规范的要求，可以开展聚合酶链反应分析仪（PCR 仪）的校准工作。

十二、附加说明

示例 3.16 温度二次仪表检定装置

计量标准考核（复查）申请书

[ ] 量标 证字第 号

计量标准名称＿＿＿＿**温度二次仪表检定装置**＿＿＿＿

计量标准代码＿＿＿＿＿＿**04117100**＿＿＿＿＿＿＿

建标单位名称＿＿＿＿＿＿＿＿＿＿＿＿＿＿＿＿

组织机构代码＿＿＿＿＿＿＿＿＿＿＿＿＿＿＿＿

单 位 地 址＿＿＿＿＿＿＿＿＿＿＿＿＿＿＿＿

邮 政 编 码＿＿＿＿＿＿＿＿＿＿＿＿＿＿＿＿

计量标准负责人及电话＿＿＿＿＿＿＿＿＿＿＿

计量标准管理部门联系人及电话＿＿＿＿＿＿＿

年 月 日

说　明

1. 申请新建计量标准考核，建标单位应当提供以下资料：

1）《计量标准考核（复查）申请书》原件一式两份和电子版一份；

2）《计量标准技术报告》原件一份；

3）计量标准器及主要配套设备有效的检定或校准证书复印件一套；

4）开展检定或校准项目的原始记录及相应的模拟检定或校准证书复印件两套；

5）检定或校准人员能力证明复印件一套；

6）可以证明计量标准具有相应测量能力的其他技术资料（如果适用）复印件一套。

2. 申请计量标准复查考核，建标单位应当提供以下资料：

1）《计量标准考核（复查）申请书》原件一式两份和电子版一份；

2）《计量标准考核证书》原件一份；

3）《计量标准技术报告》原件一份；

4）《计量标准考核证书》有效期内计量标准器及主要配套设备连续、有效的检定或校准证书复印件一套；

5）随机抽取该计量标准近期开展检定或校准工作的原始记录及相应的检定或校准证书复印件两套；

6）《计量标准考核证书》有效期内连续的《检定或校准结果的重复性试验记录》复印件一套；

7）《计量标准考核证书》有效期内连续的《计量标准的稳定性考核记录》复印件一套；

8）检定或校准人员能力证明复印件一套；

9）计量标准更换申报表（如果适用）复印件一份；

10）计量标准封存（或撤销）申报表（如果适用）复印件一份；

11）可以证明计量标准具有相应测量能力的其他技术资料（如果适用）复印件一套。

3.《计量标准考核（复查）申请书》采用计算机打印，并使用 A4 纸。

注：新建计量标准申请考核时不必填写"计量标准考核证书号"。

计量标准 名 称	温度二次仪表检定装置		计量标准 考核证书号		

保存地点			计量标准 原值（万元）		

计量标准 类 别	☑ 社会公用 ☑ 计量授权	□ 部门最高 □ 计量授权		□ 企事业最高 □ 计量授权	

测量范围	$(-200 \sim 1800)$℃

不确定度或 准确度等级或 最大允许误差	热电偶功能：$U = 0.38$℃ $(k = 2)$ 热电阻功能：$U = 0.17$℃ $(k = 2)$

	名 称	型 号	测量范围	不确定度 或准确度等级 或最大允许误差	制造厂及 出厂编号	检定周 期或复 校间隔	末次检 定或校 准日期	检定或校 准机构及 证书号
计量标准器	温度校验仪		$(-200 \sim 1800)$℃	0.004 级		1 年		
	直流电阻器		$0.01\Omega \sim 10k\Omega$	0.02 级		1 年		
主要配套设备	精密温度计		$(0 \sim 50)$℃	± 0.1℃		1 年		
	温湿度表		$0 \sim 100\%$ RH	5% RH		1 年		
	各类热电偶 补偿导线		$(0 \sim 100)$℃	精密级		1 年		

	序号	项目	要　　求	实 际 情 况	结论
环境条件及设施	1	温度	(20 ± 2)℃	(20 ± 2)℃	合格
	2	湿度	45% RH ~ 75% RH	45% RH ~ 75% RH	合格
	3				
	4				
	5				
	6				
	7				
	8				

	姓　名	性别	年龄	从事本项目年限	学　历	能力证明名称及编号	核准的检定或校准项目
检定或校准人员							

	序号	名　称	是否具备	备　注
文件集登记	1	计量标准考核证书（如果适用）	否	新建
	2	社会公用计量标准证书（如果适用）	否	新建
	3	计量标准考核（复查）申请书	是	
	4	计量标准技术报告	是	
	5	检定或校准结果的重复性试验记录	是	
	6	计量标准的稳定性考核记录	是	
	7	计量标准更换申请表（如果适用）	否	新建
	8	计量标准封存（或撤销）申报表（如果适用）	否	新建
	9	计量标准履历书	是	
	10	国家计量检定系统表（如果适用）	是	
	11	计量检定规程或计量技术规范	是	
	12	计量标准操作程序	是	
	13	计量标准器及主要配套设备使用说明书（如果适用）	是	
	14	计量标准器及主要配套设备的检定或校准证书	是	
	15	检定或校准人员能力证明	是	
	16	实验室的相关管理制度		
	16.1	实验室岗位管理制度	是	
	16.2	计量标准使用维护管理制度	是	
	16.3	量值溯源管理制度	是	
	16.4	环境条件及设施管理制度	是	
	16.5	计量检定规程或计量技术规范管理制度	是	
	16.6	原始记录及证书管理制度	是	
	16.7	事故报告管理制度	是	
	16.8	计量标准文件集管理制度	是	
	17	开展检定或校准工作的原始记录及相应的检定或校准证书副本	是	
	18	可以证明计量标准具有相应测量能力的其他技术资料（如果适用）		
	18.1	检定或校准结果的不确定度评定报告	是	
	18.2	计量比对报告	否	新建
	18.3	研制或改造计量标准的技术鉴定或验收资料	否	非自研

	名　称	测量范围	不确定度或准确度等级或最大允许误差	所依据的计量检定规程或计量技术规范的编号及名称
开展的检定或校准项目	数字温度指示调节仪	(−200 ~ 1800)℃	0.1 级及以下	JJG 617—1996《数字温度指示调节仪》
	模拟式温度指示调节仪	(−200 ~ 1800)℃	0.1 级及以下	JJG 951—2000《模拟式温度指示调节仪》
	工业过程测量记录仪	(−200 ~ 1800)℃	0.1 级及以下	JJG 74—2005《工业过程测量记录仪》
	动圈式温度指示调节仪	(−200 ~ 1800)℃	0.1 级及以下	JJG 186—1997《动圈式温度指示、指示位式调节仪表》

建标单位意见	负责人签字：　　　　　（公章） 　　　　　年　　月　　日
建标单位主管部门意见	（公章） 　　　　　年　　月　　日
主持考核的人民政府计量行政部门意见	（公章） 　　　　　年　　月　　日
组织考核的人民政府计量行政部门意见	（公章） 　　　　　年　　月　　日

计 量 标 准 技 术 报 告

计 量 标 准 名 称　　**温度二次仪表检定装置**

计 量 标 准 负 责 人　　　　　　　　　　　　　

建 标 单 位 名 称　　　　　　　　　　　　　

填 写 日 期

目　　录

一、建立计量标准的目的

为了满足社会的需求，保证仪表的可靠溯源，建立本计量检定装置，可开展各类温度二次仪表的检定和校准工作。

二、计量标准的工作原理及其组成

温度校验仪输出各检定温度点对应的毫伏信号值，经过补偿导线对被检仪表进行冷端补偿后，在被检仪表上显示温度值。比较被检仪表的读数与标准器温度示值，得出检定误差。接线图见图1。

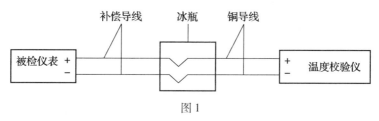

图1

直流电阻器按热电阻分度表上对应的检定点电阻值输出电阻信号，通过三根电阻值相等的铜导线传送给被检仪表，由被检仪表显示的值与被检点温度值进行比较。接线图见图2。

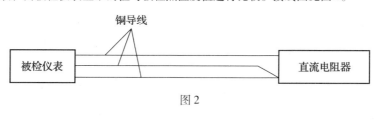

图2

三、计量标准器及主要配套设备

	名　称	型　号	测量范围	不确定度或准确度等级或最大允许误差	制造厂及出厂编号	检定周期或复校间隔	检定或校准机构
计量标准器	温度校验仪		（-200~1800）℃	0.004 级		1 年	
	直流电阻器		0.01Ω~10kΩ	0.02 级		1 年	
主要配套设备	精密温度计		（0~50）℃	±0.1℃		1 年	
	温湿度表		0~100% RH	5% RH		1 年	
	各类热电偶补偿导线		（0~100）℃	精密级		1 年	

四、计量标准的主要技术指标

测量范围：$(-200 \sim 1800)$℃

热电偶功能的扩展不确定度：$U = 0.38$℃ $(k = 2)$

热电阻功能的扩展不确定度：$U = 0.17$℃ $(k = 2)$

五、环境条件

序号	项目	要　　求	实 际 情 况	结论
1	温度	(20 ± 2)℃	(20 ± 2)℃	合格
2	湿度	45% RH ~ 75% RH	45% RH ~ 75% RH	合格
3				
4				
5				
6				

六、计量标准的量值溯源和传递框图

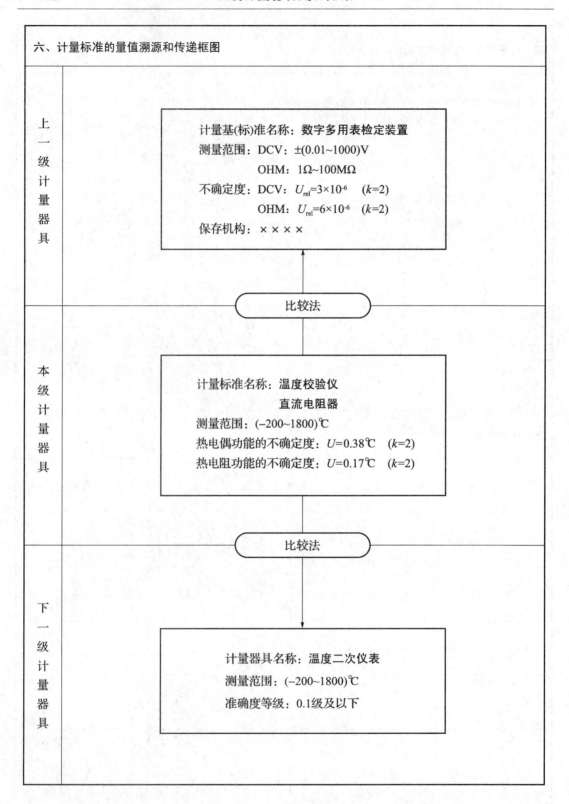

上一级计量器具

计量基(标)准名称：**数字多用表检定装置**
测量范围：DCV：±(0.01~1000)V
　　　　　OHM：1Ω~100MΩ
不确定度：DCV：U_{rel}=3×10⁻⁶　　(k=2)
　　　　　OHM：U_{rel}=6×10⁻⁶　　(k=2)
保存机构：××××

比较法

本级计量器具

计量标准名称：**温度校验仪**
　　　　　　　直流电阻器
测量范围：(-200~1800)℃
热电偶功能的不确定度：U=0.38℃　　(k=2)
热电阻功能的不确定度：U=0.17℃　　(k=2)

比较法

下一级计量器具

计量器具名称：**温度二次仪表**
测量范围：(-200~1800)℃
准确度等级：0.1级及以下

七、计量标准的稳定性考核

1. 温度二次仪表检定装置（直流电阻器）

考核时间	2017 年 4 月	2017 年 5 月	2017 年 6 月	2017 年 7 月
核查标准	名称：直流电阻器　　　型号：ZX74D　　　编号：00543			
测量条件	19℃；65% RH	20℃；60% RH	21℃；58% RH	21℃；62% RH
测量次数	测得值/Ω	测得值/Ω	测得值/Ω	测得值/Ω
1	246.321	246.334	246.355	246.383
2	246.332	246.337	246.400	246.375
3	246.335	246.338	246.328	246.386
4	246.335	246.340	246.338	246.390
5	246.355	246.342	246.349	246.361
6	246.355	246.351	246.348	246.367
$\bar{y}_i$	246.342	246.340	246.353	246.377
变化量 $\lvert \bar{y}_i - \bar{y}_{i-1} \rvert$	—	0.002Ω（0.01℃）	0.013Ω（0.04℃）	0.024Ω（0.07℃）
允许变化量	—	0.025Ω	0.025Ω	0.025Ω
结　　论	—	符合要求	符合要求	符合要求
考核人员	×××	×××	×××	×××

2. 温度二次仪表检定装置（温度校验仪）

考核时间	2017 年 4 月	2017 年 5 月
核查标准	名称：温度校验仪　　型号：7526A　　编号：2773207	
测量条件	19℃；65% RH	21℃；58% RH
测量次数	测得值/mV	测得值/mV
1	5.2413	5.2409
2	5.2411	5.2408
3	5.2410	5.2408
4	5.2408	5.2406
5	5.2416	5.2408
6	5.2413	5.2405
$\bar{y}_i$	5.2412	5.2407
变化量 $\lvert \bar{y}_i - \bar{y}_{i-1} \rvert$	0.5μV（0.05℃）	
允许变化量	3.16μV（0.32℃）	
结　　论	符合要求	
考核人员	×××	

八、检定或校准结果的重复性试验

<table>
<tr><th colspan="7" align="center">温度二次仪表检定装置的检定或校准结果的重复性试验记录</th></tr>
<tr><td align="center">试验时间</td><td colspan="3" align="center">2017 年 5 月</td><td colspan="3" align="center">2017 年 6 月</td></tr>
<tr><td rowspan="2" align="center">被测对象</td><td align="center">名　称</td><td align="center">型号</td><td align="center">编号</td><td align="center">名　称</td><td align="center">型号</td><td align="center">编号</td></tr>
<tr><td align="center">数显温控仪（输入类型 Pt100）</td><td align="center">FP93</td><td align="center">21004724</td><td align="center">数显温控仪（输入类型 K 型热电偶）</td><td align="center">PXR9</td><td align="center">04452</td></tr>
<tr><td align="center">测量条件</td><td colspan="3" align="center">21℃；66% RH</td><td colspan="3" align="center">21℃；66% RH</td></tr>
<tr><td align="center">测量次数</td><td colspan="3" align="center">测得值/℃</td><td colspan="3" align="center">测得值/℃</td></tr>
<tr><td align="center">1</td><td colspan="3" align="center">300.8</td><td colspan="3" align="center">600.2</td></tr>
<tr><td align="center">2</td><td colspan="3" align="center">300.7</td><td colspan="3" align="center">600.1</td></tr>
<tr><td align="center">3</td><td colspan="3" align="center">300.7</td><td colspan="3" align="center">600.2</td></tr>
<tr><td align="center">4</td><td colspan="3" align="center">300.7</td><td colspan="3" align="center">599.8</td></tr>
<tr><td align="center">5</td><td colspan="3" align="center">300.7</td><td colspan="3" align="center">599.8</td></tr>
<tr><td align="center">6</td><td colspan="3" align="center">300.7</td><td colspan="3" align="center">599.9</td></tr>
<tr><td align="center">7</td><td colspan="3" align="center">300.8</td><td colspan="3" align="center">599.8</td></tr>
<tr><td align="center">8</td><td colspan="3" align="center">300.7</td><td colspan="3" align="center">600.1</td></tr>
<tr><td align="center">9</td><td colspan="3" align="center">300.7</td><td colspan="3" align="center">599.8</td></tr>
<tr><td align="center">10</td><td colspan="3" align="center">300.7</td><td colspan="3" align="center">600.0</td></tr>
<tr><td align="center">$\bar{y}$</td><td colspan="3" align="center">300.72</td><td colspan="3" align="center">600.02</td></tr>
<tr><td align="center">$s(y_i) = \sqrt{\dfrac{\sum\limits_{i=1}^{n}(y_i - \bar{y})^2}{n=1}}$</td><td colspan="3" align="center">0.04℃</td><td colspan="3" align="center">0.17℃</td></tr>
<tr><td align="center">结　论</td><td colspan="3" align="center">符合要求</td><td colspan="3" align="center">符合要求</td></tr>
<tr><td align="center">试验人员</td><td colspan="3" align="center">×××</td><td colspan="3" align="center">×××</td></tr>
</table>

九、检定或校准结果的不确定度评定

1　直流电阻器 ZX74D 作为主标准器

1.1　测量方法

按照 JJG 617—1996《数字温度指示调节仪》的规定，数字指示调节仪指示基本误差的检定用输入被检点标称电量值法进行测量，从下限开始至上限进行两个循环的测量，每个行程读数 1 次，以两个循环测量中误差最大的作为该仪表的基本误差（测量结果）。

计量标准器技术指标见表 1。

表 1　计量标准器技术指标

盘名	×1kΩ	×100Ω	×10Ω	×1Ω	×0.1Ω	×0.01Ω	×0.001Ω
准确度/%	±0.01	±0.01	±0.01	±0.05	±0.5	±2	±5

测量对象见表 2。

表 2　被校数字温度指示调节仪的分类

输入类型分度号	Pt100		Cu50	
分辨力	0.1℃	1℃	0.1℃	1℃
温度范围	（−200.0 ~ 800.0）℃	（−200.0 ~ 800.0）℃	（−50.0 ~ 150.0）℃	（−50.0 ~ 150.0）℃

1.2　测量模型

$$\Delta t = t_d - t_s \tag{1}$$

式中：Δt——仪表的示值误差，℃；

$\quad\quad t_d$——仪表的显示值，℃；

$\quad\quad t_s$——直流电阻器输入的电量值所对应的温度值，℃。

1.3　合成方差与灵敏系数

$$u_c^2(\Delta t) = c_1^2 u^2(t_d) + c_2^2 u^2(t_s) \tag{2}$$

式中：$c_1 = \dfrac{\partial \Delta t}{\partial t_d} = 1$；$c_2 = \dfrac{\partial \Delta t}{\partial t_s} = -1$。

1.4　各输入量的标准不确定度分量评定

1.4.1　输入量 t_d 引入的标准不确定度分量 $u(t_d)$

（1）测量重复性引入的标准不确定度分量 $u(t_{d1})$

用 A 类方法进行评定。因在任一温度点测量时，被测仪表重复性情况类似，故对其在任一温度点进行重复测量情况分析，可代表在其他温度点进行的分析。用输入被检点标称电量值法进行 10 次测量（以校准 300℃ 点），得到测量列（单位：℃）：300.1、300.2、300.1、300.2、300.1、300.1、300.2、300.0、300.1、300.1。则单次实验标准偏差为

$$s(t_d) = \sqrt{\dfrac{\sum_{i=1}^{n}(t_{di} - \bar{t}_d)^2}{n-1}} = 0.063℃$$

实际检定是以两个循环测量中误差最大的作为该仪表的基本误差（测量结果），即以单次测量值为测量结果，故

$$u(t_{d1}) = s(t_d) = 0.063℃$$

（2）仪表分辨力引入的标准不确定度分量 $u(t_{d2})$

用 B 类方法进行评定。仪表分辨力为 0.1℃，则区间半宽度 $a = 0.1/2 = 0.05℃$，假设为均匀分布，取包含因子 $k = \sqrt{3}$，得

$$u(t_{d2}) = 0.05/\sqrt{3} \approx 0.029℃$$

因为仪表的分辨力对测量结果的重复性测量有影响，为避免重复计算，只取最大的影响分量 $u(t_{d1})$，而舍弃 $u(t_{d2})$。则

$$u(t_d) = u(t_{d1}) = 0.063℃$$

1.4.2 输入量 t_s 引入的标准不确定度分量 $u(t_s)$

（1）直流电阻器 ZX74D 误差引入的标准不确定分量 $u(t_{s1})$

用 B 类方法进行评定。按其技术指标，$\Delta R = \pm (0.01\% \times 200\Omega + 0.01\% \times 10\Omega + 0.05\% \times 2\Omega + 2\% \times 0.05\Omega) = 0.023\Omega$，假设为均匀分布，取包含因子 $k = \sqrt{3}$，则

$$u(t_{s1}) = 0.023/\sqrt{3} = 0.013\Omega = 0.036℃$$

（2）直流电阻器 ZX74D 溯源性引入的标准不确定分量 $u(t_{s2})$

用 B 类方法进行评定。依据证书，直流电阻器 ZX74D 溯源的扩展不确定度为 $U = 0.08℃$（$k = 2$），则

$$u(t_{s2}) = 0.08/2 = 0.040℃$$

各输入量标准不确定度分量彼此独立不相关，则

$$u(t_s) = \sqrt{u^2(t_{s1}) + u^2(t_{s2})} = 0.075℃$$

1.5 各标准不确定度分量汇总（见表 3）

表 3　各标准不确定度分量汇总

符号	不确定度来源	标准不确定度值 $u(x_i)$	灵敏系数 c_i
$u(t_{d1})$	测量重复性	0.063℃	1
$u(t_{d2})$	仪表分辨力	0.029℃	
$u(t_{s1})$	标准器的误差	0.036℃	−1
$u(t_{s2})$	标准器的溯源性	0.040℃	

1.6 合成标准不确定度计算

上述各标准不确定度分量彼此独立不相关，则

$$u_c = \sqrt{\sum_{i=1}^{n} c_i^2 u_i^2} = \sqrt{0.063^2 + 0.075^2} = 0.083℃$$

1.7 扩展不确定度评定

按包含概率 $p = 0.95$，取包含因子 $k = 2$，则扩展不确定度为

$$U = k \cdot u_c = 2 \times 0.083 \approx 0.17℃$$

2　温度校验仪 7526A 作为主标准器

2.1　测量方法

按照 JJG 617—1996《数字温度指示调节仪》中的接线图连接标准器和被检仪表，用温度校验仪 FLUKE 7526A 作为标准信号源，输出的电势信号经过冷端补偿后，作为被检仪表的输入信号，从下限开始至上限进行两个循环的测量，每个行程读数 1 次，以两个循环测量中误差最大的作为该仪表的基本误差（测量结果）。本次选择量程为（−200~1200）℃、分辨力为 0.1℃ 的配 K 型热电偶用数字温度

指示调节仪，以600℃检定点为例。

测量标准器技术指标见表4。

表4　计量标准器技术指标计量标准器和配套设备

序号	设备名称	技术性能	
		测量范围	测量不确定度或最大允许误差
1	温度校验仪	（-200~1800）℃	MPE：±（0.003%读数+3）μV
2	补偿导线	K分度（20℃）	$U=12\mu V$（$k=2$）
		E分度（20℃）	$U=12\mu V$（$k=2$）
		T分度（20℃）	$U=12\mu V$（$k=2$）
		S分度（20℃）	$U=1.8\mu V$（$k=2$）
3	冰瓶	0℃	MPE：±0.1℃

测量对象见表5。

表5　被校数字温度指示调节仪的分类

输入类型	K分度	E分度	S分度	T分度
分辨力	0.1℃，1℃	0.1℃，1℃	0.1℃，1℃	0.1℃，1℃
测量范围	（-200~1200）℃	（-200~800）℃	（0~1600）℃	（-200~400）℃

2.2　测量模型

$$\Delta t = t_d + \frac{e}{S_i} - t_s \tag{3}$$

式中：Δt——数字温度指示调节仪的示值误差，℃；

t_d——仪表的显示值，℃；

t_s——温度校验仪FLUKE 7526A输出毫伏电压对应的温度值，℃；

e——补偿导线的修正值，mV；

S_i——各检定点的微分电势，mV/℃。

2.3　合成方差与灵敏系数

$$u_c^2(\Delta t) = c_1^2 u^2(t_d) + c_2^2 u^2(t_s) + c_3^2 u^2(e) \tag{4}$$

式中：$c_1 = \frac{\partial \Delta t}{\partial t_d} = 1$；$c_2 = \frac{\partial \Delta t}{\partial t_s} = -1$；$c_3 = \frac{\partial \Delta t}{\partial e} = 1/S_i$。

2.4　各输入量的标准不确定度分量评定

2.4.1　输入量t_d引入的标准不确定度分量$u(t_d)$

（1）测量重复性引入的标准不确定度分量$u(t_{d1})$

用A类方法进行评定。因在任一温度点测量时，被测仪表重复性情况类似，故对其在任一温度点进行重复测量情况分析，可代表其他温度点进行的分析。用输入被检点标称电量值法进行10次测量（以检定600℃点）得到测量列（单位:℃）：600.1、600.2、600.1、600.2、600.0、600.1、600.2、600.0、600.1、600.1。则单次实验标准偏差为

$$s(t_d) = \sqrt{\frac{\sum_{i=1}^{n}(t_{di} - \bar{t}_d)^2}{n-1}} = 0.074℃$$

实际检定是以两个循环测量中误差最大的作为该仪表的基本误差（测量结果），即以单次测量值为测量结果，故

$$u(t_{d1}) = s(t_d) = 0.074℃$$

（2）仪表分辨力引入的标准不确定度分量 $u(t_{d2})$

用 B 类方法进行评定。仪表分辨力为 0.1℃，则区间半宽度 $a = 0.1/2 = 0.05℃$，假设为均匀分布，取包含因子 $k = \sqrt{3}$，得

$$u(t_{d2}) = 0.05/\sqrt{3} \approx 0.029℃$$

因为仪表的分辨力对测量结果的重复性测量有影响，为避免重复计算，只取最大的影响分量 $u(t_{d1})$，而舍弃 $u(t_{d2})$。则

$$u(t_d) = u(t_{d1}) = 0.074℃$$

2.4.2　输入量 t_s 引入的标准不确定度分量 $u(t_s)$

（1）温度校验仪 FLUKE 7526A 误差引入的标准不确定分量 $u(t_{s1})$

用 B 类方法进行评定。按其技术指标，假设为均匀分布，取包含因子 $k = \sqrt{3}$，则

$$u(t_{s1}) = 0.1/\sqrt{3} = 0.058℃$$

（2）温度校验仪 FLUKE 7526A 溯源性引入的不确定分量 $u(t_{s2})$

用 B 类方法进行评定。依据证书，温度校验仪 FLUKE 7526A 溯源的扩展不确定度为 $U = 0.06℃$（$k = 2$），则

$$u(t_{s2}) = 0.06/2 = 0.030℃$$

各输入量标准不确定度分量彼此独立不相关，则

$$u(t_s) = \sqrt{u^2(t_{s1}) + u^2(t_{s2})} = 0.065℃$$

2.4.3　输入量 e 引入的标准不确定度分量 $u(e)$

（1）补偿导线修正值引入的标准不确定度分量 $u(e_1)$

用 B 类方法进行评定。依据证书，K 分度热电偶补偿导线修正值 $e(20℃)$ 的测量不确定度为 $U = 12\mu V(k=2)$，则

$$u(e_1) = 12/2 = 6.0\mu V$$

（2）冰瓶引入的标准不确定度分量 $u(e_2)$

用 B 类方法进行评定。冰瓶的最大允许误差为 $\pm 0.1℃$，相当于 $\pm 3.90\mu V$，假设为均匀分布，取包含因子 $k = \sqrt{3}$，则

$$u(e_2) = \frac{3.9}{\sqrt{3}} = 2.252\mu V$$

由于 e_1 和 e_2 彼此独立不相关，则

$$u(e) = \sqrt{u^2(e_1) + u^2(e_2)} = 6.409\mu V$$

2.5　各标准不确定度分量汇总（见表 6）

表 6　各标准不确定度分量汇总

符号	不确定度来源	标准不确定度值 $u(x_i)$	灵敏系数 c_i
$u(t_{d1})$	测量重复性	0.074℃	1
$u(t_{d2})$	仪表分辨力	0.029℃	

续表

符号	不确定度来源	标准不确定度值 $u(x_i)$	灵敏系数 c_i
$u(t_{s1})$	标准器的误差	0.058℃	−1
$u(t_{s2})$	标准器的溯源性	0.030℃	
$u(e_1)$	补偿导线修正值	6.0μV	$1/S_i$
$u(e_2)$	冰瓶误差	2.252μV	

2.6 合成标准不确定度计算

上述各标准不确定度分量彼此独立不相关，则

$$u_c = \sqrt{\sum_{i=1}^{n} c_i^2 u_i^2} = \sqrt{0.074^2 + 0.065^2 + \frac{1}{S_i^2} \times 6.409^2} = 0.19℃$$

2.7 扩展不确定度评定

按包含概率 $p = 0.95$，取包含因子 $k = 2$，则扩展不确定度为

$$U = k \cdot u_c = 2 \times 0.19 = 0.38℃$$

十、检定或校准结果的验证

采用传递比较法对测量结果进行验证。选一台稳定的输入类型为 Pt100 的温度仪表，送上级技术机构测得一组数据，在本装置上测得一组数据，其数据如下。

测量点 400℃	上级计量技术机构		本装置		$\|y_{lab} - y_{ref}\|$ /℃	$\sqrt{U_{lab}^2 + U_{ref}^2}$ /℃
	y_{ref}/℃	U_{ref}/℃	y_{lab}/℃	U_{lab}/℃		
平均值	0.1	0.12	0.1	0.17	0.0	0.21

选一台稳定的输入类型为 K 分度热电偶的温度仪表，送上级技术机构测得一组数据，在本装置上测得一组数据，其数据如下。

测量点 600℃	上级计量技术机构		本装置		$\|y_{lab} - y_{ref}\|$ /℃	$\sqrt{U_{lab}^2 + U_{ref}^2}$ /℃
	y_{ref}/℃	U_{ref}/℃	y_{lab}/℃	U_{lab}/℃		
平均值	0.1	0.25	0.2	0.37	0.1	0.45

测量结果均满足 $\left| y_{lab} - y_{ref} \right| \leqslant \sqrt{U_{lab}^2 + U_{ref}^2}$，故本装置通过验证，符合要求。

十一、结论

经实验验证，装置符合国家计量检定系统表和国家计量检定规程的要求，可以开展温度二次仪表的检定或校准工作。

十二、附加说明

参 考 文 献

［1］国家技术监督局计量司.ITS—1990 国际温标宣贯手册［M］.北京：中国计量出版社，1990.

［2］全国法制计量管理计量技术委员会.JJF 1033—2016《计量标准考核规范》实施指南［M］.北京：中国质检出版社，2017.

［3］国家技术监督局审定.全国计量检定人员考核统一试题集［M］.西安：陕西科学技术出版社，1990.

［4］廖理等.热学计量［M］.北京：原子能出版社，2002.

［5］高庆中.温度计量［M］.北京：中国计量出版社，2004.

［6］张克.温度测控技术及应用［M］.北京：中国质检出版社，2011.

産業計量

林电伟业在新形势、新挑战和新机遇下携手计量机构共同促进产业计量的发展。

计量芯
inside

聚合酶链反应分析仪校准装置

聚合酶链反应分析仪简称PCR仪，随着科学研究水平的不断发展，其在各行业中的使用范围越来越广泛，地位越来越重要。

在医疗行业，PCR仪被主要应用于病原体测定、肿瘤研究、器官移植、遗传病筛查等多个领域，且在各个领域的试验中都扮演着重要的角色。因此，为了能够确保这些试验的有效性及准确性，通过专用校准装置依据 JJF 1527-2015《聚合酶链反应分析仪校准规范》对PCR仪的温场及荧光参数进行定期的检测及校准就显得尤为重要。

欧美完美级温测解决方案 —— 授权运营方
北京林电伟业电子技术有限公司

用芯做计量

医用热力灭菌器检校系统

　　目前，灭菌设备已经普遍应用于医疗、制药、食品、疾控以及出入境等相关企业和部门，在控制疫情、减少交叉感染、食品药品安全等方面起到重要的作用。

　　为了确保这些灭菌设备的正常使用，须定期对其物理参数（温度、压力及时间）进行检测及校准。

　　通过与各个相关行业中专家的交流与实践，系统完全符合GB 8599-2008、GB/T 30690-2014、WS 310-2016、JJF 1308-2011等标准、规范要求，同时也成为了计量机构开展这一检测工作的利器。

北京市海淀区蓝靛厂南路25号8层8-3房间
010-88840981，88840991
www.lindianweiye.com
info@lindianweiye.com

计量芯

环境试验设备温度、湿度参数校准装置

通过参与JJF 1101-2003《环境试验设备温度、湿度参数校准规范》的修订，我们将产品的功能更加深入地融合到该项检测工作的各个细节中，力求最大程度地保证检测精准性、可靠性。

环境试验设备应用广泛，检测难度不高，但数量庞大，导致计量人员工作量繁重且耗时较长。模块化无线校准装置便于携带、布点灵活，使用方便，一键生成符合计量技术规范要求的原始记录及报告，大幅度地提高了检测效率。

欧美完美级温测解决方案 —— 授权运营方
北京林电伟业电子技术有限公司

用芯做计量

各领域产业计量解决方案

　　传统计量到产业计量的过渡已经成为必然趋势，医疗、制药、食品、疾控、飞机制造等行业对计量均提出了新的需求及挑战，面临更加特殊化、专业化的计量需求，我们深入产业，挖掘需求，不断试验，为不同领域提供个性化定制检测校准解决方案。

- PCR仪温场、荧光校准解决方案
- 大型蒸汽灭菌器温度、压力、时间参数校准解决方案
- 医用热力灭菌器温度、压力参数校准解决方案
- 微波消解仪温场测试解决方案
- 环境试验设备温度、湿度参数校准解决方案
- 无线高温温场测量解决方案
- 各种测量类温度传感器解决方案

📍 北京市海淀区蓝靛厂南路25号8层8-3房间
☎ 010-88840981，88840991
🌐 www.lindianweiye.com
✉ info@lindianweiye.com

专业制造热工计量仪器仪表

RIQI ELECTRONIC

广州日奇

R-1600 球型腔黑体辐射源

温度范围
700℃~1600℃

控温稳定性
0.1%T/10min

开口直径
φ50mm

温场均匀性
<0.15%T

低温球型腔黑体辐射源

型号：
R-50A、R-30A、
R-20A、R-0A
-50℃~150℃(分段)
开口直径：Φ50mm

耳/额温仪校准装置

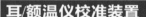

RQHT-50
0℃~100℃
满足美国ASTM E1965
及欧盟EN12470-5国际
标准

红外辐射温度计

RT-1600
700℃~1600℃

RT-900
-50℃~900℃

便携式黑体辐射源

R-500B
50℃~550℃
开口直径：Φ50mm

R-1200B
300℃~1200℃
开口直径：Φ50mm

高精密数字温度计

DT2501/2502
标准铂电阻：
-200℃~+660℃
高精密铂电阻：
-200℃~+600℃

球型腔黑体辐射源

R-700
50℃~800℃
开口直径：Φ5

R-1300
100℃~1300℃
开口直径：Φ50mm

R-1200
300℃~1200℃
开口直径：Φ5

R-1500
500℃~1500℃
开口直径：Φ50mm

R-6800
红外温度计
专用检测台
尺寸：
540mm x 440mm x 8
最低高度：970mm
最高高度：1220mm

所有产品满足《JJG856-2015
工作用辐射温度计检定规程》

广州日奇是生产热工计量仪器的专业生产厂家，有十余年历史，公司技术实力雄厚，特聘国内知名专家主持研发工作，与中国计量科学研究院、中国计量测试研究院以及哈工大等一批专业计量科研单位均有密切技术交流，自主研发具有领先优势的球型腔标准黑体辐射源，取得国家专利，获得了计量系统专家的认可，并获得科学技术进步成果奖/高新技术产品。

广州市日奇电子有限公司
Guang Zhou RiQi Electronic co.,LTD.

地址:广州市白云区松洲街松南南街13号首层(松南小区内)
电话:020-86470808 81789761   QQ: 928381078
http:// www.rqelec.com   技术咨询:18620204212(微信同号)

艾依康 为您量身定制专属温度计量装备

全自动热电阻/电偶温度检定系统

- 整套系统全部软硬件均由AIKOM公司设计制造
- 基于ITS-90国际温标，软硬件遵循国家温度检定规程设计
- 每台装置均可独立使用，系统配置灵活
- 精度高、温漂低、体积小、可便携、运输方便
- 全自动温槽控温、数据采集、处理、分度表生成以及数据库查询、存储
- USB/RS-232串型口数据通讯

大容量超精密水三相点冻制保存装置

独特的分离控温射流搅拌技术

温度波动性优于0.002℃/10min

大容量槽体可同时冻制、保存三只标准尺寸水三相点瓶

采用手动速冷降温功能减少冻瓶检定等待时间

标铂测温通道方便冻瓶和保瓶过程的操控

针对饱和冻制法保瓶时间长达一周以上；采用传统液氮过冷法冻制成型的水三相点瓶可保瓶30天以上

用户能定制可升降水三相点瓶吊架以及选配AIKOM专利可调紧固力温度计支架（12孔、17孔）

一机多用,可冻瓶、保瓶，同时具备高精度水槽功能

定制产品

我们的技术能力：

波动性：0.001℃/10min

温漂：±0.05 ppm/℃

0℃时温场：优于0.004℃

TD-2500 铟点、锡点、锌点、铝点固定点装置

温度量程50℃～680℃

RS-232串型口数据通讯

温度波动性0.005℃/10min

具备垂直温场补偿功能

快速冷却升降温，温度超调小

3.5英寸TFT按键或触摸屏、彩色图形、中文界面

可更换均温传热套，一机多用

咨询热线： 0755-83762498
18927473970

深圳市艾依康仪器仪表科技有限公司
AIKOM Instrument&Technology Co.,Ltd

昆明大方自动控制科技有限公司

昆明大方自动控制科技有限公司是国内标准铂电阻温度计、标准热电偶温度计的主导生产企业。公司具有多年的温度标准器的生产经验和先进的制造工艺，充分利用现代技术资源，不断创新和发展新材料、新工艺、新产品，确保产品质量具有国际领先水平。

标准铂电阻

标准铂电阻是ITS-90国际温标规定在13.8033K到961.78℃的内插仪器。是一种在目前技术条件下测量温度时准确度最高、稳定性最好的温度计。

标准热电偶

标准铂铑10-铂热电偶、标准铂铑30-铂铑6热电偶。

固定点装置

锡凝固点装置
锌凝固点装置
铝凝固点装置
银凝固点装置

水三相点瓶

型号:DFTP-1
外形尺寸(mm):450×60
材质:硼硅玻璃
插入孔内径(mm):12

型号:DFTP-2
外形尺寸(mm):160×30
材质:硼硅玻璃
插入孔内径(mm):8

地址：云南省昆明市教场北路18号
电话：0871-65131397 0871-65152864
传真：0871-65132098
网址：www.kmdf.net
邮箱：dfkj194@163.com
销售：张工13888698906 刘工13888829837

泰安哈特仪器仪表有限公司
ISO9001:2015质量管理体系认证

热电偶、热电阻自动检定装置

标准黑体炉　　　　　　　专用检测台

更多产品：热电偶群控检定装置、温湿度标准箱、标准湿度发生器、油槽，水槽，制冷槽，热电偶检定炉，退火炉，退火柜等。

温场自动测试系统　　热管恒温槽

地址：山东·泰安·高新技术开发区（东区）　　售后服务：0538-8517667
电话：0538-8518596　8517978　　　　　　网址：http://www.hatyq.com
传真：0538-8515900　　　　　　　　　　　E-Mail：tahtyq@126.com

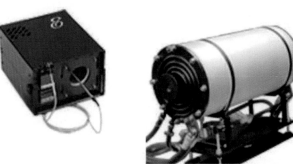

YORK Instrument 约克仪器

湿度计量校准

—— 全面解决方案供应商

JJF 1272-2011 阻容法露点湿度计校准规范
JJG 499-2004　精密露点仪检定规程
JJG 205-2005　机械式温湿度计检定规程
JJF 1076-2001 湿度传感器校准规范

★ 低湿度发生器
★ 温湿度校验仪
★ 高精度温湿度检定箱
★ 湿度发生器
★ 温湿度检定箱
★ 露点校准系统

更多湿度计量校准产品敬请关注约克仪器公司网站

DEARTO
泰安德图

提供**专业**热工计量**全套**解决方案

DTZ 系列 智能化热工仪表检定系统

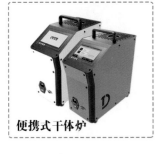

便携式干体炉

表面温度计校准系统

温湿度场测试系统

● 准确可靠，年变化率优于0.05℃
  分辨力：0.001℃
● 可溯源、无线通讯功能

棒式标准（精密）数字温度计

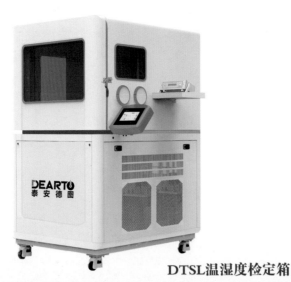

DTSL温湿度检定箱

超便携智能恒温槽

官方网址：http://www.tadt.com.cn
销售咨询：（0538）5089056 5089006
技术服务：（0538）5050875 6301562

地　　址：山东省泰安高新技术开发区
图文传真：（0538）6301560
E-mail：tadtzdh@163.com

请扫描网站二维码

股票代码：430519

TD18恒温槽温度校准仪

便携式，电池供电，方便现场使用；

多种数据统计功能，强大的存储容量；

内置RTD曲线，符合多项式公式；

校准温度范围：-60℃-350℃；

温度分辨率：0.001℃；

单支温度准确度不大于0.05℃；

双支温度温差不大于0.005℃；

工艺精良，性能稳定，可靠耐用。

大连博控科技股份有限公司
www.bocondalian.com

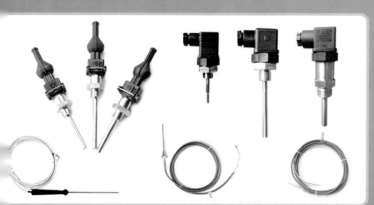

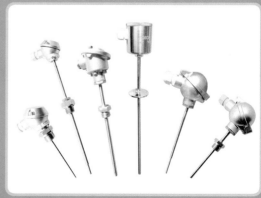

址：辽宁省大连市甘井子区张前路 588 号 C-7　　邮箱：yongchun_zeng @bocondalian.com
:+86-411-84793453 传真:+86-411-84821017

湖州唯立仪表厂

CJTL-A系列制冷恒温槽

技术参数＼型号	CJTL-80A	CJTL-60A	CJTL-35A	CJTL-0A
工作温度范围	-80℃～+95℃	-60℃～+95℃	-40℃～+95℃	-10℃～+95℃
温度波动度	±0.01℃/30min	±0.01℃/30min	±0.01℃/30min	±0.01℃/30min
温度均匀度	0.005℃～0.01℃	0.005℃～0.01℃	0.005℃～0.01℃	0.005℃～0.01℃
工作区尺寸	$\Phi130\times480$(mm)	$\Phi130\times480$(mm)	$\Phi130\times480$(mm)	$\Phi130\times480$(mm)
制冷方式	双机复叠	双机复叠	单级制冷	单级制冷
工作介质	软水或无水乙醇	软水或无水乙醇	软水或无水乙醇	软水或无水乙醇
电　源	220V/50Hz	220V/50Hz	220V/50Hz	220V/50Hz
使用环境温度	低于30℃	低于30℃	低于30℃	低于30℃
总 功 率	4kW	3kW	2kW	2kW
制 冷 剂	R404　R23	R404　R23	R404	R406a
外型尺寸(mm)	800×580×1180	800×580×1180	640×580×1180	640×580×1180

CJTL-B系列恒温槽（功能增加）

CJTH系列便携式恒温油，水槽

1 液位保护功能：液位不足时，声光报警并切断加热回路，达到报警及保护的目的。

2 槽子配置触控软件，温度波动性及温度变化曲线实时显示。根据恒温槽温度范围可实现16路温度修正，并配置高精密铂电阻，作标准恒温槽使用。

3 采用风冷降温，到达温度点自动关闭降温开关，进入恒温状态（该功能只针对油槽）。

技术参数＼型号	CJTH-300X	CJTL-30X
工作温度范围	80℃～300℃	-30℃～100℃
温度波动度	±0.01℃	±0.01℃
温度均匀度	0.01℃	0.01℃
工作区尺寸	$\Phi80\times280$(mm)	$\Phi80\times280$(mm)
工作介质	甲基硅油	酒精、软水或专用防冻液
电源	220V/50Hz	220V/50Hz
使用环境温度	低于35℃	低于30℃
总 功 率	1000W	1500W
外型尺寸（mm）	365×285×440	365×285×440

地址：浙江省湖州市双林镇双林大道28号
电话：0572-3978630 2753338　传真：0572-2753336
网址：www.weilimeter.com　邮箱：xlcj2001@163.com

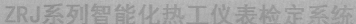
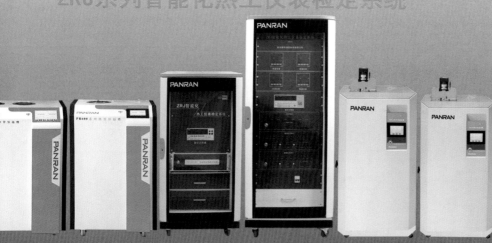

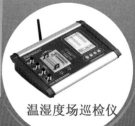

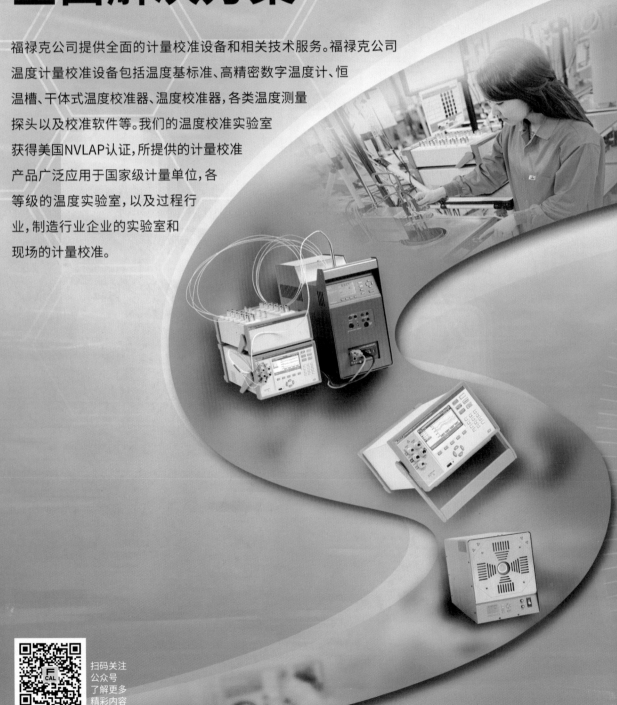

福禄克精密温度测量
全面解决方案

福禄克公司提供全面的计量校准设备和相关技术服务。福禄克公司
温度计量校准设备包括温度基标准、高精密数字温度计、恒
温槽、干体式温度校准器、温度校准器,各类温度测量
探头以及校准软件等。我们的温度校准实验室
获得美国NVLAP认证,所提供的计量校准
产品广泛应用于国家级计量单位,各
等级的温度实验室,以及过程行
业,制造行业企业的实验室和
现场的计量校准。

扫码关注
公众号
了解更多
精彩内容